《环境与可持续发展》编写人员

主　编：魏智勇　陈日晓

主　审：王　民

副主编：（按姓氏笔画为序）

马　秋　乌　云　乌仁陶格斯　乌　兰　王立华

王　卓　丛艳静　刘文俊　孙文明　孙　霞

吴井水　张一鹏　李亚军　李　军　李桂琴

李斯日古楞　纳生乌日图　陆亦农　陈　琳

呼格吉乐图　范健敏　娜仁图雅　郝占虎

夏桂月　曹红永　曹丽荣　银　山　隋丽华

黄振艳　潘宝红

高等院校环境类系列教材

环境与可持续发展

魏智勇　陈日晓　主编
王　民　主审

中国环境出版社・北京

图书在版编目(CIP)数据

环境与可持续发展 / 魏智勇，陈日晓主编．—北京：中国环境出版社，2007.9（2015.7 重印）
（高等院校环境类系列教材）
ISBN 978-7-80209-609-7

I．环… II．①魏… ②陈… III．环境保护—可持续发展—高等学校—教材 IV．X22

中国版本图书馆 CIP 数据核字（2007）第 113637 号

责任编辑 沈 建
责任校对 刘凤霞
封面设计 龙文视觉

出版发行 中国环境出版社
（100062 北京东城区广渠门内大街 16 号）
网 址：http://www.cesp.cn
联系电话：010-67112765（总编室）
发行热线：010-67125803
印 刷 北京市联华印刷厂
经 销 各地新华书店
版 次 2007 年 9 月第 1 版 2009 年 1 月修订
印 次 2015 年 7 月第 7 次印刷
开 本 787×960 1/16
印 张 18
字 数 315 千字
定 价 26.00 元

前 言

人类社会迈入 21 世纪以后，全球的生态环境问题愈来愈引起世界各国政府和民众的关注和重视。尤其在中国，经过改革开放以来连续 20 多年的快速发展，目前正处于国际上公认的环境高污染时期。面对趋向极限的人口、资源、环境承载力和日趋激烈的国际竞争等众多挑战，我国政府适时提出了指导国家可持续发展的科学发展观。

从树立和落实科学发展观，实现可持续发展战略的要求出发，大力加强学校的可持续发展教育是一项具有战略意义的举措。可持续发展教育作为一门新兴的交叉学科和综合学科，包含了社会学、经济学、伦理学、环境科学等众多学科内容，其核心思想是培养全民符合可持续发展的价值观，促进行为的转变，即人们的生产方式和生活方式的转变，从而建立一个全民的更加可持续发展和公正的社会。

在高等院校开展可持续发展教育，使大学生具有良好的生态意识和正确的情感、态度、价值观取向，提高研究环境问题的兴趣和解决环境问题的能力是非常必要的。特别是师范专业的在校大学生，他们是未来的教师，肩负着教育下一代的重任，他们的环境意识水平和环境伦理取向对社会的环境意识、社会的可持续发展的重要性是不言而喻的。因此，在高校非环境科学类专业开设可持续发展教育课程是非常有意义的。

基于上述考虑，结合全国许多大专院校在课程开设和实施上所积累的丰富经验，我们组织了内蒙古师范大学、贵州师范大学、新疆师范大学、内蒙古民族大学等十余所高校的专家学者，共同编写了这本教材，以适应新形势下的高校可持续发展教育的要求，供全国高等院校非环境专业公共课使用。

本教材以全新的视角，简明扼要地反映了国际社会环境与可持续发展教育的最新思想，系统阐述了可持续发展的基本理论、生态学基本知识、环境、人口、资源、城乡环境与保护、环境管理与法规、可持续发展教育、环境伦理、循环经济、和谐社会等内容，在教材的编排上，我们还针对以往教学过程中案例缺乏的情况，特意在书中选入了相当部分的典型案例。力求方便教师在教学中引导学生围绕案例诱发学生的思考，开展探索性和研究性学习，从而培养学生发现问题、提出问题、分析问题和解决问题的能力，并以一种理性的眼光对原有的知识基础和价值观念进行分析、评价和判断，并根据可持续发展的思想重构知识体系和价值观念。

全书由魏智勇、赵明负责统稿、定稿。

本书的审稿工作承蒙北京师范大学博士生导师王民教授的大力支持和指导。担任本书策划编辑的中国环境出版社沈建编审为书稿的编写和出版付出了辛勤的劳动，在此一并表示衷心感谢。

由于时间仓促，且涉及的学科领域广泛，加之作者水平有限，书中不当之处，敬请读者及同行批评指正。

作 者

2007 年 8 月

目 录

第一章
环境与生态学基础

总体教学目标：

本章讨论和学习环境与生态学的基础知识，第一节主要介绍环境、环境质量与环境容量、环境分类、环境特点等内容。第二节主要介绍生态学、种群、群落、生态系统、生态平衡等方面的基本概念、基本原理和基本规律。

要求重点掌握以下内容：

1. 环境的含义；
2. 环境的分类；
3. 环境的特点；
4. 生态学与生态系统；
5. 生态平衡及生态系统的动态变化。

第一节　环　境

一、环境的含义

“环境”是一个含义十分广泛的普通名词。在汉语中，“环”是环绕的意思，“境”是指空间的内容。所谓环境就是指主体（或研究对象）以外，围绕主体、占据一定的空间，构成主体生存条件的各种外界物质实体或社会因素的总和，是生命有机体及人类生产和生活活动的载体。主体不同，环境的含义有所不同。比如相对于生物这一主体，土壤、光照、温度、湿度、空气和水分等则属于非生物环境。对于人类而言，环境是指围绕着人类的外部世界，是人类赖以生存和发展的社会和物质条件的综合体。

我国政府 1989 年公布的《中华人民共和国环境保护法》第一章第二条指出“本法所称环境，是指影响人类生存和发展的各种天然的和经过人工改造的自然因素的总体，包括大气、水、海洋、土地、矿藏、森林、野生生物、自然和人工遗迹、自然保护区、风景名胜区、城市和乡村等”；环境科学中的环境是指与人类生存、繁衍所必需的空间和外部世界。因此，可以说，直接或间接影响到人类的生存和发展的一切自然形成的物质、能量和自然现象的总体均可理解为环境。

二、环境的分类

明确了环境的概念后，我们从专业的角度来思考：环境对我们究竟有什么影响？面对当前如此严峻的环境形势，我们对它做了什么？我们还能做什么？要想把这些问题解析清楚不是一件容易的事情，因为环境是一个非常庞杂的体系，其影响也是一个非常复杂的过程，所以首先必须要从环境的分类下手，把这个纷繁复杂的环境按不同的依据、不同的层次和不同的影响分出类别，以便对不同类别的环境特性予以深刻的认识。

（一）按环境的主体来划分

1．人类环境：以人为主体，其他的生命物质和非生命物质都被视为环境要素。

2．生物环境：以生物为主体，生物体以外的所有自然条件都成为环境。

（二）按环境的性质来划分

1．自然环境：人类出现之前就已存在的，是目前人类赖以生存、生活和生产所必需的自然条件和自然资源的总称，即阳光、温度、气候、地磁、大气、水、岩石、土壤、动植物、微生物以及地壳的稳定性等自然因素的总和。用一句话概括就是“直接或间接影响到人类的一切自然形成的物质、能量和自然现象的总体”。如图 1-1 所示。

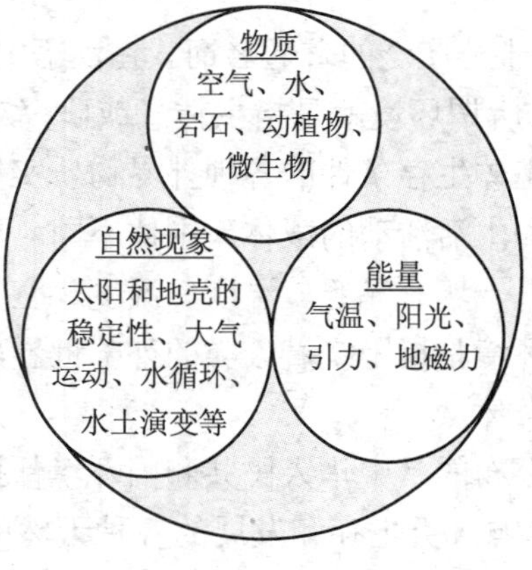

图 1-1　自然环境的构成

（1）按垂直的空间分布来划分

① 宇宙环境（空间环境）：涉及大气层以外的全部空间，到目前为止，人类对它认识得还很不足，是有待于进一步开发和利用的及其广阔的领域。

② 地理环境：是由大气圈、水圈、岩石圈组成的生物圈。生物圈为人类提供大量的生活、生产资料及可再生资源，是人类目前活动的主要场所。当前环境保护指的就是这一层生物圈。

③ 地质环境：是地表以下坚硬的地壳层，可以一直延伸到地核内部，它为人类提供丰富的矿产资源，对人类的影响随着生产的发展而与日俱增，所以它在环境保护中是一个不可忽视的重要方面。

（2）按环境要素来划分

① 大气环境：是连续包围地球的气态物质。大气是自然环境的重要组成部分和最活跃的因素，在地理环境物质交换与能量转化中是一个十分重要的环节。大气层是使生物免受有害辐射的保护层，其所含气体还满足了植物、动物维持生命的需要。

② 水体环境：指江河湖海、地下水、饮用水源地等储水体，并包括水中的悬浮物、溶解物以及水生生物在内的生态系统。

③ 土壤环境：是自然环境中的复杂系统，是人类得以存在和发展的基本条件。保护土壤环境，特别是与农作物和动植物生存直接有关的土壤环境，是环境保护的重要方面。

④ 生物环境：指生物群落的组合结构，是自然生态系统的主体。

⑤ 空间环境：包括噪声、振动、微波以及空间布局、景观等多方面的内容。

2．社会环境：社会环境是指在自然环境的基础上，人类通过长期有意识的社会活动所创造的人工环境。人工环境是指在自然的基础上，人类长期有意识的社会劳动，加工和改造自然物质，创造物质生产体系，积累物质文化等所形成的环境体系。

相对于漫长的自然演化历史而言，人工环境出现的时间非常短，但是在这很短的时间内，它的内容得到了非常迅速的发展和极大的丰富，从地表以下的矿井，深海航行的潜艇，水面的船只、舰艇，地面上的城市、乡村，空中的飞行器，乃至太空舱等，都是典型的人工环境，各自有独特的结构和功能，以满足人类多样化需求。随着人类驾驭客观规律能力的提高，人类影响环境的力度不断增强，范围逐渐扩大。

（三）按研究对象的范围、特性和从属关系划分

1．全球环境：指的是整个地球的环境系统。随着人类活动强度的急剧增加，

地球的环境系统受到了很大影响，如工业化以来，大气中二氧化碳浓度的增加、人类生产排放到大气对流层并不断向同温层扩散的、会破坏臭氧层的 CFC_S 类物质等，都对全球的热量平衡和环境稳定产生深刻影响。

2．区域环境：由于某一地区和另一地区社会因素和自然因素的不同，使得两地区的环境条件存在明显差异，人类对环境利用的方式、程度、规模、性质及后果也有所区别，因而造成的“环境问题”和解决对策也有所不同。

3．聚落环境：是人类有目的、有计划地创造出来的、以人工环境为主的环境，它既是人类聚居的地方，也是人类生产活动的中心。聚落环境具有两个特点：一是有明显的地域特征和时代特征；二是形成许多“环境问题”产生的根源，一些重大“公害”就发生在聚落环境中。

三、环境的特点

（一）环境的整体性

人类是自然的一部分，是地球的产物。因而，人与自然环境是一个整体，地球的任一部分或任一系统，都是人类环境的组成部分，各部分之间存在着相互依存和相互制约的关系。所以环境的影响是整体的，无国界的。局部地区的污染可带来全球的危害，例如，河流上游的污染就威胁着下游的安全，瑞典酸雨中有邻国大气污染的贡献，南极的企鹅体内也有 DDT 的积累。

（二）环境资源的有限性

到目前为止，地球还是人类唯一的家园，其时空是有限的，环境容量也是有限的。所以，人类生存的环境是脆弱的而易受到破坏。

环境是资源，但这种资源同样也是有限的。环境中的自然资源可分为非再生资源和再生资源两大类，前者指一些矿产资源，如铁和煤炭等，而后者如生物属可再生资源。但由于受各种因素（如生存条件、繁衍速度、人类获取的强度等）所制约，在具体时空范围内都不可能是无限的，比如，水是可循环的再生资源，但因其大部分的循环更替周期太长，加之区域分布不均匀和季节降水差异大，使其在特定的时空条件下出现枯竭。就是洁净的空气也并非取之不尽。

（三）环境的区域性（或差异性）

这是自然环境的基本特征，由于纬度的差异，地球从赤道向两极形成了不同的气候带。即使在同一纬度，因地形高度不同，也会出现垂直地带性差异。经度也有地带性，表现在从沿海到内陆的半湿润地区、半干旱和干旱地区有规律的变化。环境的区域性是自然资源多样性的基础和保证。

（四）环境的变动性和稳定性

变动性是指环境要素的状态和功能始终处于不断的变化中，比如，今天人类的生存环境与早期人类生存环境就有很大的差别，我们周围生活的区域环境变化更是明显。由此也可以看出环境的变动性是自然的、人为的或两者共同作用的结果。

环境又有相对稳定的特征，就是环境系统对超出一定强度的干扰的自我调节，使环境在结构或功能上基本无变化或变化后可以恢复。环境的变动性和稳定性是相辅相成的，变动是绝对的，稳定是相对的。没有变动性，系统的功能就无法实现，生物的进化和生物的多样性就无法存在，社会的进步就不能实现。但没有环境的稳定性，环境的结构和功能就不会存在，环境的整体功能就无法实现。

（五）危害作用的时滞性

自然环境一旦被破坏或被污染，许多影响的后果是潜在的、深刻的和长期的。例如，一片森林被砍伐后，对区域气候的明显影响能被人们立即和直接感受到，而对于由此引发的其他许多影响，一是不能很快反映出来，如水土流失将会加剧；二是对其影响的范围和放大程度还很难认识清楚，如生物多样性的改变等；三是恢复的时间较长。污染的危害也是如此，日本汞污染引发的水俣病是污染排放后20 年才显现出来的。污染危害的时滞性，一是由于污染物在生态系统各类生物中的吸收、转化、迁移和积累需要时间；二是与污染物的化学性质有关。如人类合成的用做制冷剂的 CFCs 类化学物质，是能破坏臭氧层的“温室气体”，它们的存留期平均在 90 年左右。这就是说，即使人类现在停止使用，这些污染物还将在大气中存在很长时间，并将继续对臭氧层构成破坏。

四、环境质量与环境容量

（一）环境质量及理解

环境质量是指环境要素受到污染的程度。包括自然环境质量和社会环境质量。自然环境质量包括物理的、化学的和生物的质量。社会环境质量包括经济的、社会的、文化的、美学的质量等。环境质量的变化与人类活动密切相关，人类通过生产和消费，不断改变着周围的环境质量，环境质量的变化又不断地反作用于人类。

目前对这一概念有两种理解：一种认为环境质量是环境状态惯性大小的表

示，即环境从一种状态变化到另一种状态，是其变化难易程度的表示；另一种认为环境质量是环境状态品质优劣的表示。由于环境对人类生存发展的影响重大，因此，不论如何理解都必须对具有不同环境状态的品质进行定量的描述与比较。

环境质量变化的特性表现在以下几个方面：

第一，人类活动导致的环境质量变化，有直接的、间接的作用，而环境质量影响则具有正负反馈效应和时滞性。

第二，环境质量的变化是一个自然过程，即使没有人为活动的干扰，在自然环境演变过程中也会出现环境质量的变异，这种变化可能是缓慢的，也可能是灾变性的。

第三，人类活动造成的环境质量变化，通常分为人为作用、环境参数变化、环境质量变异三个阶段。环境污染造成环境质量变化包括有害物质的释放、在环境中的迁移转化和产生污染危害三个过程。只有当污染物质及各种环境参数的变化超过人体适应能力时，才有可能造成危害，产生环境质量变异。

（二）环境容量

1. 环境容量的概念

（1）国外学者对环境容量概念的描述。国外有些学者认为，环境容量是污染物允许排放量与环境中污染物浓度的比值；有的则认为是环境对污染物的自净同化能力，即环境容量（自净能力）是污染物允许排放总量与该污染物在环境中的降解速率的比值。日本学者矢野雄幸则认为：环境容量是按环境质量标准确定的一定范围的环境所能容纳的最大污染物负荷总量。

（2）我国对于环境容量概念的解释。我国有些学者把环境容量定义为“自然环境或环境组成要素对污染物质的承受量和负荷量”，即认为环境容量是指某环境单元所允许容纳污染物的最大数量。其概念可以表述为：一定时间、空间范围内的环境系统在一定的环境目标下对外加的污染物的最大允许承受量或负荷量。环境容量是环境质量中“量”的方面，是质量的量化表现或定量化表述。环境容量的大小与环境自净能力的强弱有密切关系。环境自净能力强，环境容量就大。如流量大的河流自净能力强，环境容量就比流量小的河流大。

目前，我国绝大部分地区的污染物排放，都已经远远超过了环境的自净能力。为此，要进行源头控制，要发展清洁生产，要进行末端治理，同时大力发展循环经济。

2. 环境容量的类型

环境容量可分成整体环境单元（区域环境）容量和某一环境单元单一要素的容量。若按照环境要素，又可细分为大气环境容量、水环境容量、土壤环境容量和生物环境容量等。此外，还有人口环境容量、城市环境容量等。如果按照污染物性质划分，又可分为有机污染物（包括易降解的和难降解的）环境容量和重金属与非金属污染物的环境容量。

[案例 1-1]　生物圈二号的启示

科学家们将人类繁衍生息的地球称为“生物圈一号”，为了试验人类离开地球能否生存，美国从 1984 年起花费了近 2 亿美元，在亚利桑那州建造了一个占地 1.3 万 m^2，8 层楼高的圆顶形，几乎完全密闭的钢架结构玻璃建筑物“生物圈二号”实验基地。在这个微型世界中，有海洋、平原、沼泽、雨林、沙漠、旅游区和人类居住区，是个自成体系的小生态系统。

1993 年 1 月，8 名科学家进入“生物圈二号”。按照计划，他们将在里面待上两年，如不发生严重意外，实验结束前是不能出来的。两年中除了提供第一批包括种子在内的物品外，其余的一切都需要他们自己解决。能源，取自太阳能；氧气，由他们种植的植物制造；粮食，靠他们自己在里面种地获得；肉类和蛋白质，取自他们养的鸡、鸭、猪、羊。甚至包括里面的气温和气候，也是由他们来设法控制，并尽可能模拟地球气候。总之，他们必须设法保证这个小小的生态系统的平衡。

18 个月以后，土壤中的碳与氧气反应生成二氧化碳，部分二氧化碳与建筑“生物圈二号”所用的混凝土中的钙发生反应生成碳酸钙，导致“生物圈二号”的氧气含量从 21% 下降到 14%。加之由于没有调节好内部气候，致使粮食歉收，科学家们不得不吃种子勉强度日，结果是，提前撤出实验室。更令人意外的是，“生物圈二号”运行 3 年后，其中的一氧化碳含量猛增到 79%，足以使人体合成维生素 B_{12} 的能力减弱，从而危害大脑健康。

1996 年 1 月 1 日，哥伦比亚大学接管了“生物圈二号”。同年 9 月，由数名科学家组成的委员会对实验进行了总结，他们认为，在现有的技术条件下，人类还无法模拟出一个类似地球的、可供人类生存的生态环境。

到目前为止，地球还是人类唯一的家园，其时空是有限的，环境容量也是有限的。所以，人类生存的环境是脆弱而易受到破坏，我们要保护好自己的家园。

第二节 生态学基础

一、生态学与生态系统

（一）生态学

生态学是研究生物与环境之间相互关系的科学。这里，生物包括动物、植物、微生物及人类本身，即不同的生物系统。环境是由两方面结合而成的，一是非生物环境，如温度、水分、光照、土壤等；二是其他生物所施加的影响，即生物环境，如竞争、捕食、寄生和互利合作等。

生态学的研究并不局限于自然生态系统，人类活动对自然界的影响和人工环境（如农田和城市）的生态学也是重要的研究领域。

（二）生态系统

1．与生态系统有关的几个概念

（1）种群（population）：一个生物物种在一定地域内所有个体的总和在生态学中称为种群。可划分为动物、植物和微生物种群。

种群具有各种特征，如种群密度、出生率、死亡率、年龄结构、性别比例、增长型等。

（2）群落（community）：在一定自然区域中许多不同种的生物总和称为群落。它是生态系统中有生命的那一部分。一个生物群落生存在一个特定的区域或自然环境里。

（3）生态系统（ecosystem）：生态系统就是指一定地域内生存的一个生物群落与环境相互作用的，具有能量转换、物质循环代谢和信息传递功能的统一体。简单地说，任何一个群落与其周围环境的综合体就是生态系统。

2．生态系统的组成

生态系统是由以下四个部分组成的。

（1）非生物环境：无机物：包括氮、氧、二氧化碳和各种无机盐等。有机化合物：包括蛋白质、糖类、脂类和土壤腐殖质等。气候因素：包括温度、湿度、风和降水等，来自宇宙的太阳辐射也可归入此类。

（2）生产者（producer）：指能进行光合作用的各种绿色植物、蓝绿藻和某些细菌。又称为自养生物。

（3）消费者（consumer）：指以其他生物为食的各种动物（草食动物、肉食动物、杂食动物和寄生动物等）。

（4）分解者（disintegrator）：指分解动植物残体、粪便和各种有机物的细菌、真菌、原生动物、蚯蚓和秃鹫等食腐动物。分解者和消费者都是异养生物。

这些组分可分为生物成分和非生物成分两大类。但是有些生物成分与非生物成分交织在一起，难以截然划分。例如，土壤中既含有矿物无机成分，又含有以腐殖质为代表的有机物，是生态系统中物质循环的重要养分库。

3．生态系统的类型

（1）生态系统中的生物成分按照其在生态系统中的功能可划分为三大类群：生产者（自养生物）、消费者（异养生物）和分解者（又称还原者），即上述组分中的后三种。而前一种中的三种组分则可概括为生态系统的非生物组分（或不很准确地称为无机环境）。图 1-2 表示生态系统中的物质和能量在这四个组分之间的循环和流动。

（2）生态系统可根据地理条件的不同而分为两大类：水生生态系统和陆地生态系统。二者还可进一步细分为更多种的生态系统。如水生生态系统可分为海洋和淡水生态系统。淡水生态系统又可分为流水生态系统和静水生态系统等。同样，陆地生态系统也可以分为森林、草原、荒漠、高山、冻原等生态系统。森林生态系统还可细分为热带、亚热带、温带和寒温带森林等生态系统。

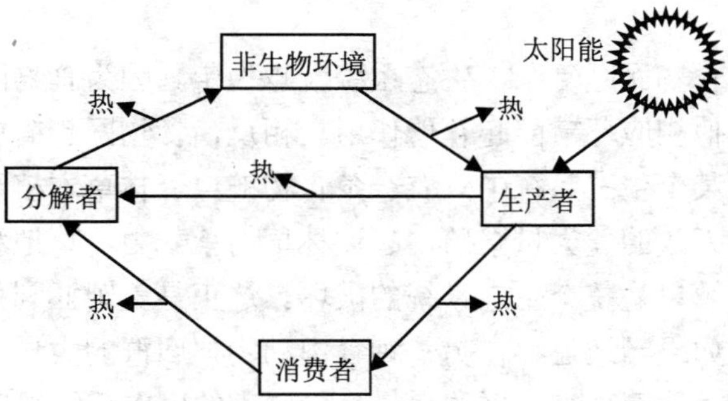

图 1-2 生态系统中物质循环和能量流动

陆地生态系统有鲜明的空间结构，在空间上有明显的垂直和水平分布，即具有三维的空间结构和二维的水平结构。

4. 食物链（food chain）和食物网（food web）

各种生物之间存在着取食和被取食的关系而形成的链状结构，这就是食物链。通过这种关系，能量在生态系统内传递。我国民谚所说的："大鱼吃小鱼，小鱼吃虾米"就是食物链的生动写照。例如，青草→昆虫→小鸟→老鹰构成一条食物链，青草→野兔→狐狸也是一条食物链。

当然，自然界中实际存在的取食关系要复杂得多。例如，小鸟不仅吃昆虫，也吃野果，野兔不仅被狐狸捕食，也被其他食肉动物捕食。因此，许多食物链经常互相交叉，形成一张无形的网络，把许多生物包括在内，这种复杂的捕食关系就是食物网，如图 1-3 所示，就是一个陆地生态系统的部分食物网。

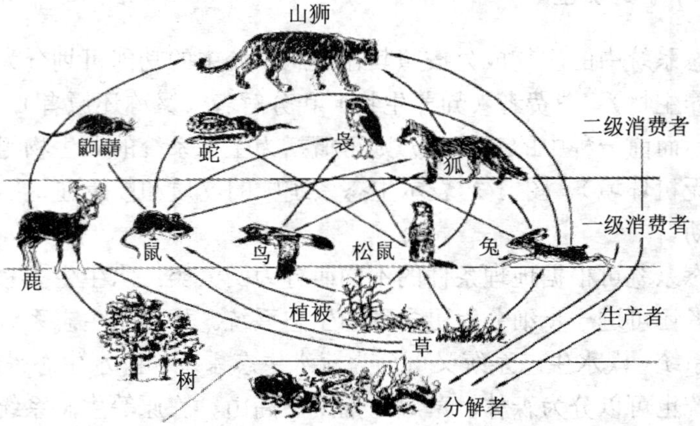

图 1-3　一个陆地生态系统的部分食物网

一般来讲，食物网越复杂，生态系统就越稳定。因为食物网中某个环节（物种）缺失时，其他相应环节能起补偿作用。相反，食物网越简单，则生态系统越不稳定。例如，某个生态系统中只有一条食物链：森林草本植物→鹿→狼，如果狼被消灭，没有天敌的鹿大量繁殖，超过林草的承载力，草地和森林遭到破坏，鹿群也被饿死，结果是整个生态系统的破坏。这正是美国亚利桑那州一个林区曾经发生的情况。如果当地还存在另一种食肉动物，鹿群的大量增长就能刺激这种食肉动物的繁殖，从而减少鹿群的数量，使健康的生态系统得以维持。

生态系统中一般都存在着两种食物链：捕食食物链和碎屑食物链。前者以活的动植物为起点，后者以死的生物或腐屑为起点。捕食食物链组成成分是：绿色植物（初级生产者）、食草动物（二级生产者或初级消费者，如昆虫、啮齿和有蹄动物）、食肉动物（三级生产者或二级消费者，如蜘蛛、啄木鸟、杜鹃、喜鹊等，四级生产者或三级消费者，如鹰等）。碎屑食物链包括土壤中的植物和动物，主要是真菌和细菌，利用死的植物和动物及其排泄物作为食物，从而分解有机物质，释放养分元素和能量返回环境，如动植物残体→ 真菌→ 细菌→蚯蚓。

生态系统中的寄生物和食腐动物形成辅助食物链。许多寄生物有复杂生活史，与生态系统中其他生物的食物关系尤其复杂，有的寄生物还有超级寄生组成寄生食物链。

5. 营养级（trophic levers）和生态金字塔（ecological pyramid）

尽管食物链和食物网在理论上反映了生态系统中物种和物种间的营养关系，但这种关系是如此复杂，迄今尚未有一种食物网能如实地反映出自然界食物网的复杂性。为了研究的方便和更真实地描述生态系统中的能量流动和物种循环，生态学家提出了营养级的概念。

某个营养级就是食物链某个环节上一切生物种的总和，是处在某一营养层次上一类生物和另一营养层次上另一类生物的关系。例如，所有绿色植物和自养生物均处于食物链的第一环节，构成第一营养级；所有以生产者为食的动物属于第二营养级，又称植食动物营养级；所有以植食动物为食的肉食动物为第三营养级；以上还可能有第四营养级（第二级肉食营养级）和第五营养级等。生态系统中的物质和能量就这样通过营养级向上传递。

但是，当能量在食物网中流动时，其转移效率是很低的。下面营养级所储存的能量只有大约 10%能够被其上一营养级所利用。其余大部分能量被消耗在该营养级的呼吸作用上，以热量的形式释放到大气中去。这在生态学上被称为 10%定律或 1/10 定律。图 1-4 的生物量金字塔和能量金字塔就是这条定律的说明。

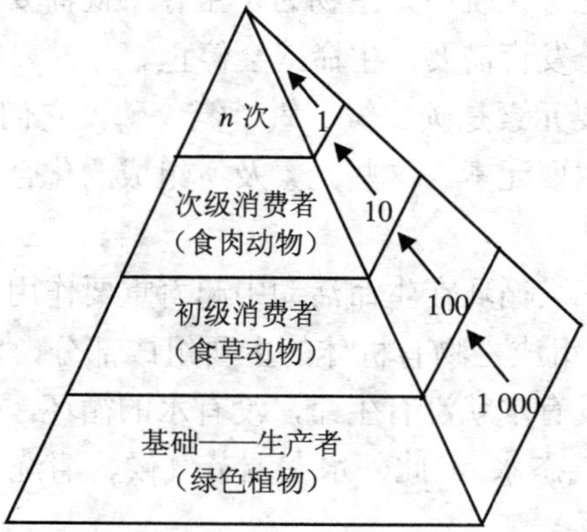

图 1-4 能量传递的 1/10 定律（祝廷成等，1993）

6. 生态系统的功能

生态系统具有三大功能：能量流动、物质循环和信息传递。

（1）能量流动。能量流动是生态系统的主要功能之一，没有能量流动就没有生命，就没有生态系统，能量是生态系统的动力，是一切生命活动的基础。

生态系统最初的能量来源于太阳，绿色植物通过光合作用吸收和固定太阳能，将太阳能变为化学能，这一方面满足自身生命活动的需要，另一方面供给异养生物生命活动的需要。太阳能进入生态系统，并作为化学能，沿着生态系统中生产者、消费者、分解者流动，这种生物与生物间、生物与环境间能量传递和转换的过程，称为生态系统的能量流动。

生态系统中的能量流动都是按照热力学第一定律和第二定律进行的。根据热力学第一定律，能量可以从一种形式转化为另一种形式，在转化过程中，能量既不会消失，也不会增加，这就是能量守恒原理。根据热力学第二定律，能量的流动总是从集中到分散，从能量高向能量低的方向传递。在传递过程中总会有一部分能量成为无用能被释放出去。

大自然赋予生物多样性使生态系统更加和谐。由于存在着这种多样性，每种生物都会在生态系统中找到适宜的栖息地。当某种病害袭来时，只有某些敏感的物种遭到伤害。灾害过后，幸存的物种可能使生态系统得以复苏。

不幸的是，这种生态平衡虽然很精巧，但也很脆弱，易遭外力破坏。人类虽无力改变热力学定律，但往往能轻易地破坏生态金字塔和生物多样性，使不少地区陷入“生态危机”之中。

（2）物质循环。生态系统中，生物为了生存不仅需要能量也需要物质，没有物质满足有机体的生长发育需要，生命就会停止。

构成生命体的主要元素是碳、氢、氧、氮、磷。它们占整个原生质的 97%，它们也是自然界中的主要元素。这些元素及所组成的化合物的循环是生态系统最基本最主要的物质循环。

其中水、碳、氮三大循环在生命活动中起着重要作用，下面分别予以介绍。

① 水循环。水是组成生物有机体的主要组成部分，对地球上的生命来说，水循环的意义巨大。没有水就没有生命，没有水的循环，生态系统中的物质循环就没有介质（液态和气态水）。此外水在调节气候、清洗大气、净化环境方面均起重要作用。

② 碳循环。碳是构成生物体的基本元素，占生物总质量约 25%。在无机环境中，以二氧化碳和碳酸盐的形式存在。

生态系统中碳循环的基本形式是大气中的 CO_2 通过生产者的光合作用生成

碳水化合物，其中一部分作为能量为植物本身所消耗，植物呼吸作用或发酵过程中产生的CO_2通过叶面和根部释放回到大气圈，然后再被植物利用。

③ 氮循环。氮存在于生物体、大气和矿物质中。氮的循环过程是大气中的氮通过各种固氮途径（生物固氮、工业固氮、大气固氮等）进入生物有机体。动物、植物死后，身体中的蛋白质被微生物分解成硝酸盐或铵盐而返回土壤。此外动物的代谢作用也会将一部分蛋白质分解，生成氨、尿素、尿酸等，排入土壤。土壤中的氮一部分被植物吸收，另一部分在反消化菌的作用下分解成氮气，这就是氮的循环。

（3）生态系统的信息传递。在沟通生物群落内各种生物种群之间关系、生物种群和环境之间关系方面，生态系统的信息传递起着重要作用。生态系统的信息传递主要有营养信息、化学信息、物理信息和行为信息传递等。

① 营养信息传递是生态系统中以食物链和食物网为代表的一种信息传递。通过营养交换把信息从一个种群传到另一个种群。最简单的例子是，在草原上羊与草这两个生物种群之间，当羊多时，草就相对少了；草少了反过来又使羊减少。因此，从草的多少可以得到羊的饲料是否丰富的信息，以及羊群数量的信息。

② 化学信息传递。在生态系统中，有些生物的代谢产物（如性激素、生长素等化学物质）进行的信息传递，也能影响生物种内及种间关系。有的相互制约，有的则相互促进，有的相互吸引，有的则相互排斥。例如：蚂蚁爬行留下的化学痕迹，是为了让其他蚂蚁跟随；许多哺乳动物（虎、狗、猫等）以尿标记它们的领域；许多动物的雌性个体释放体外性激素招引种内雄性个体等。

③ 物理信息传递。生态系统中以物理过程为传递形式的信息称为物理信息，如光、声、热、电、磁等。如鸟鸣、虫叫都可以传达安全、惊慌、恐吓、警告、求偶、寻食等各种信息。

④ 行为信息传递。许多植物的异常表现和动物异常行动传递了某种信息，可通称为行为信息。有的动物在两个个体相遇时，常表现出有趣的行为方式，这些方式可能是识别、威吓、挑战、优势或从属信号，或者是配对的预兆等。这种信息表现在种内，但也可能为其他物种提供某种信息。

生态系统中能流、物流和信息流的传递，使生态系统生物和非生物成分相互依赖、相互制约、环环相扣、相生相克形成网络复杂关系的统一体。从而使生态系统具有一定适应性和相对稳定性。如果生态系统能流、物流和信息流传递中任何一个环节出了问题，生态系统的稳定性就要受到影响。

二、生态平衡及生态系统的动态变化

（一）生态平衡的概念

自然界中的每一个生态系统，总是不断地进行着能量的流动和物质的循环，在一定时间和条件下，能量和物质的输入与输出处于暂时的、相对的稳定状态，称为生态平衡（ecological balance）。

在自然生态系统中，生态平衡的表现是生物种类和数量的相对稳定以及生态系统结构和功能相对稳定。

生态平衡是动态的平衡，不是静止的平衡。生态系统是一个开放系统，不断有能量和物质的输入、输出。这些能量和物质每时每刻都在生产者、消费者、分解者以及无生命者之间流动和转化。在生态系统中，当能量和物质的输入量大于输出量时，总生物量会增加，反之则减少。此外，各种自然因素和人为因素，都会对生态平衡造成影响，引起生态系统的改变。所以，生态平衡是动态平衡，是暂时的、相对的平衡。

生态系统能保持相对平衡，是由于其内部有自我调节能力。这种能力体现在两个方面：一方面，在一个生态系统内有许多外力的因素在起作用，如生物的迁入、迁出、出生、死亡；水分、营养进入和离开土壤；食物链中的反馈关系等。当生态系统中的某一环节被扰乱时，该系统通过对抗、瓦解的调节机制以维持自己的平衡。另一方面，对污染物来说，环境的自净能力也可使生态系统保持相对的平衡。通常系统的组成成分越多样，能量及物质循环越复杂，其调节能力也越强。但生态系统的调节能力是有一定限度的。超出这个限度，调节就不再起作用，生态平衡就遭到破坏。

（二）生态系统平衡的主要标志

1．在生态系统中能量和物质的输入、输出必须相对平衡。输出多输入也相应增多，如果入不敷出，系统就会衰退。若输入多，输出少则生态系统有积累。

2．在整体上，生产者、消费者、分解者应构成完整的营养结构，否则食物链断裂就可导致生态系统衰退或破坏。

3．生物种类和数目保持相对稳定。生物种类和数目减少，不仅失去了宝贵的资源，而且削弱了生态系统的稳定性。

（三）生态系统失衡的原因

当生态系统达到动态平衡的最稳定状态时，它能够自我调节和维持自己的正常功能，并能在很大程度上克服和消除外来的干扰，保持自身的稳定性。有人把生态系统比喻为弹簧，它能忍受一定的外来压力，压力一旦解除就又恢复原来的稳定状态。

生态平衡破坏的原因有自然因素和人为因素两方面。

1．自然因素引起生态平衡的破坏又称第一环境因素。如火山爆发、地震、海啸、泥石流、雷击火烧、台风、虫灾、蝗灾等都会破坏生态平衡。但自然因素对生态平衡的破坏和影响在地域分布上有一定的局限性，且出现的频率也不高。

2．人为因素引起生态平衡的破坏又称第二环境问题。这些因素包括人为地毁坏植被，人为地引入或消灭某些生物，建造某些大型工程（如大型水坝）、工业生产排放的大量污染物质（有毒物质）、农业生产施用的化肥和喷洒大量的农药等。这些人为因素都能破坏生态系统的结构和功能，引起生态失调，甚至造成生态危机。生态危机是指由于人类盲目活动而导致局部地区甚至整个生物圈结构和功能失衡，从而威胁到人类的生存。生态平衡失调的初期往往不容易被人类所察觉，如果一旦发展到出现生态危机，就很难在短期内恢复平衡。如含有氮、磷营养物质进入水体后，由于营养成分的增加，造成水体富营养化，水中的藻类会迅速、大量地繁殖，其结果会使水中的溶解氧下降，水生生物，尤其是鱼类会因缺氧而死亡。因此，人类的活动除了要讲究经济效益和社会效益外，还必须特别注意生态效益和生态后果，以便在改造自然的同时能基本保持生物圈的稳定和平衡。

（四）保持生态平衡和改善生态环境的主要对策

对环境问题的认识和处理，必须运用生态学的理论和观点来分析。环境质量的保持与改善以及生态平衡的恢复和再建，都要依靠人们对于生态系统的结构和功能的了解及生态学原理在环境保护中的应用。

改善生态环境，提高人类生存环境的质量涉及的范围很广，要做到人类与自然协调发展，其主要对策有以下几种。

1．加大普及、宣传生态环境知识，提高人们的环境保护意识。

2．科学、合理地开发和使用土地资源、水资源和森林资源，并注意资源的综合利用。

3．保护生物资源的多样性，提高生态系统抗干扰能力。

4．严格控制工业“三废”污染，坚持“预防为主，防治结合，综合治理”的政策。

5．改变能源结构，大力开发和使用对环境无影响或影响小的环保能源。

6．控制人口增长，减小环境压力。

7．加强管理，充分发挥法制和规划的作用。

8．研究、开发、推广有利于生态环境的新技术。

9．大力开展综合利用，实现自然生态平衡。

10．兴建大的工程项目时，必须考虑生态利益。

在维护生态平衡的过程中，一要注意不能用单纯的经济观点对待自然资源，只顾生产和开发，不顾生态环境。二要注意不能片面强调保护生态。人类应当在遵循生态规律的基础上，科学地开发和利用自然资源，使生态系统逐渐向人类所希望的方向发展。

[案例 1-2] 引狼入室

在美国的阿拉斯加半岛、佛罗里达州、亚利桑那州以及怀俄明州黄石公园等地都有许多森林，为了保护森林中的鹿和野牛，人们采取各种围剿行动消灭了林中的狼。本意是想让那些美丽的鹿和珍稀的牛过上没有天敌的安逸生活。谁知，结果适得其反。鹿群无忧无虑“无计划”地生育繁衍，不久数量就大幅度地增长，不仅严重破坏着森林的生态系统，还使得以植物为食的其他动物数量锐减；而鹿群本身也陷入了饥饿和疾病的困境；鹿群质量下降，兴旺一时的鹿家族急剧走向衰败。原因是鹿群没有了天敌，不再奔跑，“懒汉”体弱，鹿群退化，一代一代下来，小鹿变肥，成年的鹿纷纷提前死于脂肪肝、高血压、胆结石等病，导致鹿的数量大幅下降。不得已，1991 年美国议会又开始讨论狼的问题了。不过与以前不同，这次会议讨论的不是如何去消灭狼，而是怎样“引狼入室”，并形成决议，到加拿大去物色大灰狼。1995 年 1 月 14 日，许多动物保护者来到黄石公园的北门，人们像欢迎英雄凯旋那样，迎接从加拿大“请来”的首批 8 只大灰狼，结束了黄石公园 60 多年不见狼踪影的局面。在阿拉斯加也实施了将狼引入美洲鹿特别保护区的措施。于是，饿狼捕鹿，适者生存，在奔跑和运动中，狼和鹿都锻炼了自己，协同进化，恢复了食物链的循环和自然界的和谐；狼以这种独特的方式治好了鹿的肥胖病和高血压等病症。自然界真是奇妙无比!

思考与练习

1．根据环境的定义，请你举例说明环境的重要性。

2．你对环境危害作用的时滞性有何感想？

3．你怎么理解环境资源的有限性？

4．环境质量的概念是什么？结合实际谈谈你所生活地区的环境质量状况。

5．什么是生态系统、生物圈、种群、群落？

6．生态系统的组成成分有哪些？

7．什么是生态平衡？为什么说生态平衡是动态平衡？

8．生态平衡被破坏的原因有哪些？

9．试举出你所在地区生态平衡被破坏的主要事件。

参考文献

[1] 钱易，唐孝炎. 环境保护与可持续发展. 北京：高等教育出版社，2002.

[2] 李博. 生态学. 北京：高等教育出版社，2000.

[3] 冷宝林. 环境保护基础. 北京：化学工业出版社，2001.

[4] 李博. 中国北方草地退化及其防治对策. 中国农业科学，1997，30（6）.

[5] 张合平，刘云国. 环境生态学. 北京：中国林业出版社，2002.

[6] 贺庆棠. 森林环境学. 北京：高等教育出版社，1999.

[7] 陆雍森. 环境评价. 上海：同济大学出版社，1999.

[8] 刘培桐 .环境学概论. 北京：高等教育出版社，1995.

[9] 戴树桂，译. 环境科学. 全球关注，北京：科学出版社，2004.

[10] 陆书玉. 环境影响评价，北京：高等教育出版社，2001.

[11] 郭子义，韦薇. 环境化学概论（修订版），北京：北京师范大学出版社，1999.

[12] 海热题，王文兴. 生态环境评价、规划与管理. 北京：中国环境科学出版社，2004.

[13] 周志俊. 世界重大灾害事件记事，上海：复旦大学出版社，2004.

[14] 盛连喜. 现代环境科学导论，北京：化学工业出版社，2002.

第二章 人口与可持续发展

总体教学目标:

本章讨论和介绍人口快速增长的原因及后果、世界人口发展过程及增长特点、中国人口概况及发展趋势、人口发展对环境产生的影响及人口控制的意义等内容。

要求重点掌握以下内容:

1. 认识人口大爆炸带来的后果;
2. 认识人类生存空间的有限性;
3. 正确认识人口在可持续发展系统中作用与地位;
4. 结合我国实例了解控制人口数量的重要意义;
5. 理解人口与可持续发展之间的关系。

第一节　人口大爆炸

自联合国1992年巴西里约热内卢“环境与发展”大会和1994年埃及开罗“人口与发展”大会以来，国际社会已达成共识：由于人口激增而导致的资源短缺，环境污染和恶化深刻地影响着人类社会的可持续发展，人口问题已成为人类社会可持续发展的重大问题。

20世纪是人类历史上最富于变革的时代，科技发明和创新层出不穷，生产力不断提高，经济迅速发展，社会不断进步。然而当我们回首已经过去的这个世纪时，我们不难发现在众多的巨大变革或事件中，没有任何一个变革或问题像人口爆炸问题那样，能对地球产生如此深远的影响。

一、“爆炸”回眸

经考证，距今3万年前的石器时代，人是以宗族的形式生活在一起的，宗族之间相互分开。每个群体由25人左右组成。当时英格兰只有500多人，全世界人口估计也不过334万。

农业革命导致了人口第一次“爆炸”，在基督教纪元年初期，世界人口已经有2亿～3亿人。由于农业不断扩大，而且日益成熟，人口的增长也越来越快，到1650年工业革命初期，世界人口大约增长到5亿。在这个过程中，人口增长一倍的平均时间是1 500年。但是，工业革命导致了人口的新突破。下一个倍增，也就是从5亿到10亿，只用了200年，到1850年就实现了。以后的倍增就越来越快了，从10亿到20亿只用了80年，是在1930年；第二次世界大战结束之后，世界人口的增长速度开始加快，从20亿到40亿用了45年；而从40亿到80亿估计只要35年。

1987年7月11日，世界人口总量达到50亿。为纪念这个特殊的日子，联合国决定每年7月11日定为“世界人口日”，以唤起人们对人口问题的关注。此后，由于各国对人口问题的重视，世界人口增长情况略有好转。但人口增长速度仍然不慢，据统计，全世界每秒钟就有4个小生命降临人世，每天则有近32.8万个婴儿出生。减去死亡人数，全世界每年增加7 700万人。据世界人口年会公布的最新统计数字，截至2005年6月，世界人口已达64.77亿。联合国人口学家预测到2025年，世界人口最高达85.8亿，中等为80.4亿，最低为74.7亿。

二、“人口爆炸”论

20世纪下半叶开始，世界人口以年平均2%的高增长率递增，被众多专家学者称为“人口爆炸”。

（一）罗马俱乐部的“人口爆炸”论

罗马俱乐部已故主席贝切伊认为，若世界人口仍然以年均递增2%的速度保持下去，人类的前景将暗淡、恐怖，全球人口数量将35年翻一番。

20世纪80年代推出的《世界未来——关于未来问题100页》引起了世界的轰动，该报告列举了9大问题，其中“人口大爆炸”成为头号难题。报告把人口大爆炸与昔日的“玛雅文明”的毁灭相提并论，认为人类的今天就是“玛雅文明”毁灭的前夜。玛雅人砍光了森林，走到了毁灭的尽头，今天人类正在步玛雅人后尘，对周围其他有生命的东西极尽斩尽杀绝之能事，而一旦人类周围的生物趋于毁灭，世界末日的丧钟就敲响了，人类也就走到了尽头。

（二）其他“人口爆炸”论

美国的保罗·埃利奇在1968年出版的《人口爆炸》一书中指出：人口发展状况如果不迅速控制和改变，人类将面临原子弹爆炸那样的毁灭性的灾难。作为

“人口爆炸”论的代表人物，埃利奇认为，千百年来，地球没有任何其他的重大事件对人类生活的威胁能比得上人类过剩人口的威胁；人口爆炸表现为人口成倍增长的时间缩短。

20 世纪 50～70 年代，人口爆炸理论基本出自美国学者之手。如皮尔逊和哈帕的“人口与食物竞赛”理论、赫茨勒的“世界人口危机论”、福格特的“人口压力普遍化”理论以及梅多斯的“人口增长极限论”。这些理论都认为人口增长是万恶之源。

贝切尔在 20 世纪 80 年代推出了“癌扩散”理论，他把人口爆炸比做“癌扩散”，此理论成为当时“人口大爆炸”理论的代表。

三、发展中国家的“人口爆炸”

（一）其他发展中国家的“人口爆炸”

近几十年来，世界人口猛增主要是由占世界人口 75%的发展中国家的人口爆炸引起的。人口增长最快的是非洲，20 世纪 50 年代初其平均增长率为 2.1%，1985 年前后上升到 2.9%，1990 年已上升到 3.02%。

在 20 世纪 70 年代，不少发展中国家的人口增长速度保持在 3%以上，甚至接近 4%，这就意味着用不了 20 年人口就会翻一番。增长之迅速比当年马尔萨斯担心的 25 年翻一番还要快 5 年。究其原因主要是：人口死亡率的大幅下降和妇女生育率的居高不下。其一，20 世纪下半叶，众多发展中国家纷纷走上独立道路，战乱锐减，社会稳定，医疗水平逐步改善，消灭了长期以来造成高死亡率的因素——战乱、饥荒和传染病，从而促使人口死亡率大大降低。其二，劳动力多少是发展中国家致富的原因以及妇女长期处于“奴仆”、“工具”的地位使得发展中国家妇女的生育率居高不下。其三，传统文化、封建迷信盛行使得重男轻女，多子多福仍然影响着发展中国家人民的生育观。其四，科学文化不发达，避孕节育只能是纸上谈兵。

（二）我国人口的推波助澜

我国，是地球上人口最多的国家，约占世界人口的 1/4。这既是我国人的骄傲，也是我国人的悲哀！经济的发展，文化的繁荣，生活的改善，社会的进步……无一不受人口因素的制约。20 世纪 50～70 年代，中国人口以史无前例的高速增长，对世界人口的“爆炸”起到了推波助澜的作用。

1. 新中国人口迅速增长的原因

除了与其他发展中国家客观上相似的社会经济原因外，还有自身的主观因素。首先，新中国成立初期实施按人头分配粮食、住房和补贴的政策，同时人工流产和绝育受到谴责和禁止。其次，20 世纪 50 年代末马寅初教授的人口理论受到严厉批判，造成了控制人口在那时噤若寒蝉。第三，当时的领导鼓励生育，认为“人多力量大”。第四，文化大革命中，无政府主义使得人口失控。综上原因，中国人口从 1949 年的 5.4 亿迅速猛增到 1972 年年底的 8.7 亿，其间不过短短的 24 年。

20 世纪 70 年代以后，我国开始实行计划生育政策。虽然 1972—1990 年年平均自然增长率远低于发展中国家平均水平，但由于人口基数大，每年仍净增 1 400 万左右，平均每过 1.8 秒就有一个孩子出生，每天新增人口 4.5 万人。1989 年，中国人口数达到 11 亿，1995 年人口数突破了 12 亿。

2000 年第五次人口普查，我国人口已达 12.96 亿，占世界人口总量的 22%，超过所有发达国家人口数的总和。在未来几十年内，中国人口仍呈增长趋势。据预测，2020—2030 年将达到 15 亿，而后将进入稳定期。

2. 现阶段我国人口的基本特点

（1）人口基数大。自 1998 年开始，中国内地人口的自然增长率就下降到了 9.53‰，1999 年进一步下降到了 8.77‰。虽然如此，2000 年第五次人口普查的数据表明，中国内地的人口总数已达到 126 583 万人。

（2）人口地域分布不均，人口密度差异大。我国东部地区占全国国土总面积的 46%，其人口占全国总人口的 94%；西部地区占全国总面积的 54%，人口却仅占全国总人口的 6%。全国人口密度平均值约为 107 人/km^2，长江三角洲、珠江三角洲、成都平原等地的人口密度为 570～900 人/km^2，而西藏自治区仅为 1.6 人/km^2。

（3）农村人口比重大，人口城市化在加快。自第四次人口普查之后，乡村人口的绝对数量却开始减少，这表明农村人口向城市的流动速度加快了，也表明中国城市吸纳农村人口的能力增加了。到 2001 年年底，中国各大城市，基本都对原有的户籍制度进行了程度不同的改革，放宽了农村居民转变为城镇户口的政策限制。户籍制度的改革，在很大程度上预示着中国未来人口城镇化的速度将更加加快。

（4）老龄人口增多，男女性别比偏高。由于社会的安定和生活水平的不断提高，我国的人均寿命已从 1949 年的 35 岁提高到现在的 70 岁左右。老年人口比重逐年上升，2000 年第五次全国人口普查时，65 岁及以上的人口为 8 811 万人，占总人口的 6.96%，同第四次人口普查相比，上升了 1.39 个百分点；男性占总人口的 51.63%，女性占总人口的48.37%，性别比（每100名出生男婴对应的出生女婴数）为106.74。男女性别比例差距进一步加大，这给未来中国人口发展埋下了隐患。

（5）人口素质亟待提高。随着我国社会经济的迅速发展，人类物质文化生活水平的不断改善，我国的人口素质已有了明显的提高。但与发达国家相比，我国人口的总体科学文化素质仍处于较低水平。目前，全国受过初中以上教育的人口占总人口的比率在逐步增加。虽然2000年中国总人口文盲率已经下降到了7%左右，但全国仍然有 8 507 万人的文盲和半文盲，并且各个不同地区的文盲率都存在显著的差异。

四、发达国家的人口状况

发达国家在20世纪60年代就已经出现了人口增长率下降的趋势。欧洲是人口增长最缓慢的地区。在1980—1985年，西欧人口增长率基本不变，保持在0.1%；澳大利亚和新西兰人口增长率在 1950—1955 年间由 2.3%下降到 1.3%，成为人口增长率下降最快的国家。

目前，欧洲许多国家的生育率都已大大低于更替水平（每对夫妇只生育2个孩子），如法国现今为 1.8，英国为 1.6，西班牙和意大利都不到 1.2，由此欧洲人口出现了负增长，这对欧洲社会经济发展造成了一些不利的影响。

五、“人口爆炸”的后果

1992年11月18日，由世界1 575名科学家联名起草的《世界科学家对人类的警告》指出：“地球是有限的，不加限制的人口增长构成的压力，对自然界的要求，可以压倒为实现持续发展的未来所做出的任何努力。”这一警告，充分说明了人口增长，即“人口爆炸”的严重性。

世界性的人口爆炸会带来一系列关系人类生存与发展的问题，比如因为粮食需求增加、资源消耗与环境恶化问题、城市化问题、人口老龄化问题、城乡贫困问题、劳动力人口增长与就业问题以及世界性饥饿等问题。

（一）粮食需求增加

随着世界人口的不断增加，人类对粮食的需求越来越多，其结果是粮食供给紧张。据统计，目前世界人均粮食占有量比人类历史上任何时期都高。1985 年每人约有 500 kg 作为主要食物来源的谷物和块根作物。1950—1985 年间，谷物产量从约 7 亿 t 上升到 18 亿 t 以上，年增长率约为 2.7%，超过了人口的增长速度。但是还有 7.3 亿以上人吃不饱，无法全力从事生产性劳动。人体对营养的需要最基本的有两方面：一是热量，二是蛋白质。然而贫穷使相当数量的人口不能满足这两个基本条件。根据联合国粮农组织和世界卫生组织的确定，一个人满负荷投入每天所有活动所需的热量标准为 2 600 千卡（1 千卡=4.186 8 千焦）。如果实际摄入的热量低于该标准的 90%，就不能维持人体正常的工作和生活；如果摄入量低于该标准的 30%，那么会出现发育不良和严重的健康危险。

（二）城市化问题

城市化的日益加剧是 21 世纪的社会特征之一。城市是经济繁荣、文化发达的地区，也是生活条件比较方便的地区。但是，如果城市人口过多，又会显得臃肿。臃肿的城市会给人带来很多不便。

据有关专家测算，目前世界上超过 500 万人口的城市有近 30 座，超过 1 000 万人口的城市有近 10 座。预计这些数字还将增长。如此之快的发展速度，使全球在今后 10 年将经历一个人口结构的重大转折点——人类历史上将首次出现城市居住人口多于农村居住人口。这么快的发展速度也是城市贫困现象迅速蔓延的主要原因。世界银行预言，城市中的贫困现象“在 21 世纪将成为最引人注目的、政治上最为敏感的问题”。

人口增长带来的城市化问题，已成为全世界面临的挑战。2007 年，世界上已有 33 亿人生活在城市，超过了全球人口总数的 50%，到 2030 年，城市人口比例将扩大到 60%，城市人口总数将达到 50 亿。

城市规模增大，约 60%是由于这些城市本身的出生率高造成的，另外 40%是由于农村人口大量涌入所造成的。如果这样，很可能使大多数发展中国家的城市人口在今后 10～15 年内增加一倍。如此惊人的增长会给这些城市带来严重的后果。目前，在大多数第三世界国家的大都市外围已出现贫民窟，那里交通不便，通信不灵，没有电，也没有干净水源。大量的垃圾无人清理，交通严重堵塞，空气污染等已到了危险的地步。世界卫生组织说，单是在拉美国家，就约有 2 000 万人流浪在城市街头。这个数字相当于伦敦和巴黎的人口总和。发展中国家城市居民中，拥有卫生设施的人不到 60%，只有 30%的人能利用排水系统。

墨西哥城，20 世纪初只有 30 万人，1960 年增至 480 万人，1970 年达 800 万人，1985 年已超过 1 800 万人，给墨西哥的经济发展造成了极大的困难。

[案例 2-1]　中国人口的老龄化问题

2006 年 9 月 4 日新华社电：全国 1%人口抽样调查最新统计结果显示，截至 2005 年年底，我国 65 岁及以上老年人口达到 10 055 万人，占全国总人口的 7.7%。

“这意味着我国人口正处在急剧老年化时期。发达国家也经历了人口由年轻型向年老型转变的过程，不过他们经过了 30～40 年的时间，而我们只用了 10 年左右。”国家统计局人口和就业统计司的徐钢对此结果作上述表示。

问题 1　65 岁及以上老年人口占总人口的 7.7%意味着什么？

按世界通例，凡 65 岁以上老人占本国总人口 7%以上者，称“老年型”人口结构，也就是通常所说的人口老化。人口老化亦称人口老年化，或人口老龄化。1986 年，英国 65 岁以上人口为 15.3%，瑞典为 16%，故被称为人口老化，亦称人口老年化，或人口老龄化。

导致人口老龄化的直接原因是生育率和死亡率降低，尤其是生育率的降低。随着生育率的下降，少年儿童的比重也逐渐下降，成年人口和老年人口的比重相应地上升。

问题 2　人口老龄化给我们带来了什么？

人口老龄化的结果是人口逐渐变成老年型，老年人口在人口中的比重上升，老年抚养比例也随之上升，劳动力中年龄较高的劳动者的比重也将上升。这对经济活动、社会服务、医疗卫生等都会产生重要影响。

我国人口日益老龄化的现象已成为政府关注的问题。人口老龄化导致被抚养人口负担大。随着人口老龄化的发展，领取退休金和养老金的人数将不断增加，社会保险、社会救济和医疗卫生等社会福利的支出将不断增加。国民生产总值中用于老年人的费用份额大幅度增加，势必限制社会扩大再生产，影响生产部门的资本投资和经济效率的提高，加重国民经济的负担。因而，随着人口老龄化的发展和平均预期寿命的延长，政府可适当延长退休年龄限制，以减少老年被抚养人口，使扩大再生产的积累基金相对增加。

问题 3　中国人口老龄化有何与众不同？

我国是老年人口最多、世界上老年人口增长最快的国家之一。其人口老龄化呈现以下特点：

（1）老年人口基数大。60 岁以上老年人口是世界老年人口总量的 1/5，是亚洲老年人口的 1/2。

（2）老年人口增长速度快。从 1980—1999 年，在不到 20 年的时间里，我国人口年龄结构就基本完成了从成年型向老年型的转变，而英国完成这一过程大约用了 80 年，瑞典用了 40 年。

（3）高龄化趋势明显。近年来我国 80 岁以上高龄老人以年均约 4.7%的速度增长，明显快于 60 岁以上老年人口的增长速度。目前 80 岁以上老年人口达 1 300 万，约占老年总人口的 9.7%。

（4）地区老龄化程度差异较大。上海的人口年龄结构早在 1979 年就进入了老年型，而青海、宁夏等西部省、自治区预计要到 2010 年左右才进入老年型，相差约 30 年。

（5）人口老龄化与社会经济发展水平不相适应。欧美一些发达国家在进入老年型社会时，人均国内生产总值一般在 5 000～10 000 美元，而我国目前尚不足 1 000 美元，是典型的“未富先老”国家。

问题 4 中国人口老龄化的未来将如何？

到 21 世纪中叶，60 岁以上的老年人将达到 4 亿左右，约占亚洲老年人口总数的 36%，约占世界老年人口总数的 22.3%。我国老年人口规模之大，老龄化速度之快，高龄人口之多，都是世界人口发展史上前所未有的。

根据有关专家的测算，21 世纪前半叶，我国人口老龄化过程大体要经历两个阶段：从 2000—2020 年，60 岁以上的老年人口将增加到 2.4 亿，占总人口比重将上升到 16.6%，人口老龄化继续加速发展；从 2020—2050 年，60 岁以上的老年人口将上升到 4 亿多，占总人口比重将上升到 26%左右，人口老龄化程度达到高峰。

第二节 人类生存空间的有限性

人口增长就像癌细胞扩散一样在地球迅速蔓延，使人类的生存空间越来越小。据科学家推算，地球表面积是 5.1 亿 km^2，其中，70.8%为海洋，陆地面积为 1.49 亿 km^2，仅占总面积的 29.2%。陆地中又包括人迹罕至的崇山峻岭、冰山冰川、戈壁荒漠等。可以想象，陆地上真正适合人类生存的空间并不充裕。

一、人类居住空间的有限性

人类起源于热带、亚热带地区，而后逐步分布到温带地区，还有少量人口居住在寒带边缘地带（爱斯基摩人生活在北冰洋沿岸）。全球陆地目前尚有 35%～40%的陆地基本无人居住，因为寒冷的极地和干旱的沙漠人类是难以生存的。时至今日，寒带的人口仍然十分稀少，而且南极洲至今无一人定居生活。

可见，人类大部分还是选择生活在自然环境条件优越地区，如湿润、半湿润地带，对于干旱的荒漠和半干旱的草原居住很少，特别是沙漠，只有在边缘的绿洲中才有人类定居。总的来说，世界总人口的 2/3 集中分布在地球 1/7 的土地上，平原、丘陵，地势低平，土地利用率高，负载量大，人口往往集中。如中国沿海平原带、欧洲平原带、南美平原带、非洲几内亚湾沿岸平原带都是世界人口集中地区。

从地球的水平分布来看，人口明显地集中在南北纬 20°～60°、距海岸 200 km 以内的范围。世界各大洲的人口有明显集中于沿海的倾向，如太平洋沿岸、大西洋沿岸都为世界人口集中区，这主要是受世界生产力布局指向沿海趋势的影响。

从垂直分布来看，目前世界大量人口主要集中在海拔 1 000 m 以下的地方。

总的来说，人类选择居住的空间不仅受纬度、距海远近和海拔高度的影响，而且主要取决于气候条件，特别是水热条件的结合状况，人类定居地并不是遍及地球所有的角落，相比于整个地球面积而言，人类的居住空间是非常有限的。

二、人类生产空间的有限性

土地是人类赖以生存的立足之地，是人类生态系统物质的供应者和能量的调节者，在社会生产中，尤其是在农业生产中起着重要的作用。

（一）全球土地资源概况

地球是一个相对稳定的星球，其表面积是相对不变的，因而人们不能使地球的总面积扩大或缩减，土地也就是有限的。地球陆地有 20%是沙漠和干旱地区，20%被冰川和永久冻土和草原所占据，20%是不能开垦的山地，还有 10%的陆地由于土壤性质不好，任何作物都不能生长，只有 1/3 不到的，约为 15 亿 hm^2 的陆地可供人们耕作。

（二）我国土地资源概况

我国是土地资源相对贫乏的国家。国土面积中干旱、半干旱土地大约占一半，山地、丘陵和高原占 66%，平原仅占 34%。我国土地总面积居于世界第三位，但人均土地面积仅为 0.777 hm^2，相当于世界人均土地的 1/3。其中耕地面积大约占世界总耕地的 7%。虽然我们用世界上 7%的耕地养活了 22%的人口，取得了举世瞩目的成就，但这种情况不可能无休止地维持下去。

（三）土地资源减少的主要原因

有限的土地，其使用是随着人类发展而发展变化的。在当今的土地利用中，许多因素使得本来就有限的土地更为稀少了，主要表现在以下几个方面：

1. 人均耕地面积下降。由于人口的增加，城市的扩建，工厂兴建和交通路线的开辟，全世界每年约有 0.1 亿 hm^2 农用耕地被占用。

2. 土地严重退化。人均耕地面积趋于减少，而人均粮食需求量随着人口的增加和生活水平的提高而越来越高。为了解决这个矛盾，人们千方百计地提高复种指数，但又对土地缺乏养护。毁林开荒，造成水土流失；加强灌溉，增施化肥、农药，掠夺性经营土地，使得土地日趋退化。

（1）水土流失。水土流失是自然因素和人类活动综合作用的结果。自然因素引起水土的自然流失，但人口激增，人们不合理的经营，如乱伐滥采、广种薄收、刀耕火种等破坏了自然的生态平衡，极大加剧了水土流失。据研究，我国的水土流失仅长江、黄河两大水系，每年就约有 50 亿 t 泥沙流入海洋。

（2）土地荒漠化。由于过度农垦、过度放牧和乱砍滥伐，利用水源不当等原因均可引起干旱，半干旱和具有干旱灾害的半湿润地区的土地发生退化。

目前，全球 2/3 的国家和地区，约 10 亿人口，全球陆地面积的 1/4 受到不同程度荒漠化的危害，而且仍以每年 5 万～7 万 km^2 的速度扩大，由此造成的经济损失，估计每年为 423 亿美元。荒漠化已直接和间接对全世界 10 亿人的生计构成威胁。过去 25 年间，荒漠化在亚湿润干旱地区呈明显增长的势头，且旱地的大多数居民目前生活在这一区域。全世界 70%的农用旱地已有不同程度的退化，总面积约为 36 亿 hm^2，100 多个国家正在遭受旱地退化对社会经济的不利影响。

我国是世界上荒漠化问题最为严重的国家之一，荒漠化对我国经济社会的可持续发展造成的危害十分惊人。荒漠化缩小了中华民族的生存和发展空间。我国现在荒漠化土地 2.62 亿 hm^2，占国土陆地面积的 27.3%，相当于 14 个广东省的面积。涉及 18 个省（区、市）的 471 个县（旗），主要分布在我国北方的 12 个省（区、市）。目前，荒漠化仍然呈快速发展之势，全国每年荒漠面积净扩展已超过 66.67 万 hm^2，仅沙化土地每年就净增 24.6 万 hm^2。新中国成立以来，全国已有 66.67 万 hm^2 耕地、235 万 hm^2 草地和 639 万 hm^2 林地变成流沙。内蒙古自治区乌盟后山、阿拉善、新疆塔里木河下游、青海柴达木盆地东南部、河北坝上和西藏那曲等地，荒漠化年均扩展速率达 4%以上。由于风沙的步步紧逼，成千上万的农牧民被迫迁往他乡，成为“生态难民”。

（3）土地质量退化。主要表现在：① 开垦更加贫瘠的荒地，主要也是由人口激增所导致的；② 土地次生盐渍化，同样是由于人类不合理耕作和灌溉所引起的；③ 土地生产力下降，盲目提高复种指数而使土壤有机质得不到应有的补充，造成土地肥力下降；④ 土地污染。随着工农业生产的发展，废水、废气、废渣、农药、化肥进入土壤的数量增加造成土壤污染。

[案例 2-2] 人类生存空间的开发

（一）大海里安个家

有科学家预测，21 世纪人类将移居海洋。

海洋是生命的摇篮，是人类的故乡。35 亿年前，原始海洋的形成为生命的出现提供了可能。到了 400 万年前，生命绽放出最为美丽的花朵——人类，从此，人类就与海洋结下了不解之缘。广袤无垠的海洋约占地球面积的 71%，是陆地面积的 2.4 倍，它是地球的

“空调器”，也是陆地降水的主要来源。海洋有人类取之不尽、用之不竭的无污染的再生能源（海洋里生存着 20 余万种生物）；蕴藏着占世界可开采储量 45%左右的石油；海底表面分布着丰富的矿藏；波涛汹涌的海水，蕴藏着各种巨大的能量。据科学家推算，地球上海洋波浪蕴藏的电能高达 90 万亿 kW。

1992 年召开的世界环境与发展大会使人们对海洋又有了许多新的认识，海洋是人类生命支持系统的重要组成部分，是可持续发展的宝贵财富；海洋是地球环境的“调节器”，人类生存环境的许多因素，都受海洋的影响或制约；海洋中不但有目前已经利用的各种资源，还有许多未被发现或尚未开发的潜在战略资源，这是支持人类持续发展的宝贵财富。在人类日益面临人口、资源、环境三大危机的今天，资源丰富的海洋无疑是人类的重要出路，是人类的第二生存空间。

中国拥有 1.8 万多 km 的大陆海岸线，1.4 万多 km 的海岛岸线，面积在 500 m^2 以上的岛屿有 6 000 多个。“蓝色国土”蕴藏着丰富的资源，在陆地资源日渐减少的今天，海洋正在悄悄地成为中华民族繁衍发展的空间。然而中国虽是一个海洋大国，却还不是一个海洋强国。

“上九天揽月”不如“下五洋捉鳖”，早在 2 500 多年前，古希腊海洋学家狄米斯托克利就说过：“谁控制了海洋，谁就控制了一切。”为了加快对海洋研究与开发的步伐，中国“十一五”规划纲要增加了第二十六章“合理利用海洋和气候资源”，2006 年发布的《国家中长期科学技术发展纲要》将海洋科技和太空技术等并列为五大科技战略重点之一。2007 年 11 月 1 日起，《防治海洋工程建设项目污染损害海洋环境管理条例》将实施，海洋工程的建设将有章可循。

没有健康的海洋，就没有地球及其生命系统。对海洋的牵挂，归根结底是对人类命运的牵挂。未来的海洋世纪，人类将在海洋中大规模建造城市，人类会像今天的鱼一样在海里自由自在地畅游；“21 世纪的海洋将是‘数字海洋’”，将来某一天人们乘私家汽艇到远洋旅游，可以随时通过互联网查出所经航线以及目的地的有关气候、环境等情况。

（二）向太空扩展生存空间

当代人在探求人类生存与发展的新空间时，除了海洋，另外一个就是宇宙。

月球作为地球的卫星，其引力只有地球的 1/6，又没有大气，因此将月球作为未来的空间资源十分理想。理想中的月球空间需要有宽敞的密闭环境，保持其内部有与地面上一样的温度、压力和空气成分。在密闭环境内，人类和动物、植物共生在一起，氧气、水和食物互相循环转换，不需外界补给。在地球出现人口过多时，就可向月球移民。

宇宙无限宽广，有可供人类作为活动场所的无限空间，宇宙中无数星球上也有可供人类使用的无穷资源，这当然是令人无比兴奋的事。然而宇宙空间毕竟十分遥远，宇宙的开发技术又极为复杂，耗资极大。虽然有些国家正在努力进入宇宙空间，但只是刚刚起步，要能真正开发利用宇宙空间以满足人类生存与发展的需要还为时久远。对于人类生存与发展的迫切需要来说，宇宙空间毕竟是远水难解近渴。

第三节　环境的人口承载力

一、人口环境容量与适度人口

人类生产和生活所依赖的资源和空间条件是有限的。面对人口数量快速增长的事实，人们时常思考着一个问题：地球只有一个，自然环境的承载能力是有限的，那么，我们生活的地球究竟能容纳多少人口？一个国家或地区，又能容纳多少人口？于是，人们提出了环境人口容量的概念。

（一）人口环境容量的概念

简单地说，环境人口容量就是环境所能容纳的最大人口数。联合国教科文组织从资源角度对人口环境容量的定义是：在可预见的时期内，利用本地的能源及其他资源和智力、技术等条件，在保证符合社会文化准则的物质生活水平条件下，该国家或地区能持续供养的人口数量。国际人口生态学界对环境人口容量的定义是：在不损害生物圈或不耗尽可利用、不可更新资源的条件下，世界资源在长期稳定状态基础上能供养的人口数量与大小。

（二）影响人口环境容量的因素

从上面的定义可以看出，环境人口容量受到许多因素的制约，其中资源、科技发展水平及人口的文化和生活消费水平，对环境人口容量的影响最大。

1．资源——制约环境人口容量的首要因素，人类生存很大程度上取决于资源状况，资源越丰富，能供养的人口数量就越多。

2．科技发展水平——科技水平的提高，人类获取资源在手段、方法等方面的改变，从而带来环境人口容量的提高。比如在原始社会，人类几乎没有掌握多少科技知识，所能获取的资源也十分有限，因此环境人口容量很小。今天地球上的60多亿人口，在原始条件下是无论如何也不能想象的。

3．人口的文化和生活消费水平——人是社会性动物，除了生理方面的需求外还有精神生活的需求。人口的文化和生活消费水平的变化，对环境人口容量会产生较大的影响。

（三）环境人口容量的不确定性和相对确定性

估计环境人口容量必须充分考虑影响因素。但各种制约因素是不确定的。比如现有的资源总数不确定，科技发展水平及人口消费水平都在不断变化。因此，估计环境人口容量难度很大。但在具体时期内，假定制约因素保持不变（如技术水平、资源的基础和潜力相对稳定以及人口消费水平变化不大）时，可以对环境人口容量进行相对定量的估计。这说明环境人口容量具有相对确定性。无论是整个地球，还是某一国家或地区，其环境人口容量具体的估计值，都是建立在环境人口容量相对确定这一基础上的。

（四）适度人口

按一般理解，人口容量是指一个地区的资源、环境所能承载的最大人口数量，即偏向于最高人口的含义。而适度人口则是指一定目标下的最适宜人口，即最优人口。但确定人口容量时，如果把消费水平定在一个期望的数值上，则此时的人口容量也就等同于适度人口。因此，人口容量与适度人口在概念上是有区别的，但在一定条件下，两者也可以互相转换，适度人口也可以说是某一定意义上的人口容量。

当前有人认为，“适度人口”并没有一个客观标准，不同的人口学家根据不同的标准或爱好，会得到截然不同的“适度人口”数字。

二、地球的人口环境容量

（一）对地球能容纳人口的分析

在人类生活的“地球村”，空间是有限的，淡水是有限的，矿产是有限的，能源是有限的，有限的资源只能供养有限的人口。地球究竟能容纳多少人口？一个国家或地区又能容纳多少人口？

就平均每人可能占有陆地而言。按目前 45 年的倍增期计算，1999 年世界人口为 60 亿，到 2044 年增至 120.6 亿，2089 年达到 241.2 亿……800 年后世界人口可达到千万亿的天文数字；如果届时地球上全部土地，包括山脉、沙漠，甚至南极洲都为人们所居住，平均每人占地为 1.5 m^2，已经没有可供耕种的土地了。

从生态学角度分析。地球植物的总产量，按照能量计算每年约为 2.77×10^{21} J。人类维持正常生存每人每天需能量 10^7 J，则每年需 3.68×10^9 J。按此数值计算，地球上植物总产量可养活 7 500 亿人。

但由于以下两方面原因：其一，以植物为食物的不仅仅是人类，其他各种动物也都直接或间接地以植物为食；其二，有许多植物、动物是不能供人类食用的，因此，据估计人类只能获得植物总产量的 1%，即地球只能养活 75 亿人。

（二）不同派别的观点

悲观者认为，现今世界的人口已经大大超过了地球的环境容量。依照目前科学技术的发展速度，不能解决人口过多带来的环境污染和生态退化问题，人口进一步增长，后果不堪设想。

乐观者认为，着眼于尚未被人类开发和利用的资源以及没有探知和没有发现的领域，认为未来世界人口不会达到地球环境人口容量的极限值。经济的高速发展、科技进步使人类有足够的力量制止环境退化，推动人口与环境关系的良性循环。

介于悲观者和乐观者之间，多数学者认为未来全球环境人口容量在 100 亿左右。1972 年的联合国人类环境会议公布的报告认为，将全球人口稳定在 110 亿或略多一些，可以使地球上的人维持合理健康的生活。

三、中国的人口环境容量

关于中国的人口环境容量问题，不少专家学者做过一些有益的探索。早在 1957 年马寅初教授就提出中国最适宜的人口数量为 7 亿～8 亿；同年孙本文教授也从中国当时粮食生产水平和劳动就业角度，提出了相同的看法。田雪原、陈玉光先生于 1980 年，从就业角度研究了中国适宜人口数量，认为 100 年后中国经济适宜人口应在 6.5 亿～7.0 亿之间。胡保生等应用多目标决策的数学方法，选择社会、经济、资源等 20 多个因素进行可能度和满意度分析，提出中国 100 年后的人口总数应保持在 7 亿～10 亿为好。宋健等也从食品和淡水资源的角度出发，估算了 100 年后中国适宜人口数量应保持在 7 亿或 7 亿以下，一般应保持在 7 亿～10 亿人口，而中国最大人口承载力只有 16 亿，绝不能超过 18 亿。

在未来相当长的时间里，中国人口数量将进一步增长，而资源与环境状况基本已成定式，人口环境容量超负荷的状况将长期存在下去，这无疑将对中国的社会经济发展产生深远的影响。此外，加上人口控制本身的一连串效应，人口问题，必须作为一个重大问题进行考虑。

［案例 2-3］ 从复活节岛的兴衰看人口与发展

复活节岛位于南太平洋，它是地球上人类居住过的与外界最为隔离的地方，东边离南美洲有 3 700 km。此外离它最近的有人住过的太平洋岛屿也在 1 800 km 外。1722 年荷兰海员在复活节这天发现了这个小岛，因此命名为复活节岛。它只有约 160 km^2，当时有 1 000～2 000 居民，他们处于石器时代，靠种植红薯、芋头等为生。早期从外界来到岛上的人，首先注意到和感到震惊的一定是岛上巨大的人形石像，它们遍布整个岛屿，为数共有近千。中等大的有 4 m 高，15 t 重，最大的有 21 m 高，180 t 重。其他一些奇怪的现象是，岛上没有一棵树，因此居民也无法造船出海。岛上没有大的动物。因为没有树，鸟也很少，唯一多的动物是鸡。对此情景，人们实在无法想象这么多巨大的石像是怎么建成的？又是什么原因使复活节岛的文明从兴到衰？考古发掘发现，是岛上的土著人自己毁灭了自己的文明。

问题 1　复活节岛的文明是怎样由兴到衰的？

大约在公元 400 年，波利尼西亚人经过长期漂流，乘着大独木舟来到了复活节岛。那时候复活节岛上是遍布着高大的树木的。因为复活节岛离其他所有的地方都这么远，在随后 1 300 年中，居民们和外界都没有接触。但是复活节岛仿佛是个小小的天堂，提供了人们生息繁衍所需的一切。当时他们能够出海捕鱼，也有众多的禽鸟可食。

这个小小的文明于是不断成长，也发展出组织严密的多级社会，宗教和一种独特的象形文字。人口最多的时候可能达到过 7 000～8 000 或 1 万～2 万（专家们有不同的观点）。岛上的石像代表氏族的首领和祖先，是复活节岛早期宗教的中心。最初的石像不很大，到了后期，可能是各个氏族相互竞争，石像越造越大。我们现在很难想象当时的人们是怎么移动和树立起这么大的石像的，这也是复活节岛考古长期以来的一个最引人入胜的课题。近来有人做过实地实验，发现用当时具备的工具，人们确实是做得到的，但是需要很多人力和很多的树。

相对于岛上很有限的资源来说，造这些石像的代价是非常高昂的。随着人口和石像数目的不断增长，岛上的主要自然资源树木不断减少。终于到了约公元 1600 年，岛上的最后一棵树也倒下了。树木的绝迹导致水土流失和其他农作物减产，工具退步，燃料不足，鸟类不能寄居，人们不能造船出海捕鱼。于是岛上的文明一下子到了崩溃边缘，人口锐减，氏族之间相互战争，甚至有人吃人的现象。而且，因为没有办法造船，人们即使想再像祖先那样冒险远航也不可能了，他们只能在这个小岛上挣扎。我们可以想象这是怎么样的一幅绝望的人间地狱图景。岛上的人口最低时下降到了只剩下 111 个土著居民。整个社会发生了根本变化。对宏伟的石像的崇拜已成过去，幸存的居民们开始相信另外一种基于鸟类崇拜的宗教。

问题 2　复活节岛的文明为什么会衰落？

复活节岛的兴衰历史是人口过度增长，人们过度利用自然资源，当社会经济的发展超越了资源环境的承载力的结果。它是人类社会所经历的人口、资源、环境与发展之间不协调的一个缩影。

复活节岛的兴衰史让人们更清醒地去思考人类与自然的关系：当人口变动与自然不能协调发展时，人口的存在和发展将会受到威胁，甚至消亡。只有当人口变动和自然协调发展时，人口才会存在、才会保持繁荣、昌盛。

资料来源：① 复活节岛的悲剧．探索·发现，2005.
② 申玉铭．人口问题——从复活节岛的兴衰看人口与发展．环境教育，2002（2）.

第四节 人口的可持续发展

人口是社会系统的核心，是发展的原动力和终结受益者。谋求人口与资源、环境、经济和社会因素的相互协调是可持续发展的基本目标。因此，人口问题是可持续发展理论中最重要的内容之一，是可持续发展战略的基本环节。人口的数量、素质、结构（年龄结构、性别结构、文化水平结构和经济结构）等都与可持续发展有着密切的关系。其中，人口的增长与可持续发展的关系最为重要。

一、人口在可持续发展中的地位和作用

（一）人口是可持续发展的基本条件

人口是可持续发展的基本条件，原因有三：其一，人口各要素（人口的数量、素质、结构、分布和迁移等）的调节和控制是有限的，而可持续发展是无限的，所以，人口只能作为可持续发展的基本条件。如中国在努力降低人口数量，这是有利于可持续发展的实施，但这种努力应该说是有限的，绝不能以此作为推动可持续发展的基本动力。其二，对可持续发展起主导作用的是社会生产关系和社会生产力的发展和进步，而不是人口各要素及其变动。其三，社会经济发展和资源环境保护不可能以人口发展为转移。如果人口是可持续发展的中心就意味着一切社会经济活动和资源环境保护都要以人口发展为转移，这无疑是不合理的。

（二）人口对可持续发展具有促进和阻碍的双重作用

人口在可持续发展中的作用，不是指人或人类在可持续发展中的作用，而是指人口要素的现状和变动对可持续发展的作用。这些人口要素在不同时期可能起着不同的作用，但总是综合作用于可持续发展。

当人口要素适应可持续发展时，人口对可持续发展将具有促进作用。如当一个地区人口规模恰好是地区发展的适度人口，人口素质符合社会经济发展的需求，人口年龄结构合理，人口分布与社会经济发展相吻合，人口迁移有利于地区社会经济的发展，那么，人口将促进地区的可持续发展。否则，当一个地区的人口规模相对于地区发展的要求过多或不足，人口素质低下，人口结构和分布不合理，那么，人口对地区的可持续发展必然产生阻碍作用。

二、人口增长对可持续发展的影响

单纯从人口增长对可持续发展的影响来看，至少可以归纳为以下几个方面：

① 人均收入的增长；② 收入不均衡的存在；③ 失业与就业；④ 储蓄与投资；⑤ 资源；⑥ 技术改革；⑦ 矿产开发；⑧ 生产产品转化；⑨ 市场；⑩ 国际贸易；⑪ 城市化与国内迁移；⑫ 政治、民族、宗教、语言等方面的冲突；⑬ 学生入学率；⑭ 教育质量；⑮ 儿童身心发展；⑯ 环境、野生动物和自然保护区的保护等。人们一致的看法是，人口增长对这些方面肯定有影响，但究竟如何影响，影响有多大，会不会引起严重的资源、生态、环境和社会恶化等问题，则争论不一。

人口增长率的持续上升，既反映了人类在减少过早死亡和避免死亡方面所取得的成功，也反映了高生育率带来的后果，其社会代价和环境代价是可想而知的。如此下去，地球将面临人口膨胀、粮食短缺、资源和能源匮乏及生态环境恶化四大危机。控制人口增长，目前的办法之一是各国制定相应的人口政策，采取各种措施降低生育率，以减缓人口增长的速度。

三、中国实现可持续发展战略的人口对策

实施可持续发展战略是我国重要国策之一，它关系到国家和民族的长远发展。可持续发展战略，就是要有中国传统的“天地人合一”的观点，促进社会和自然的协调平衡发展。人类既要满足当前的需要，又要不危及后代生存和发展的利益。

中国是世界上人口最多的发展中国家。经济基础相对薄弱，人均资源拥有量偏低，地区间发展不平衡，生产力还不发达，这是中国的基本国情。在推进现代化的进程中，中国这个世界人口大国如何实现人口的可持续发展呢？

（一）控制人口数量

1．作用和意义。对中国这样人口众多的发展中国家而言，实现可持续发展战略必须严格控制人口增长。只有控制人口增长，通过对生育有计划的节制，减少过多人口的出生，才能使人口数量与经济、社会发展相适应。有效地控制人口增长，不仅是经济、文化发展的需要，也是提高人口素质的需要。每对夫妇生育的子女减少，人们更加关注优生，这必然会大大减少患有遗传病婴儿的出生，这将大大提高我国人口的身体素质。

2．途径。控制人口增长的途径主要有：① 确定科学合理的人口增长目标；② 推行计划生育，提供更为有效并易于接受的避孕方法，降低人口出生率。

（二）提高人口素质

1．作用和意义。提高人口素质是实施可持续发展战略的关键。提高人口素

质首先对人口的数量控制或对经济社会的发展均有利无弊；其次，提高人口素质有利于改变经济增长方式和消费行为，有利于增强人们合理利用资源及保护环境的意识。

2．途径。提高人口素质的主要途径有：① 科学确定人口素质的目标，即以社会经济发展的需求为依据；② 积极发展卫生事业，提高人口身体素质；③ 积极发展教育，提高人口科学文化素质。针对我国劳动者科学文化素质偏低的情况，尤其要注意提高劳动者的科学文化素质，要切实把教育摆在优先发展的战略地位。

（三）调整人口结构

1．作用和意义。调整人口结构是使人口结构优化，这有利于人口发展的优化，也有利于社会经济发展的优化。调整人口结构是人口发展的需要，也是社会经济发展的需要，对资源的可持续利用，对环境、经济和社会的可持续发展都具有重要意义。

2．途径。人口的结构包括有人口的年龄结构、性别结构、文化水平结构和经济结构。针对调整人口的年龄结构，主要是要在继续控制人口数量的同时，尽量推迟人口老化进程。因为这是调整我国人口年龄结构的主要目标，也是我国人口年龄结构中面临的主要问题。

只有坚持综合治理人口问题，走可持续发展的道路，使人口因素由不利于可持续发展的状况，逐渐向适应可持续发展的方向转化，促进人口与经济、社会、资源、环境的协调发展。这不仅是世界许多国家解决人口问题的出路，也是中国这个人口大国现代化建设的必然选择。

[案例 2-4]　中国 21 世纪人口发展的现状、前景与目标

（中华人民共和国 国务院新闻办公室 2000 年 12 月一北京）

1．20 世纪 70 年代以来特别是改革开放以来，中国确立了控制人口增长、提高人口素质的人口政策，全面推行计划生育基本国策。国家鼓励晚婚晚育，提倡一对夫妻生育一个子女，并依照法律法规合理安排生育第二个子女。对少数民族，国家也实行计划生育。各省、自治区、直辖市结合当地实际制定了具体政策规定。

2．中国政府高度重视人口与发展问题，将人口与发展问题作为国民经济和社会发展总体规划的重要组成部分列入议事日程，始终强调人口增长要与经济社会发展相适应，与资源利用和环境保护相协调。20 世纪 90 年代以来，中央政府每年召开一次关于人口与发展问题的座谈会，研究分析重大问题，制定重大决策和措施。国家组织、协调有关部门和群众团体共同实施人口与计划生育方案，将计划生育与发展经济、消除贫困、保护生态环境、合理利用资源、普及文化教育、发展卫生事业、完善社会保障、提高妇女地位等紧密结合起来，努力从根本上解决中国的人口与发展问题。

3．经过近 30 年的努力，中国成功地探索了一条具有本国特色的综合治理人口问题的道路，逐步形成了适应市场经济要求的人口调控体系和计划生育工作管理体制，人口与发展取得了举世瞩目的成就，公民的生存权、发展权和经济、社会、文化权利显著改善。

——人口过快增长得到有效控制。人口出生率、自然增长率分别由 1970 年的 33.43‰和 25.83‰下降到 1999 年的 15.23‰和 8.77‰，总和生育率下降到更替水平以下，进入世界低生育水平国家行列。中国在经济不发达的情况下，用较短的时间实现了人口再生产类型从高出生、低死亡、高增长到低出生、低死亡、低增长的历史性转变，走完了一些发达国家数十年乃至上百年才走完的路。

——国民经济快速发展，综合国力显著增强，人民生活水平大幅度提高。实行计划生育以来，全国累计少出生 3 亿多人，为国家和社会节约了大量的抚养成本，缓解了人口过多对资源和环境的压力，促进了经济发展和人民生活水平提高。国民生产总值提前实现了比 1980 年翻两番的战略目标，人民生活总体上达到了小康水平。到 1999 年年底，中国农村尚未解决温饱的贫困人口已经从 70 年代末的 2.5 亿以上减少到 3 400 万，占农村人口的比例从 33%下降为 3%左右，农村贫困人口的温饱问题基本解决。

——教育、卫生等各项社会事业成绩显著。到 2000 年年底，全国基本实现普及九年义务教育和基本扫除青壮年文盲的目标。平均每万人中大学生人数由 1978 年的 8.9 人增加到 1999 年的 32.8 人。基本实现人人享有初级卫生保健服务。孕产妇死亡率从 1990 年的 94.7/10 万下降到 1998 年的 56.2/10 万，住院分娩率 1999 年达到 66.8%以上。1999 年，人口平均预期寿命提高到 71 岁，达到中等发达国家水平。

——妇女地位明显提高，儿童权利得到保障，老年人生活水平不断提高。目前，全国机关干部、国有企事业单位管理人员及专业技术人员中女干部占 1/3 以上。1999 年，女性从业人员占社会总从业人员的 46.5%，高于世界 34.5%的水平，当年妇女收入为男子收入的 80.4%。5 岁以下儿童死亡率，1998 年为 42‰，比 1991 年下降了 31.8%。1999 年，小学学龄儿童入学率达到 99.1%，小学毕业生升学率达到 94.4%。1999 年全国 1 岁儿童计划免疫接种率，卡介苗为 97.8%，脊髓灰质炎为 97.4%，麻疹疫苗为 97.5%。1999 年，全国有近 3 000 万离退休人员参加了基本养老保险，国家举办的社会福利机构达 1 000 多个，集体举办的敬老院近 4 万个。

——全社会对人口问题的认识不断深化。人们对人口问题已形成以下共识：控制人口增长，有利于实现人口与经济、社会、资源、环境的协调发展和可持续发展；应节制生育，不应放任自流；解决人口问题不仅应关注数量，还应强调提高素质和生殖健康水平、提高人类生活质量和福利，实现人的全面发展；人口问题本质上是发展问题，只有通过经济、社会、文化等全面发展，才能最终获得解决。同时，人们的婚育、养老观念也发生了深刻变化。传统的早婚早育、多子多福和重男轻女等观念逐渐被晚婚晚育、少生优生、生男生女都一样等科学、文明、进步的观念所取代，越来越多的人自觉实行计划生育。育龄妇女平均初婚年龄从1970年的20.8岁提高到1998年的23.57岁，已婚育龄妇女综合避孕率达到83%。平均家庭规模从1971年的4.84人减少到1998年的3.63人。

——人口与发展领域的国际合作与交流不断扩大。中国充分认识解决本国人口与发展问题对稳定全球人口问题、促进世界和平与发展的重大意义，并结合本国实际贯彻历次国际人口会议确定的基本原则和精神。1994 年国际人口与发展大会后，中国政府采取了一系列措施，积极实施《国际人口与发展会议行动纲领》。近年来，中国和联合国人口基金、世界卫生组织、国际计划生育联合会等国际机构以及有关国家的政府和民间组织在生殖保健、青少年教育、紧急避孕、男性参与计划生育等方面进行了卓有成效的合作。中国人口与计划生育方案的成功实施，为其他许多国家提供了有益的借鉴，并越来越为国际社会所认同。

4．未来几十年，中国人口与发展将进入新的历史时期。在稳定低生育水平的前提下，中国人口将由低增长逐步过渡到零增长，人口总量达到峰值后开始缓慢下降。抓住出生人口减少、社会总抚养比下降、劳动力资源丰富的历史机遇，大力发展教育和科技，扩大社会投入，提高积累水平，将为加快经济发展，增强综合国力，实现人口与经济、社会、资源、环境的协调发展和可持续发展奠定坚实的基础。同时，社会主义市场经济体制的建立和完善，以及国民经济的持续快速健康发展，也将为解决人口与发展问题提供较雄厚的物质基础。

5．中国政府清醒地认识到，中国人口与发展的矛盾依然尖锐，面临诸多困难和挑战：人口数量将在较长时期内继续增长，预计未来十几年每年平均净增1 000万人以上，给经济、社会、资源、环境和可持续发展带来巨大压力；人口总体素质较低的状况在短时期内难以根本改观，与科学技术迅猛发展的要求不相适应；劳动年龄人口大量增加，就业压力居高不下；在经济尚不发达情况下进入老龄社会，给建立完备的社会保障体系增加了难度；地区间经济和社会发展不平衡现象将长期存在，消除贫困的任务依然艰巨；流动人口增加、农村人口进入城镇以及人口在不同地域间的重新分布，对传统的经济社会管理体制及相关人口政策产生重大影响；在完善社会主义市场经济体制的过程中，各种矛盾和问题将进一步显现，人口与发展问题面临的复杂性依然存在。

6．中国人口与发展的目标是：

——到2005年，全国人口总数控制在13.3亿以内（不含香港特别行政区、澳门特别行政区和台湾省），人口年平均自然增长率不超过9‰。全面推行医疗卫生和生殖健康服务，开展避孕措施的知情选择，孕产妇死亡率降低到 42/10 万左右，婴儿死亡率降低到 31‰ 左右。巩固和提高九年义务教育成果，重点加强贫困地区和少数民族地区普及九年义务教育工作，城市和有条件的农村地区基本满足高中阶段教育的社会需求，初中毛入学率达到 90%以上，高等教育毛入学率进一步提高。在城镇和有条件的农村地区初步建立社会保障制度。

——2010 年，全国人口总数控制在 14 亿以内，人民生活更加宽裕。人口素质明显提高，全国人口受教育年限达到发展中国家先进水平，群众享有基本的医疗保健和生殖健康服务，普遍实行避孕措施的知情选择，出生性别比趋于正常。努力解决人口老龄化带来的问题，初步建立覆盖全社会的社会保障制度。

——到 21 世纪中叶，全国人口总量在达到峰值（接近 16 亿）后缓慢下降。人口素质和健康水平全面提高，高中阶段教育和高等教育大众化。建立起完整高效的社会保障制度。人口分布和就业结构比较合理，人口城市化水平大幅度提高。人民生活富裕，人均收入达到中等发达国家水平，社会文明程度显著提高，基本实现人口与经济、社会、资源、环境协调发展和国家现代化。

思考与练习

1．简述人口增长的历史与现状。

2．未来的人口发展趋势是什么？

3．地球承受人口的极限是多少？

4．如何使人口的发展和生存环境之间保持一定平衡状态？

5．人口对可持续发展战略实施的影响是什么？如何发挥人口因素的积极作用促进可持续发展？

参考文献

[1] 刘静玲，等. 人口、资源与环境. 北京：化学工业出版社，2001.

[2] 周毅. 21 世纪中国人口与资源、环境、农业可持续发展. 太原：山西经济出版社，1997.

[3] 蒋志学. 人口与可持续发展. 北京：中国环境科学出版社，2002.

[4] 宋建军，等. 环境、资源与人口. 北京：中国环境科学出版社，2001.

[5] 范恩源，马东元. 环境教育与可持续发展. 北京：北京理工大学出版社，2004.

[6] 陆学艺. 科学发展观知识手册. 北京：中国大百科全书出版社，2007.

[7] 董银兰，周艳华，解鸿泉. 人口学概论. 北京：科学出版社，2004.

[8] 沈国明. 21 世纪生态文明. 上海：上海人民出版社，2005.

[9] 吕殿录，等，环境保护简明教程. 北京：中国环境科学出版社，2000.

[10] 童玉芬. 中国新疆的人口与环境. 北京：世界知识出版社，2006.

[11] 马西姆·利维巴茨. 繁衍——世界人口简史. 北京：北京大学出版社，2005.

[12] 杨云彦. 人口、资源与环境经济学. 北京：中国经济出版社，1999.

[13] 孙维新. 大海里安个家——人类生存空间的开发. 上海：上海交通大学出版社，2004.

[14] 王庆九. 人口与可持续发展研究. 中国学位论文全文数据库，2002.

第三章
自然资源的可持续利用

总体教学目标:

本章通过对自然资源的概念、种类和特点的学习，了解土地资源、水资源、生物资源、矿产资源、能源等各种自然资源与经济和社会可持续发展的关系，认识合理利用与保护各种自然资源的重要性，以及减少资源消耗和对自然资源综合利用是实现经济社会可持续发展的重要途径。

要求重点掌握以下内容:

1. 自然资源概念及分类;
2. 我国土地资源的现状及保护;
3. 水资源的概念、分布、紧缺问题及保护;
4. 生物资源的种类、作用，面临的危机及保护;
5. 矿产资源的概念、开发保护，我国矿产资源的特点与分布;
6. 能源的类型、消耗，化石能源对环境的影响，可再生能源的开发与利用。

第一节　自然资源概念及分类

一、自然资源概念

自然资源（natural resources）是指人类可以直接从自然界获得并用于生产和生活的物质，它是自然环境的主要组成部分。自然资源一般是指天然存在的自然物，不包括人类加工制造的原材料。《辞海》（1999 年）对资源的解释为“一般指天然存在的自然物，如土地资源、水资源、生物资源、矿产资源等”。1972 年联合国环境规划署（UNEP）对“自然环境资源”一词解释为：“在一定时间和技术条件下，能够产生经济价值以提高人类当前和未来福利的自然环境因素的总称。”我国学者认为“自然资源是指存在于自然界中能被人类利用或在一定技术、经济和社会条件下能被利用来作为生产、生活原料的物质、能量的资源”。自然资源的概念是随时间变化的，具有动态特征。

自然资源与自然环境是两个不同的概念，但所涉及的对象和范围有时往往是同一客体，很难区分。自然环境是指人类周围所有的客观自然存在物，自然资源则是从人类需要的角度来认识和理解这些要素存在的价值。可以说自然资源是自然环境透过社会经济这个棱镜的反映，或者说“环境就是资源”。

二、自然资源的分类

从资源利用保障角度的分类，将自然资源分为非耗竭性资源和耗竭性资源两大类。很多研究者从自然资源成分的存在形式及在生产中的作用分为气候资源、土地资源、水资源、生物资源、矿产资源等。

非耗竭性资源又称为原生性或无限资源，指“取之不尽、用之不竭”的资源，如太阳能、潮汐能、风能等。这类资源基本上是持续稳定，但人类活动可以直接或间接地影响它们，例如太阳能的数量和质量与大气污染状况有关。

可耗竭性资源又称为次生性或有限资源。按照其能否重复使用，又可以分为可再生资源和不可再生资源两大类（图 3-1）。

- 自然资源
  - 非耗竭性资源　如太阳能、空气等
  - 耗竭性资源
    - 可再生资源　如各类动、植物、水等
    - 不可再生资源　如各类金属、非金属矿产、化石燃料等

图 3-1　自然资源的分类

（1）可再生资源又称可更新资源，主要是指那些被人类开发利用后，能够依靠生态系统自身的运行能力得到恢复或再生的资源，如水、土地、动植物、微生物等。

（2）不可再生资源又称不可更新资源，这类资源一般指那些被人类开发利用后逐渐减少以致枯竭，而不能再生的自然资源，如各种金属矿、煤、石油等。这些资源储量是有限的，在开发利用中，只能消耗而无法持续地利用，不能“取之不尽，用之不竭”。虽然当前某些材料可以通过化学方法合成，但是其质量不能完全替代天然资源，对这类资源应当合理地综合利用，减少损耗和浪费。

三、自然资源的属性

（一）有限性

有限性是自然资源最基本的特征。资源的有限性存在着两个方面的含义：第一，任何资源在数量上是有限的。资源的有限性在矿产资源中尤其明显。根据最近的测算，石油资源可大量开采的时间约为 50 年，由于任何一种矿物的形成不仅需要有特定的物质条件，还必须经过千百万年、上亿年漫长的物理、化学、生物作用过程，因此，相对于人类而言是不可再生的，消耗一点就少一点。其他可再生资源如动物、植物，由于其自然再生、补充能力有限，同样具有有限性。第二，可替代资源的品种也是有限的。煤、石油、天然气和水力、风力等资源都能用于发电，但总的来说，可替代的投入类型是有限的。例如，温室技术可替代土地资源而生产粮食，空间的利用可以替代工业及住宅用地的不足，但作为人类生存必须具有的淡水和氧气至今还没有找到可以替代的资源。

（二）区域性

自然资源的区域性是指自然资源不是均匀地分布在任意空间范围，它们总是相对集中于某一区域，而且其结构、数量、质量和特性都有显著不同。例如，中国的煤、石油和天然气等能源、资源主要分布在北方，而南方则拥有丰富的水资源。自然资源的区域性的特点要求人类在开发利用自然资源方面应以因地制宜为原则，充分考虑区域、自然环境和生活经济特点，才能使自然资源的开发利用和保护兼有经济效益、环境效益和社会效益，为人类造福。

（三）多用性

自然资源的多用性是指各种自然资源具有提供多种用途的可能性。例如，森林资源既能向人们提供各种林、特产品和木材，同时又具有防风固沙、保持水土、涵养水源和绿化环境的作用，还可以作为人类观光旅游的场所。自然资源的多用性为开发利用资源提供了选择的可能性。资源的多用性要求在对资源开发利用时，必须根据其可利用的广度和深度，实行综合开发、综合利用和综合治理，以做到物尽其用，取得最佳效益。

（四）整体性

自然资源的整体性是指自然资源本身是一个庞大的生态系统。自然资源中的水资源、土地资源、矿产资源、森林资源、海洋资源和草原资源等在生态系统中既相互联系，又相互制约，共同构成了一个有机的统一体，人类活动对其中任何一个组分的干扰都有可能引起其他组分的连锁反应，并导致整个系统结构的变化。例如，森林资源的破坏会造成水土流失，从而引起河流泛滥，最终导致农业、渔业等的减产。因此，在开发利用的过程中，必须统筹安排，合理规划，以保持生态系统的整体平衡。自然资源的整体性要求对自然资源必须进行综合研究和综合开发。

（五）两重性

对人类的生存和发展来说，自然资源是人类的生产资料和劳动对象，又是人类赖以生存的生态环境，具有两重性。例如，森林作为一种自然资源，向人类提供木材和各种林产品，同时还是自然生态环境的一部分，具有涵养水源、保持水土和绿化环境的功能。对待自然资源既要重视开发利用，又要重视保护和管理。

[案例 3-1]　中国自然资源可持续利用战略

中国是发展中国家，人口多，资源人均占有量低，且分布不均匀。所以我们的发展战略必须适应我国的国情。党的十六大报告中曾经明确提出：“必须把可持续发展放在十分突出的地位，坚持计划生育、保护环境和保护资源的基本国策。”这无疑为我国可持续发展战略提供了指导方向。

1．合理利用自然资源，实现中国经济可持续发展

（1）挖掘潜力，增加自然资源供应总量。我们在对资源尤其是不可再生资源进行利用时，必须本着“十分珍惜和合理利用”的原则。随着人类科学技术的发展，各种资源的储量也不断发生变化。我国领土广阔、资源种类多，但是分布不均匀，要求我们熟悉自然资源的潜力状况，为资源的可持续利用提供前提条件。否则，很可能会产生资源使用不当，有的地方资源闲置，有的地方资源利用过度，甚至破坏了生态环境。无论哪一种情况都抑制了社会可持续发展，所以我们要加强资源调查，切实弄清我国的资源状况，为资源合理利用提供必要的依据。

（2）加强资源的培育和养护。除了对资源总量进行开发以外，我们还可以通过人工繁殖和养护，有效增加可再生资源，通过提高利用效率，延长不可再生资源（矿藏等）的持续利用时间。比如，中国的熊猫保护，数量现已达 1 000 只以上，可以暂时摆脱其濒临灭绝的境地。

2．开拓国外资源潜力，节约利用自然资源

自然资源是最重要的物质基础。国内要抑制需求，减少自然资源特别是不可再生资源的消耗。但是当今世界没有哪一个国家的资源是完全配套、应有尽有。因此，要在立足用

好国内资源的基础上，扩大资源领域的国际合作与交流，充分利用国内及国外两个市场、两种资源，充分利用国际市场，适时适量地进口某些国内紧缺资源及成品，限制或禁止国内某些紧缺资源出口。通过国际市场调剂和互补优势，实现我国资源的优化配置，保障资源的可持续利用。

在充分利用国内外资源市场的同时，还要充分节约利用自然资源。各国对自然资源的利用水平有很大差异，少数发达国家消耗了全球能源的绝大部分；广大发展中国家人均消耗水平很低，我国 2006 年人均能耗 1.83 t 标准煤，世界多数国家为 2～6 t 标准煤，美国大于 10 t。我国能源利用率不大于 30%，一般工业化国家大于 40%，主要是我国企业技术水平不高，装置设备落后，管理水平低，所以节能潜力很大。

3．调整结构，合理进行资源配置

要实现自然资源在区域间的均衡配置，需要结合资源的自然属性和社会属性，充分考虑自然资源的潜在优势、开发优势和资源加工优势，必须珍惜和保护自然资源，合理利用资源，发展资源节约型产业。需要从生产和消费两个方面去建立资源节约型社会经济体系：在生产领域，制定和实施有利于节约资源的产业政策，通过产业结构的调整，减少对资源的消耗和浪费。要严格限制那些高消耗、高污染的企业和产业的发展，大力发展质量效益型、科技先导型、资源节约型企业，加快产业结构的升级。在消费领域，要提倡、引导崇尚节俭的消费方式。我国要采用方便实惠型基本消费方式，同时还要保证人民生活水平的逐步提高，而不应盲目追求和模仿发达国家的生活水平和生活方式。

同时，要对资源进行合理利用。首先，要求资源的开发必须以资源的保护为前提。其次，要在保护的前提下努力提高资源的利用效率。最后，要依靠科技进步提高资源承载力，加强资源的综合利用。对于水资源、土地资源、生物资源等可再生资源而言，重点是要保证资源的可持续利用，对于能源、资源等不可再生资源而言，重点是尽可能地提高资源的利用效率。

4．制定政策，促进自然资源可持续利用

在市场经济条件下，企业只顾成本和收益，而不顾及环境污染问题，对治理污染，解决好资源有效利用和合理保护等方面存在严重问题，从而造成资源的浪费。作为经济发展重要基础的环境和资源，要达到合理的开发、利用和保护，最有效的手段就是制定和推行完善有效的环境和资源的法律、法规。制定并完善相关的土地法、森林法、草原法、水法、矿产法等，运用法律的手段切实为可持续发展提供必要的保障。

同时，也必须建立有效的行政管理机制，从决策的源头上控制住环境问题的产生。1996 年《国务院关于环境保护若干问题的决定》中提到：各地、各部门在制定区域与资源开发规划、城市与行业发展规划、调整产业结构与生产力布局等重大决策时，必须综合考虑经济效益、社会效益和环境效益，进行充分的环境影响论证，避免走规划失误和“先污染后治理”的老路。利用政策的正确决策，将经济、社会发展与自然资源开发利用与保护相结合，以促进资源利用和可持续发展。

5. 发挥市场对资源的配置作用

在计划经济时期，由于不能自由地依据市场需求对资源进行配置，将资源用到最需要的地方去，导致价格扭曲，资源浪费严重，利用效率不高。现行的经济核算在计算国民生产总值时，没有将经济增长造成的生态破坏、环境污染代价计算在成本之内，进行生产时自然资源不计价，不计折旧，不包括对自然资源现存量、使用量的统计，没有区别自然资源的增长和减少，导致对自然资源的忽视，问题十分严重。所以我们在计算生产成本时，必须把消耗的资源计算在内，必须利用价格制度来调节资源的配置。例如，我们可以逐步取消对自然资源的补贴，改变无价、低价利用自然资源的状况，利用价格杠杆促使自然资源流向使用效率最高的地区和行业。南水北调工程后，水价必然会提高，据估计，北京届时水价将达到 5 元/t，而目前只有 3 元/t。这些多收的水费将会被用于补偿资源消耗的损失。

6. 依靠科技进步，建立节约型的社会经济体系

可持续发展战略的实施，需要当代先进的科学技术。只有大量采用先进适用技术和科学管理方法，才能大幅度降低单位产量的能耗和物耗；只有依靠科学技术，才能开发出环境无害化的资源、能源利用和环境污染控制技术，如清洁生产技术、水污染控制技术等；才能开发污染防治、生物多样性保护等技术，加速科技成果的转化和应用，提高资源和能源利用效率，加强除尘、脱硫、水处理和噪声防治设备等开发和产业化。只有依靠科学技术，才能提高经济发展科技贡献率和经济运行质量，实现经济增长方式的转变。

7. 保护环境，走良性循环的资源道路

我国当前所有的环境问题，几乎都与人口过多有关，粮食、能源短缺，森林过度采伐，草场超牧，城市拥挤，居住条件难以改善，就业压力大，可耕地减少。我国人均水资源仅为世界平均水平的 25%，人均耕地面积仅为世界人均水平的 43%，人均石油占有量仅为世界平均水平的 13%。据中科院有关专家推测，到 2010 年，我国 45 种重要矿产中，可保证需求的只有 23 种，到 2020 年仅有 6 种。

要从根本上解决资源短缺的问题，必须把控制人口数量、提高人口素质放在第一位。在全社会真正形成尊重知识、尊重人才的社会风尚，使他们满怀激情地为经济建设服务，为实现“科教兴国”和“可持续发展”两大战略贡献自己的聪明才智。同时，必须正视我国人均资源量少的基本国情，在全民中开展资源国情教育，牢固树立资源危机意识，强化珍惜资源、爱护资源、节约资源的观念。只有我们大多数人都从根本上改变不合理的价值观念和生活消费方式，自觉开始一种环保生活时，公众的环境意识才会形成一种真正力量，从而为可持续发展战略的实施提供无尽的源泉。

第二节 土地资源的利用和保护

一、土地资源的概念

土地资源是指土地总量中，现在和可预见的将来，能为人们所利用，在一定的条件下能够产生经济价值的土地。土地是由气候、地貌岩石、土壤、植被和水文等自然要素共同作用下形成的自然综合体，也是人类生产劳动的产物。土地资源是一种“综合”的自然资源，具有一切农业自然资源的属性，是人类社会最基本的生产资料与劳动对象。

二、我国土地资源概况

（一）土地类型多样

我国的土地类型多种多样，其中高原占 26%，山地占 33.37%，丘陵占 9.9%，盆地占 18.75%，平原占 11.98%。其中荒漠、永久积雪山地、冰川约占 20.5%，城市占 7%，其余 72.5%的土地基本上属于已利用和可利用于农、林、牧、副、渔业生产的土地资源。

（二）土地资源绝对数量大，人均相对数量小

尽管我国土地总面积大，占世界土地总面积的 6.5%，耕地面积占世界耕地总面积的 7%。但是，我国是世界上人口最多的国家，因此，人均占有的土地资源的相对数量少。

（三）山地面积大

我国是一个多山国家，山地、高原和丘陵的面积约占土地总面积的 69.27%；平原、盆地约占土地总面积的 30.73%，耕地总面积仅占土地总面积的 14.5%，与世界上领土较大的国家相比，如加拿大、美国、澳大利亚、巴西等，我国山地总面积比重大。

（四）土地资源分布不平衡，土地生产力地区差异大

我国土地资源不仅有限，而且分布不平衡，土地的水、热、肥等因素组合和土地生产能力在区间有很大差别。爱辉—兰州—腾冲一线的东南部是湿润、半湿润地区，是我国的主要农业区，在占全国总面积约 48%的区域里集中了全国 93%

的耕地，同时也是畜牧业比重较大的地区。区内不同的地区土地资源的性质和农业生产条件差别很大。

（五）后备耕地资源不足

目前，不易利用的土地如沙漠戈壁、石山裸地、冰川和永久积雪及海拔 3 000 m 以上的高寒土地比重很大，占国土总面积的 1/3 以上，对于发展农业及其他土地利用是一个十分不利的因素。

三、我国土地资源的利用与保护

我国土地资源开发利用过程中存在的主要问题：

（一）水土流失严重

水土流失是指土壤在水的浸润和冲击作用下，结构发生破碎和松散，随水流动而散失的现象。在自然条件下，降水所形成的地表径流会冲走一些土壤颗粒。但土壤如果有森林、野草、作物或植物的枯枝落叶等良好覆盖物的保护，则这种流失的速度非常缓慢，使土壤流失的量小于母质层变为土壤的量。在过度砍伐或过度放牧引起植被破坏的地方，水土流失便逐渐加重。

我国水土流失总面积 356 万 km^2。其中水蚀 165 万 km^2，风蚀 191 万 km^2。在水蚀和风蚀面积中，水蚀风蚀交错区土壤侵蚀面积为 26 万 km^2。按流失强度分，全国轻度水土流失面积为 162 万 km^2，中度为 80 万 km^2，强度为 43 万 km^2，极强度为 33 万 km^2，剧烈为 38 万 km^2。黄河每年流出三门峡的泥沙量为 16 亿 t，个别年份最大输沙量达 26.5 亿 t，在世界上占第一位。

（二）土地沙化严重

由于盲目开垦、过度放牧、工矿企业建设、掠夺式的矿产资源开发、土地资源的不合理利用等人为因素，破坏了土地植被，造成了土地沙化。我国土地沙化主要集中在西北、华北北部和东北部地区。截至 2004 年，全国沙化土地面积约为 174 万 km^2，占国土总面积的 18.1%，同时还有近 32 万 km^2 的具有明显沙化趋势的土地，如果保护利用不当，极易变成新的沙化土地。

（三）土壤次生盐渍化严重

在干旱、半干旱地区，在耕种过程中如果灌水量过大，灌溉水质不好（含盐量高），由于水分逐渐蒸发，水中的盐溶液逐渐浓缩，最后造成土壤含盐量过高，形成土壤盐渍化。2004 年，我国盐渍化土地总面积约 17.4 万 km^2，占荒漠化土地面积的 6.59%。与 1999 年相比，盐渍化土地增加 930 km^2。

（四）土壤污染

随着工业的迅速发展，特别是乡镇企业的飞速发展，工矿企业排放大量的废水、废气、废渣，通过大气、水和固体废弃物进入土壤。同时，农业生产中，农药、化肥的大量施用严重污染了土壤。

由于目前我国土地资源的质量较差，从退化的严重性与普遍性来看，对土地资源的保护重点应放在水土保持、土地沙化防治、土壤次生盐渍化防治和综合防治土地污染四个方面。

1．水土保持。治理水土流失的原则是：实行预防与治理相结合，以预防为主；治坡与治沟相结合，以治坡为主；生物措施与工程措施相结合，以生物措施为主；因地制宜，综合治理。

2．土地沙化防治。沙化的防治关键是调整生产方向，易沙化的土地应以牧为主，严禁滥垦草原，加强草场建设，控制载畜量。禁止过度放牧，以保护草场和其他植被。沙区林业要用于防风固沙、禁止采樵。当前防治的重点在经济发达、自然条件较好、治理容易、农牧业生产潜力大的地区。

3．土壤次生盐渍化防治。可分别采用水利改良、生物改良和化学改良措施。主要是靠建立完善的灌溉系统，实行科学的灌溉制度，采用先进的灌溉技术。对易产生次生盐渍化的土地，要防止地下水位升高到临界深度以上。还可以利用盐碱土上植物和微生物的活动，改造土壤结构，增加绿地覆盖率，减少水分的蒸发，加速盐分的淋洗，达到改良的目的。选用的植物如向日葵、紫花苜蓿、紫穗槐、盐蒿、沙豆秧等。

4．综合防治土地污染。土地污染的防治必须贯彻“以防为主”的方针，首先要控制和消除污染源，同时采取物理、化学和生物处理等方法消除已污染土地中的污染物或控制土壤中污染物的迁移转化，并防止其进入食物链。

[案例 3-2]　苏联的“白色风暴”

苏联 20 世纪中叶对北哈萨克斯坦草原的开发，引发了难以控制的尘暴和土地普遍荒漠化，使人类饱尝了苦果。

北哈萨克斯坦草原位于 52°～60°N，62°～72°E，深居内陆，属温带大陆性气候，年均降水量 300～400 mm，主要集中在 5～9 月份，而年蒸发量却在 650～750 mm 之间，属半干旱地区。这里几乎没有无风天，盛行西南风和南风，风力达 10～15 m/s，甚至 20 m/s，且多出现于中午，风力侵蚀作用明显，生态环境较为脆弱。

北哈萨克斯坦草原地形平坦、面积广大，与我国东北大平原和美国中西部大平原并称为北半球三大肥沃草原之一。1954 年以前，这里是纯牧区，人口很少，旱作耕地不多，天高云淡，碧野千里，牛羊壮美，一派柔美和谐的景象，罕有尘暴天气出现。1954 年起，苏联开始在此实施“东方商品粮基地”计划，大量向草原移民开荒，1959 年人口剧增至 275.3 万人，随后更是以每年 20 万人的速度增加。1954—1961 年间从乌拉尔河流域至西伯利亚西部一线共开垦草原 4 150 万 hm^2，1963—1964 年间，新老农区又开荒 617 万 hm^2，开垦牧场总面积达 4 767 万 hm^2，占整个草原总面积的 42.1%。在这往日祥和的草原上，突然出现了 797 个国营农场和集体农庄，375 万辆拖拉机、收割机和汽车，人们一面运用传统机械化农具进行连片的土地深翻、耕作，不采取任何防护措施，使草皮受到肆意破坏；一面大规模地砍伐草原丛林和带状松林，用做建筑用材和燃料，同时把 45.5 万只羊群迁往南部半荒漠草场，另 300 万头牛、马留于垦区，过度放牧。如此一来，垦区至少有 2 706 万 hm^2 耕地及各种风蚀源地处于裸露状态，导致沙质土壤风蚀强烈、土质疏松，黑色沃土被风成片卷起、任风吹扬，尘暴活动猖獗。对大自然的掠夺，终于使这片水草丰美的草原变成了世界四大沙尘策源地之一。

不仅如此，苏联曾把注入咸海的阿姆河水引至北哈萨克斯坦草原进行灌溉，使这里一度成为苏联农业的高产地区，但由于大量引用河水灌溉，使得入湖水量相应减少，湖水水位下降、湖面缩小，湖中含盐量增加，而且不合理的大水漫灌，使地下水位上升，水中的矿物质（盐分）随着水分的蒸发在土壤中不断积累，造成大片土地沦为盐碱地。被长时间风蚀盐碱化后的沙尘被风卷起，形成了独特的白色沙尘暴，被称为“白色风暴”。

至此，北哈萨克斯坦草原的“白色风暴”不断暴发，年均频率在 20～30 d，干旱年份达 40～56 d。一次风速 6～7 级的沙暴，在距地面高 1 m、长 100 m 的断面上，12 h 内可搬运沙物质 550 t。每当尘暴来临，浓浓尘幕遮蔽天空，近地面空气被沙尘饱和，人难行走、窒息难忍，播下的种子或小麦幼苗连同耕作层被吹掉，风积物埋压牧场和饮水池；尘暴过后，平整的耕地甚至出现沙堆，呈现一片荒漠景象。耕地风蚀和尘暴给这一垦区造成极大危害，仅 1962 年毁种和受灾面积就达 700 万 hm^2，占播种面积的 13%以上。

为了治理沙尘源区，苏联采取了植树造林、退耕还草以及调整农业结构等方式。到 1985 年，已营造防护林约 550 万 hm^2。与大开发时相比，沙尘暴发生的次数和规模都有较大幅度的降低。

第三节 水资源

一、水资源及其特性

（一）水资源

地球表层的水有大气中的水汽和水滴，海洋、湖泊、水库、河流、土壤、含水层和生物体中的液态水，冰川、积雪和永久冻土中的固态水以及岩石中的结晶水等。人类直接使用的是大气降水，江河、湖泊、水库、土壤和浅层地下水的淡水（含盐量<0.1%），冰川和积雪只在融化为液态水后，才能被利用，海水和其他水体中的咸水被直接利用的数量很少，两极冰盖和永久冻土中的水被直接利用的机会极少，岩石中的结晶水则很难被人类利用。因此天然水量不等于可利用水量，水资源则一般仅指地球表层中可供人类利用并逐年得到更新的那部分水量。地球上总水量约 $14.5\times10^{8}\ km^{3}$，其中可被人类直接利用的水资源仅占地球总水量的 0.01%。

（二）水资源的特性

水资源作为自然资源的一种，与其他自然资源相比较，具有以下几个特征。

1．不可替代性　水是地球圈生态环境系统中最活泼、影响最广泛的因素，具有许多自然特性和不可替代的独特功能。水是植物进行光合作用的主要要素，具有良好的溶解性，水的各种特异常数构成生物体得以生存的自然环境。水是工业生产中不可缺少的交换介质、原料、溶剂等。水又是制约和影响城市存在和发展的重要因素。所以大多数城市都是建在江河湖海的周围，没有足够的水资源，就难以有效地进行经济建设。

2．有限性　水资源属于可再生资源，地球上各种形态的水一般均可通过水的自然循环实现动态平衡。但随着社会经济的发展，人类对水资源的需求越来越大，而可供人类利用的水资源量却不会有大的增加，甚至会因人为的污染等因素而使质量变差，导致水质性水资源减少。因此，水的自然循环所保证的水资源是有限的，并非“取之不尽，用之不竭”。

3．不均匀性　水资源在时空分布上具有不均匀性。水资源量在年际间、年内及地域上的分布规律，要受到气象、水文、地理位置、地质地貌等因素影响，因此在蒸发、降水、径流上差异极大。

4．多样性　地球上的水以各种不同的形式存在于地球表层中，其存在形式大致可以分为地表水、地下水、大气水和生物水四部分。还要在水资源的利用方式上具有“一水多用”多功能特点。有的需消耗水量（农业用水等），有的仅利用水能（如水力发电），有的则利用水体环境而不消耗水量（如渔业）。因此，对资源应进行综合研究、综合开发、综合利用、水尽其用。

5. 社会性　水资源是一种人类共有的自然资源，是人类赖以生存、工农业生产发展所必需的物质基础，它具有极其广泛的社会属性。若严重缺水，就会影响社会的繁荣和稳定。水资源的管理、利用和开发是各级政府必须引起足够重视的一件大事。

中国水法明确规定：“水资源属于国家所有，国家对水资源实行统一管理。”每个单位、部门、个人都有用水的权利，也有保护它的义务。正是由于水资源具有广泛的社会性，也就决定了水事关系的复杂性和广泛性。只有妥善处理解决好各方面的关系，统一管理，合理地开发利用，才能很好地利用它、保护它，如加强水法宣传、依法管水，实行取水许可证制度和计划用水制度，保护好水资源等。使有限的水资源创造出更多的社会财富。

二、水资源利用与保护

（一）我国水资源利用主要问题

1. 水资源丰富，人均占有量少

我国国土面积大，水资源总量为 $2.81\times10^{18}\ m^3$，次于巴西、俄罗斯、加拿大、美国、印度尼西亚五国，居世界第六位。但由于我国人口居世界首位，根据 1997 年人口、耕地计算，人均水资源量只有 2 200 m^3，约为世界平均水平的 30%。每公顷耕地占有水资源量 26 550 m^3，约为世界平均占有量的 2/3。

2. 水资源分布不均衡

我国是一个幅员辽阔、地形复杂、受季风影响强烈的国家，因而不但降水量少，且分布不均衡。从空间上看，北方水源不足，南方相对有余。一年中有明显的雨季和旱季，年际之间降水量差异甚大。因此即使在水源充足的南方，不但会发生洪水泛滥，也会出现干旱缺水现象。而缺水的北方，则雨水就相对少得多，大部分处于缺水状态。在时间上看，降水多集中于很短的雨季，全年 60%的雨量集中于夏秋两季的三四个月内，由于蓄水能力较差，以致使一年中河流的径流量变化十分明显。

3．水资源利用率低，浪费问题突出

长期以来，我国农业灌溉用水的有效利用只有 40%，而世界上发达国家大都达到 70%～80%，甚至更高。我国工业用水的重复利用率只有 40%左右，而发达国家大都达到 75%以上。我国城市工业产值万元耗水量竟达 10^3 m^3，是发达国家的 10～20 倍。在人民日常生活中，用水浪费现象更是十分普遍，城市供水管网中跑、冒、滴、漏等输水过程中的损失占城市自来水总量的 30%～40%。

4．水污染严重

随着我国国民经济的发展，工业生产的持续增长，同时在农村为发展农业生产，加大使用了大量的化学产品，这些都在不同程度上加重了水资源污染。目前大约有近 1/2 的工业废水和 9/10 的生活污水未经适当处理即排放到河流和湖泊中，从而导致了污染的日益激增。根据有关报道，通过在七大流域与 110 个观测点队水质进行检测，根据我国地表水水质标准的分析表明，Ⅰ类和Ⅱ类水仅为 32%，Ⅲ类水占 29%，Ⅳ类和Ⅴ类水占 39%，而据目前状况，水污染还在呈现加剧发展的趋势。

（二）目前水资源的合理利用与保护方面主要采取的措施

1．合理优化、配置水资源

解决水资源的供给问题，水资源比较紧缺的国家都很重视水资源的开发利用和优化配置。目前常采用在流域内建造水库、跨流域调水、地下蓄水和海水淡化等措施，解决水资源供给季节分布不够的问题。建造水库可将丰水期多余水量储存库内，补充枯水期流量不足，不仅提高水源供水能力，还可以防洪、发电、发展水产养殖；跨流域调水可以解决地域水资源分布不均的问题，但需要建一定规模的工程，应注意不破坏生态环境。我国地下水资源较丰富，北京地下水的可恢复储量约占总的可利用水量的 60%；开发海水使其淡化，是增加淡水资源、解决水荒的又一条渠道，科威特耗用的淡水几乎全部来自海水。人类研究海水淡化技术已经有 100 多年的历史，并创造了 20 多种淡化技术和方法，如蒸馏法、反渗透法、电渗析法等。为解决地区性的缺水问题，还修建了南水北调工程等大量的引水工程，将水资源相对丰裕地区的水引到严重缺水的地区。

2．节约用水，建立节约型社会

水资源短缺的一个重要原因就是浪费，在一般人的观念中，水是一种廉价的，

取之不尽，用之不竭的资源，因此浪费现象普遍存在。在我国的总用水量中，农业占 70%、工业占 21%，城市生活用水占 5%左右，所以节约用水的重点是工业和农业。

（1）农业节水。农业用水的利用率很低，浪费严重。因此发展节水型农业和节水灌溉技术具有十分重要的意义，各地的灌溉渠系均应采取措施，减少渗漏损失，根据地区的土壤、气候、物候等条件，在试种的适宜条件下，适时、适地发展灌水次数少、定额少的节水农业新技术，根据各地区的地理位置及地形条件，考虑种植作物的种类，在经济技术比较好的基础上，可适当发展微喷、喷灌、滴灌、渗灌和腹膜灌溉等节水灌溉新技术。灌溉水源可采用工业废水及生活污水处理后的中水，以达到减少清洁水资源的目的。

（2）工业节水。制定各行业的用水定额，改进设备和生产工艺，减少单位产品的用水量，并实行一水多用，提高水的重复利用率，如冷却水，在工业用水中占 70%，在使用过程中水温升高，只需降温处理即可使用。积极研究开发废水再用技术，使废水在工厂内部循环使用，亦可将工业废水处理后用于农业灌溉和地下水回灌，深度处理后还可用做洗涤用水甚至是饮用水。总之根据不同的用水对象和水质要求对废水采取不同方法和工艺进行处理，包括物理、化学和生物处理，然后再回用，提高水的重复利用率。

（3）生活用水。生活用水的节约主要是城镇。在城市的供水管网系统中管网漏水普遍存在。因此，必须从供水管网的设计、施工、管理等方面有效控制管网漏水量。这包括合理选用防渗漏管材，加强施工中质量管理，加强管网检漏、维护等。发展并推广节水型器具。例如选用快开型水嘴，减少滴漏量；选用盆虹吸式大便器，减少冲洗用水量等。增强个人节水意识，洗漱、洗菜等洗涤水可再用做厕所冲洗水；污水处理水又可用做公用的高层建筑的厕所冲洗水、洗车水、洒水、消防用水和空调用水等。

3. 防治水源污染

生态保护是上游地区水源保护的根本措施，为保护入河水质，制定各河流的水域功能区划，以区分水源保护级别，在水源重点保护区实行“退耕还林还草”，并根据“适地适树、适地适草”的原则营造水保持和水源涵养林，确保水源上游的水质。防治水源污染，应适当建污水处理厂，制定地方性污水排放标准，控制入河的悬浮物、有机物含量，并适当降低氮、磷含量。

4. 合理开发和利用水资源

首要环节是全面合理地规划利用水资源。各地区、各流域应根据当地水资源状况来规划和调整径流发展结构，实施计划供水、定额供水，并将地表水、地下水和受污染的水统一开发利用。采补平衡，严禁超采，防止地表水源枯竭，地下水位下降。

[案例 3-3]　水资源危机及其产生的原因

世界银行最新提供的报告警告，世界上近 40%的人口难保有足够的洁净用水，世界水资源已经到了严重不足的阶段。世界的水需求量从 1900—1995 年增长了 5 倍，是同期人口增幅的两倍以上，水资源面临着前所未有的威胁，特别是在非洲、亚洲的中部和南部、美国西部、中东等地区水资源已处于供不应求的状态。联合国世界淡水资源综合评价报告更不能令人乐观，该报告指出，世界上约 1/3 人口生活在面临中度和高度水紧张的地区，水资源的短缺制约了当地经济和社会的发展，如果不采取行动，预计 2025 年世界人口的 2/3 或近 55 亿人将有面临着这种局面的危险。水资源危机产生的主要原因如下：

1．自然条件影响

淡水在地球上的分布不均匀，而且受到气候变化的影响，所以许多国家或地区用水量甚缺。如我国的西北和华北处于干旱或半干旱地区，季节性缺水很严重。北非和西南非、中东地区、西印度的年降水量比正常降水量减少了 40%。

水资源自然分布的不均衡性以及经济发达状况的不同，使得世界人均用水量差异极大。目前的人均年用水量，北美洲为 1 798 m^3，中美洲为 916 m^3，南美洲为 335 m^3，亚洲为 542 m^3，欧洲为 625 m^3，非洲为 202 m^3，大洋洲为 591 m^3。

2．用水量急剧增加

随着人口的增加和经济的发展，世界的用水量一直在稳步增长。在过去 3 个世纪内，人类的用水量增加了 35 倍以上。最近几十年，世界用水量以每年 4%～8%的速度继续增加。

目前，在工业用水中，主要是能源部门的冷却用水量大，大热电厂，每生产 1 000 kW·h 电，需水量 200～500 m^3；世界能源年产量为 4×10^4 亿 kW·h，耗水量约为 120 亿 m^3。冶金工业和化学工业等部门耗水量也很大。农业用水量占了全球用水量的 2/3 左右，20 世纪 80 年代以来，平均增长率为 3.3%。农业用水主要用于灌溉，以提高粮食产量。如生产 1 t 谷物约需 450 t 水，畜牧业生产 1 kg 牛肉需用 31.5 t 水。另外灌溉用水的增加也引起了用水紧张，而且大约有 25%的灌溉水会以废水的形式回归到径流中，成为造成水污染的一大原因。200 多年来，世界人口趋向于集中在占地球较小部分的城镇和城市中，城市生活用水急剧增长。1960 年世界城市生活用水量为 800 亿 m^3，1975 年增至 1 500 亿 m^3，15 年间几乎增长了一倍。城市或城市周围又建设大量的工业区，使得集中用水量很大，超过了当地水资源的供应能力。

第四节 生物资源的利用与保护

生物资源（biological resources）包括动物、植物和微生物资源，是自然资源的重要组成部分，它属于可更新资源。当前在人口和经济的压力下，对生物资源的过度利用不仅破坏了生态环境，造成生物多样性、丰富度的下降，甚至造成许多物种的绝灭或处于濒危境地。生物资源不仅是现代人的宝贵财富，也应该是后代人的宝贵财富。因此保护生物资源，使其增殖、繁衍，以满足人类对生物资源永续利用的需求是当前一项刻不容缓的任务，其中应优先予以保护的是森林、草原和野生动植物。

一、森林资源的利用与保护

（一）森林资源（forest resources）的概念

森林是由以树木为主体所组成的地表生物群落。它具有丰富的物种，复杂的结构，多种多样的功能。森林是地球上最大的陆地生态系统，是地球上的基因库、碳储库、蓄水库和能源库，对维持整个地球的生态平衡起着至关重要的作用。

什么是森林资源呢？从狭义的角度讲，通常所说的森林资源主要指的是树木资源，也就是由乔木或灌木组成的绿色植物群体。从森林的功能和利用的广义角度看，将能够提供森林产品和服务的集合称为森林资源。

森林资源包括：① 林木资源、竹木资源和经济林资源；② 依附于森林群落的野生动物、植物和微生物资源；③ 上述实物资源赖以生存的林地资源；④ 由森林资源存在而产生的环境资源和伴随森林环境产生的旅游资源。

（二）森林资源的重要功能

1．森林是主要的碳储库　由于森林资源的人为破坏和森林火灾等灾害，全球森林面积急剧减少，加之化石燃料消耗量迅速增长，大气中 CO_2 浓度明显上升，产生温室效应，气候变暖，使全球的环境不断恶化。在碳循环的过程中，除海洋以外，森林是固化大气中碳元素的第二大途径，每年大约可固定 36×10^9 t 碳。

2．森林是木材产品和林副产品的生产基地　目前全世界每年木材用量约 30×10^8 m^3，主要作为建筑材料、造纸原料等，林产品总价值约达 1 200 亿美元。

3．森林是人类的绿色屏障和绿色宝库　森林是陆地生态系统的主体，具有非常重要的生态保护作用。由于其高大的形体、层次结构和庞大根系，以及分布广、面积大和寿命长等生理生态特性，因而对周围环境影响巨大，是人类生产和生活活动的绿色屏障和绿色宝库。森林具有大气平衡、涵养水源、防风固沙、保持水土、农田保护、城市生活环境美化和保护、护路护岸、消除或减缓污染及生态旅游等功能。一般来讲，山区森林覆盖率只要保持在 60%以上，都能有效地发挥保持水土的巨大作用。1 km^2 林地与 1 km^2 裸地相比，林地至少储水 3 000 m^3。此外，森林又是巨大的第一性生物量制造厂，全世界森林生态系统的生物生产量占植物生产总量的 90%。

4．森林是生物多样性资源库　森林是世界上最富有的生物区，它繁育着多种多样的生物物种，它保存着世界上珍稀特有的野生动植物，为人类提供大量林木资源。地球上现有物种 1 000 多万种，陆地植物中 90%以上生存在森林中，热带雨林更是物种的集中地，有 300 万～400 万种存在于热带雨林之中。

（三）森林资源利用中存在的问题

中国森林资源存在问题有三个方面：一是森林资源丰富，覆盖率低，人均少。从类型上看，全世界木本植物 2 万余种，我国有约 8 000 种，有世界木本植物种类的 40%，其中乔木有 2 000 多种；据联合国粮农组织 1995 年的《世界森林资源 1990 年评估》报告，中国森林面积总量排名第 5 位，林木总蓄积排名第 7 位，但平均每人的森林面积只有世界平均水平的 1/6；人均蓄积量不足世界平均水平的 1/8；世界森林覆盖率平均为 31.2%，而中国只有将近 17%（2003 年公布数字）。二是森林资源分布不均。由于历史和自然地理条件等多种原因，中国森林资源分布非常不平衡。东北、东南和西南地区森林资源较多，华北、中原和西北地区的森林资源分布少，差异极大。三是森林结构不合理。我国森林结构不合理主要表现在林种结构和林龄结构上。林种结构中用材林比重大，占 64.6%，而其他林种比重少，特别是防护林少，只有 13.9%。薪炭林占 2.9%，特用林占 2.9%，不利于发挥森林的生态效益和经济效益。从年龄结构上看，幼、中龄林多，成、过熟林资源少的林分低龄化上。全国森林中幼、中龄林占 2/3 以上，在用材林中，尤其是在老的国有林区已接近无成熟林可采伐的状态。

（四）森林资源的保护

1．健全森林法制，依法保护森林资源

按照 1998 年 4 月修正并通过的《中华人民共和国森林法》中规定，国家对森林资源实行以下保护性措施：

（1）对森林实行限额采伐，鼓励植树造林，封山育林，扩大森林覆盖面积；

（2）根据国家和地方人民政府有关规定，对集体和个人造林、育林，给予经济扶持或者长期贷款；

（3）提倡木材综合利用和节约使用木材，鼓励开发、利用木材代用品；

（4）征收育林费，专门用于造林育林；

（5）煤炭、造纸等部门，按照煤炭和木浆纸张等产品的质量提取一定数量的资金，专门用于营造坑木、造纸等用材林；

（6）建立林业基金制度。

此外，地方各级政府组织有关部门建立护林组织，增加护林设施，设立森林公安机关，维护辖区治安，保护森林资源。

地方各级政府还应做好森林火灾的预防和扑救工作，组织森林病虫害的防治工作。禁止毁林开荒和毁林采石、采沙、采土及其他毁林行为。禁止在幼林地和特种用途林内砍柴、放牧。对自然保护区以外的珍贵树木和林区内具有特殊价值的植物资源，应当认真保护，未经批准不得采伐和采集。

2．实施生态建设规划，坚持不懈地植树造林

（1）奋斗目标。《全国生态建设规划》提出了近、中、远期的奋斗目标：

① 近期目标：从现在到 2010 年，新增森林面积 3 900 万 hm^2，森林覆盖率达到 19%以上（按郁闭度大于 0.2 计算，下同），退耕还林 500 万 hm^2，建设高标准、林网化农田 1 300 万 hm^2；

② 中期目标：2011—2030 年，新增森林面积 4 600 万 hm^2，全国森林覆盖率达到 24%以上；

③ 远期目标：2031—2050 年，宜林地全部绿化，林种、树种结构合理，全国森林覆盖率达到并稳定在 26%以上。

（2）政策措施。为达到上述奋斗目标需采取下列政策措施。

① 强化对森林的资源意识和生态意识。要充分发挥森林多种功能、多种效益，经营管理好现有森林资源；同时，大力保护、更新、再生、增殖和积累森林资源。

② 大力培育森林资源，实施重点生态工程。建立 5 大防护林体系和 4 大林业基地，即：三北防护林体系，长江中上游防护林体系，沿海防护林体系，太行山绿化工程，平原绿化工程；以及用材和防护林基地，南方速生丰产林基地，特种经济林基地，果树生产基地。

③ 制订各种造林和开发计划。提高公众绿化意识，提倡全民搞绿化；坚持适地造林，重视营造混交林，采取人工造林、飞播造林、封山育林和四旁植树等多种方式造林绿化。在农村地区，继续深化“四荒”承包改革，鼓励在无法农用

的荒山、荒沟、荒丘、荒滩植树造林，稳定和完善有关鼓励政策。

④ 开展国际合作。吸收国外森林资源资产化管理经验，以及市场经济条件下的森林资源的监督管理模式；争取示范工程和培训基地的国外技术援助。加强林业管理。要管好林业，首先要建立和完善林业机构；加强林业法制宣传教育；严格森林采伐计划、采伐量、采伐方式；严格采伐审批手续；重视森林火灾和病虫害的防治；采用征收森林资源税的方法来加强森林保护。

二、草原资源的利用与保护

（一）概念

草原是以旱生多年生草本植物为主的植物群落。草原是半干旱地区把太阳能转化为生物能的巨大绿色能源库，也是丰富宝贵的生物基因库。它适应性强，覆盖面积大，更新速度快，具有调节气候、保持水土、涵养水源、防风固沙的功能，具有重要的生态学意义。草原是草甸草原、干旱草原、荒漠草原、高寒草原、滩涂草地以及各类草山、草坡的总称，它是一种可更新、能增殖的自然资源，它是畜牧业发展的基础，并伴有丰富的野生动植物、名贵药材、土特产品，具有重要的经济价值。

（二）我国草原概况

至 1997 年年底，我国可利用草地面积 3.9 亿 hm^2，约占国土总面积的 40%，仅次于澳大利亚，但人均占有量仅 0.33 hm^2，为世界人均值的 1/2。按照地区大致可分为东北草原区，蒙、宁、甘草地区，新疆草地区，青藏草地区和南方的草山五个区。

我国草地资源的分布和利用开发，具有以下特点：

（1）面积大、分布广和类型多样，是节粮型畜牧业资源，一些草地地区还适宜综合开发和多种经营；

（2）大部分牧区草原和草山草地都居住着少数民族，其中相当一部分是老区和贫困地区；

（3）草原和草地大多是黄河、长江、淮河等水系的源头区和中、上游区，具有生态屏障的功能；

（4）目前，草地资源平均利用面积小于 50%，在牧业草原中约有 2 700 万 hm^2 缺水草原和夏季牧业未合理利用。

（三）草地资源保护措施

为了加强草地资源的利用和保护，国家已制定《全面草地生态环境建设规划》，具体措施是：

（1）加强草原建设，治理退化草场。从世界各国畜牧业发展现状看，建设人工草场是生产发展的必然趋势。近几十年世界上许多畜牧业发达国家人工草场所占的比例都比较高，如荷兰占 80%；新西兰占 60%；英国占 56%。我国牧区人工草地也有所发展，今后要进一步实行国家、集体和个人相结合，大力建设人工和半人工草场，发展围栏草场，推广草库仓，积极改良退化草场。大力发展人工牧草，适宜地区实行草田轮作，采取科学措施，综合防治草原的病虫鼠害。注意防止农药及工矿企业排放“三废”对草原的污染。

（2）加强畜牧业的科学管理，合理放牧。控制过牧。要合理控制牧畜头数，调整畜群结构，实行以草定畜，禁止草场超载过牧。建立以两季或三季为主的季节营地。保护优良品种，如新疆细毛羊、伊犁马、滩羊等，促其繁衍，要加速品种改良和推广新品种。

（3）开展草地资源的科学研究。实行“科技兴草”，发展草业科学，加强草业生态研究，引种驯化，筛选培育优良牧草，加强牧草病虫鼠害防治技术的研究，建立草原生态监测网，为草原建设和管理提供科学依据。

（4）开展草地资源可持续利用的工程建设。一是加强自然保护区建设，如新疆的天山山地森林草原、内蒙古的呼伦贝尔草甸草原、湖北神农架大九湖草甸草场，安徽黄山低中小灌木草丛草场等；二是开展草原退化治理工程建设，如新疆北部和南疆部分地区、河西走廊、环青海湖地区、山西太行山、吕梁山等地区；三是建设一批草地资源综合开发的示范工程，如华北、西北和西南草原地区的家畜温饱工程，北方草地的肉、毛、绒开发工程等。

三、自然保护区

自然保护区是将典型的或特殊的自然生态系统、野生生物栖息地和自然遗迹地域划分出的保护地域总称，其目的是为了抢救地球上的稀缺资源，避免濒危生物物种、生态系统的灭绝，稳定生物多样性，防止自然文化遗产的进一步破坏，保持人类生存环境条件和生态自然演替规律，实现可持续发展。

（一）自然保护区的意义

建立自然保护区的意义和作用巨大，主要有以下几个方面：

1. **保护生物多样性**

对生态系统、物种和基因的多样性都具有重要的保护作用，使人们能够在社会发展中不断地有效利用环境和自然资源，提高生活质量。自然保护区能够保护、恢复、发展、引种、繁殖生物资源，可以看做是物种的天然“资源库”，它能保存生物物种的多样性，尤其是保护正在迅速趋于灭绝，或者处于稀有和濒危状态的生物物种，因而又是天然的基因库。例如在利用野生生物种种质资源方面，要不断地提高生物品种的品质和数量，选育优良品种，就需要从自然生境中寻找生物品种的原生种或近亲种。

2. **为人类探索自然规律提供依据和场所**

人类只有充分、正确认识自然规律，才能有效地、长远地利用自然，为自身的生存和发展创造适宜的条件。自然保护区能够完整地保存自然环境的本来面目，为人类观察研究自然界的发展规律，以及为环境监测评价提供客观依据。自然保护区还是进行科学研究的天然实验室，在自然保护区里通常保存有完整的生态系统、丰富的物种和它们赖以生存的、较接近自然状态的环境以及其他自然历史遗迹，这就为进行生物学、地质学、生态学等学科的研究提供了良好的基地。自然保护区又是活的自然博物馆，是普及自然界知识和宣传自然保护的重要场所。

3. **维护生态系统平衡**

自然保护区有助于改善环境，保持地区生态平衡，保存完好的天然植被及其组成的生态系统，有助于保持水土、涵养水源、调节地方气候，特别是在生态系统比较脆弱的地域建立的自然保护区，对于环境保护更有重要的作用。

4. **巨大的经济效益**

前面几项中每一项内容所能产生的效益都是巨大的，无论是用货币还是其他的方式表示。此外一些自然保护区（如自然遗迹类）和其他类型自然保护区的部分外延区域的景观都是优良的游戏场所，可极大地满足人们精神文化的需求。例如四川的九寨沟等。

（二）我国的自然保护区现状

我国的自然保护区事业，作为保护自然资源与生物多样性的重要手段，从无到有，蓬勃发展。到 2007 年 8 月，已有各类自然保护区 2 395 个，其中国家级 303 个，面积达 1.515 亿 hm^2，占国土面积的 15.16%左右。林业系统建立的自然保护区达 1 740 处，总面积 1.21 亿 hm^2，占国土面积的 12.6%。这些自然保护区保护着我国 70%的陆地生态系统种类、80%的野生动物和 60%的高等植物，也保护着约 2 000 万 hm^2 的原始天然林、天然次生林和约 1 200 万 hm^2 的各种典型湿地。中国自然保护区作为宣传教育的基地，通过对国家有关自然保护的法律法规和方针政策及自然保护科普知识的宣传，极大地提高了我国公民的自然保护意识。更为重要的是，我国生态环境法律体系建设迈出重大步伐，先后颁布了《森林法》、《野生动物保护法》、《野生植物保护条例》、《自然保护区条例》、《森林和野生动物类型自然保护区管理办法》等法律法规，发布实施了《中国生物多样性保护行动计划》、《中国湿地保护行动计划》、《全国自然保护区发展规划纲要（1996—2010 年）》。组织编制《全国野生动植物保护及自然保护区建设工程总体规划》，同时，国家先后批准加入了包括联合国《生物多样性公约》在内的 20 多项有关环境与资源保护的国际公约和条约。为野生动植物保护及自然保护区建设提供了重要的法律保障；开展全国野生动植物、湿地资源调查和科学研究，积极开展国际交流与合作，不断扩大国际影响，提高了我国的国际地位和影响力。

[案例 3-4] 罪恶的沙图什披肩

为了适应高原冬季的严寒，上天赐给了藏羚羊一身极为保暖的皮毛，胸部的毛绒格外柔软、轻盈、温暖。谁知，就是因为这一小片的毛绒为藏羚羊招来了“杀身灭族”之祸。自古以来，人们就把藏羚羊胸前这一小片毛绒称为“沙图什”。沙图什（Shahtoosh 来源于波斯语的 Shah 和 toosh。Shah，意为国王、王者；toosh，意为羊毛和毛制品）。就是羊毛中的极品，是现在所知最上等的自然毛质，它的手感特别，是其他任何传统毛质都不具有的，细如蛛丝、轻如鸿毛。用沙图什纺织编制成的披肩就叫沙图什披肩。据说一条沙图什披肩轻巧柔软得可以从一个戒指的指环中穿过，因此又有“指环披肩”的美誉；它的价值比同等质量的黄金还贵，因此又有“软黄金”之称；不仅如此，沙图什披肩还具有异乎寻常的轻便及保暖性能。

实际上，如此稀有而奢华的沙图什披肩已经有了悠久的历史。1 000 年前，唐高僧玄奘就记载并夸赞过沙图什的精致柔软；17 世纪 60 年代法国人第一次将沙图什披肩介绍到欧洲；18 世纪 70 年代起欧洲的妇女在肩头上披上一条上好的羊绒披肩作为时髦服饰，而从克什米尔来的沙图什披肩则是达官贵人显赫地位的象征。在原产地附近的印度和巴基斯坦，人们一直把沙图什披肩作为传家宝或贵重的结婚礼物。现在沙图什披肩、围巾、餐巾等沙图什制品已经成为上层人物、社会名流、时装界的时尚服饰。一件精美绝伦的沙图什制品，可以极大程度地满足少数人的虚荣心，但却很少人知道“沙图什”的真正来源；就连经营沙图什制品的商人，大多数也不清楚他们所从事的职业会使得地球上一个稀有珍贵的物种遭到灭绝的严重后果。

世界有蹄类动物权威专家、美国纽约动物学会世界濒危物种研究室主任乔治·夏勒博士是第一个揭开青藏高原藏羚羊的大规模减少与西方上层社会流行的沙图什披肩有着密切关联的人。如果不是夏勒博士的真知灼见，也许，我们要晚许多年才能得知藏羚羊悲惨命运的真实原因。

羊毛绒制品在人类生活中已被普遍使用，这些羊毛是人们从家养的山羊、绵羊身上定期剪下来的。但藏羚羊的沙图什则不同，其绒极细短，不好剪，只能人工用手在藏羚羊胸部的皮上一点一点地拔下来。而目前还无法饲养藏羚羊，唯一的办法就是到青藏高原去偷猎、屠杀，就地剥皮，偷运到一定的地点，由人工慢慢拔摘。有专门的收购商收购，然后通过各种非法渠道偷运出境。从一只藏羚羊身上只能摘取到 125～150 g 的羊绒。而一条 2 m 长、1 m 宽、质量约 100 g 的女式披肩，却需要 300～400 g 的藏羚绒才能织成，相当于 3 只藏羚羊的绒；而一条男式披肩则要 5 只藏羚羊的命!

沙图什披肩虽然历史悠久，但过去的主要市场是与中国西藏毗邻的印度和巴基斯坦。长期以来，只在克什米尔有两架编织机垄断沙图什的编织。但从 20 世纪 80 年代中期开始，沙图什制品在国际市场走俏，被时尚出版界评价为装饰类衣物中的“极品”。到 20 世纪 90 年代，随着沙图什披肩在全世界的流行，其市场已为国际时尚工业所覆盖。现在来自国际市场的需求远远超出了传统的需求。但中国内地从来没有利用藏羚羊绒的习俗，至今在中国内地也没有藏羚羊绒的产品及市场，但是，这种名贵的藏羚羊绒产品却从印度、巴基斯坦大量地非法出口到欧洲、北美洲、远东、澳大利亚、中东、中国香港等地区，导致本已十分昂贵的价格一路飙升。现在一条沙图什披肩可卖 8 000～40 000 美元，而 1996 年在印度市场每千克的沙图什绒的最高价格是 1 715 美元，如此暴利使得许多国家和地区的商人利令智昏，促使不法分子猎杀藏羚羊的活动愈演愈烈。偷猎、窝藏、贩卖皮张、拔摘羊绒、分拣、纺纱、编织、精加工、走私、销售、贸易环环相扣，形成一条龙的流水线。其组织的严密已达到类似毒品交易的程度。此时克什米尔已失去了纺织的垄断地位，因为有消息披露，意大利也能纺织生产。藏羚羊绒制品发展得如此迅速与浩大，那么其原材料（沙图什）来自何方呢？唯一的来源就是在中国青藏高原进行疯狂偷猎。2001 年 12 月的互联网资料表明，现在每年在克什米尔加工的藏羚羊绒约 3 000 kg，按一头藏羚羊产绒 125～150 g 计算，每年就有 24 000 只藏羚羊被捕杀!如此下去，不出几年，藏羚羊就可能被斩尽杀绝!

第五节　矿产资源的利用与保护

一、矿产资源概念及其分类

矿产资源主要指埋藏于地下或分布于地表的、由地质作用所形成的有用矿物或元素，其含量达到具有工业利用价值的矿产。矿产资源是人类生活和生产资料的主要来源。目前 95%以上的能源、80%以上的工业原料、70%以上的农业生产资料、30%以上的工农业用水均来自矿产资源。矿产资源大致分为三大类：石油、天然气、煤、核能、地热等能源资源；黑色金属、有色金属、贵金属、稀有金属、稀土金属矿产等金属矿产资源；化工原料非金属、建材原料等非金属矿产资源。

二、我国的矿产资源

我国是世界上矿产资源种类齐全、矿产储量丰富的少数国家之一。截至 2000 年，我国共发现 174 种矿产，探明储量的矿产有 157 种。我国矿产资源有如下特点。

（一）资源总量大，人均占有量少

我国矿产资源总量居世界第 3 位，而人均占有量只有世界平均水平的 58%，居第 53 位。

（二）富矿少，贫矿多

我国矿产资源是贫富兼有，但富矿少，贫矿多，大多数品位低，能直接供冶炼和化工利用的较少。加之开采中采富弃贫，使矿产品位下降，富矿越来越少。

（三）地区分布不平衡

我国矿产资源分布不平衡。我国矿产资源主要富集在中部或西部地区，但其加工消费区集中在东南沿海地区。西部地区矿产资源优势突出，在 45 种主要矿产中，西部地区 20 余种矿产的保有储量占全国 50%以上。

（四）规模小，生产率低

我国已探明的 2 万多个矿床多为中小型矿床，大型矿床只有 800 多个，具有明显的大矿少、中小型矿多的特点。我国可露天开采的煤炭储量仅占总储量的 7%，而美国、澳大利亚则分别为 60%和 70%左右。

三、我国矿产资源保护

（一）矿产资源可持续利用的总体目标

在继续合理开发利用国内矿产资源的同时，适当利用国外资源，提高资源的优化配置和合理利用资源的水平，最大限度地保证国民经济建设对矿产资源的需要，努力减少矿产资源开发所造成的环境代价，全面提高资源效益、环境效益和社会效益。

（二）具体措施

1. 加强矿产资源的管理

首先要提高保护矿产资源的自觉性，继而要加强法制管理。

（1）加强对矿产资源国家所有权的保护。世界上许多国家都已制定了专门的法规、条例来保护矿产资源，我国尚没有完整的矿产资源保护法规，必须在《矿产资源法》的基础上健全相应的矿产资源保护的法规、条例，建立有关矿产资源的规章制度。认真贯彻国家为矿产资源勘察开发规定的统一规划、合理布局、综合勘察、合理开采和综合利用的方针。

（2）组织制定矿产资源开发战略、资源政策和资源规划。

（3）建立集中统一领导、分级管理的矿山资源执法监督组织体系。

（4）建立健全矿产资源核算制度，有偿占有开采制度和资产化管理制度。

2. 建立和健全矿山资源开发中的环境保护措施

（1）制定矿山环境保护法规，依法保护矿山环境；执行“谁开发谁保护、谁闭坑谁复垦、谁破坏谁治理”的原则。

（2）制定适合矿山特点的环境影响评价办法，进行矿山环境质量检测，实施矿山开发的全过程环境管理。

（3）对当前矿山环境的情况，进行认真的调查评价，制订保护恢复计划，采取经济手段、行政手段、法律手段、鼓励和监督矿山企业对矿产资源的综合利用和“三废”的资源化活动，鼓励推广矿产资源开发废弃物最小量化和清洁生产技术。

3. 努力开展矿产综合利用的研究

开展对采矿、选矿、冶炼等方面的科学研究。对分层赋存多种矿产的地区，研究综合开发利用的新工艺；对多组分矿物要研究对矿物中少量有用组分进行富集的新技术，提高矿物各组分的回收率；适当引进新技术，有计划地更新矿山设备，以尽量减少尾矿，最大限度地利用矿产资源。积极进行新矿床、新矿种、矿产新用途的探索科研工作。加强矿产资源和环境管理人员的培训工作。

4. 加强国际合作和交流

如引进推广煤炭、石油、重金属、稀有金属等矿产的综合勘察和开发技术；在推进矿山“三废”资源化和矿产开采对周围环境影响的无害化方面加强国际合作，以更好地利用资源，保护环境。

[案例 3-5]　推动矿业走可持续发展道路

国务院副总理曾培炎表示，要推动矿业走节约、清洁、安全和可持续的发展道路，为经济社会发展提供稳定安全的矿产资源供应保障。

曾培炎是在向全国人大常委会报告我国矿产资源合理利用、保护和管理工作有关情况时作此表示的。曾培炎说，要进一步督促各地区、各部门贯彻《国务院关于落实科学发展观加强环境保护的决定》和《国家环境保护“十一五”规划》，做好矿业可持续发展有关工作：

——加强矿山环境治理。抓紧制定矿山环境恢复治理规划，进一步实施采矿沉陷区治理等工程，促进老矿山及资源枯竭型城市生态恢复。到 2010 年，矿山环境恢复治理率达到 35%以上。

——推行矿山清洁生产。重点提高煤炭清洁利用水平，减少煤炭硫分、灰分及其他杂质含量。到 2010 年，原煤入洗率由目前的 30%左右提高到 50%左右。同时，加强企业污水处理等设施建设，强化对有毒、有害污染物排放的监管。

——推进资源枯竭型城市经济转型。积极发展替代产业，健全基础设施，加快企业改革、改组、改造，解决好历史遗留问题。继续推进矿山棚户区改造工程。2005 年国务院决定在东北地区的阜新、辽源、大庆、伊春四个城市进行试点，今后将逐步扩大到中西部地区一些城市。

——实行有利于矿业可持续发展的政策措施。督促企业足额提取矿山环境治理恢复保证金，符合条件的企业提取矿山转产发展资金，加快出台资源开发补偿和生态补偿办法。继续推进山西煤炭工业可持续发展政策措施试点。

（新华网北京 2006 年 12 月 26 日电　记者周玮、郑玮娜）

第六节　能源的利用与保护

一、能源的概念

能源作为社会运行的动力，对环境有着深刻的影响，能源状况与环境质量之间存在密切关系。能源（energy resources）是指自然资源中存在的某种形式的能，它可以转换成人们生产和生活所需的电能、光能、机械能、热能。

二、能源结构的变化

能源是人类赖以生存和生活的基础，原始人类每天消耗 8 MJ（百万焦耳）的能量，全部来自采集。农业时代增至 100 MJ，以农产品及木材为主。18 世纪工业革命发明蒸汽机，开始利用煤炭，20 世纪初煤炭占 80%以上的能源份额，其余小部分为水力和次要能源。内燃机发明之后石油的重要性提高，但 20 世纪 40 年代以前石油产量极低。从表 3-1 可看出，1950 年煤占能源的 60.9%，石油占 27.2%；至 1980 年石油增至 44.2%，而煤降至 30.8%。此后，煤与石油占能源之比例持续下降。1990 年，煤占 27.3%，石油占 38.6%。天然气之比重自 1950 年的 10.1%增至 1990 年的 21.7%。核能自 20 世纪 60 年代后开始发展，水力、核能之比重也自 1950 年的 1.8%增至 1990 年的 12.4%。目前，石油、煤和天然气为主要能源仍然占总能源的 80%以上。

表 3-1 世界一次能源消耗构成 单位：%

种类 / 年份	石油	煤	天然气	水电、核能及其他	总量
1950	27.2	60.9	10.1	1.8	100
1960	33.3	49.5	15.1	2.1	100
1970	44.0	33.5	20.1	2.4	100
1980	44.2	30.8	21.5	3.5	100
1990	38.6	27.3	21.7	12.4	100
1993	38.1	26.7	22.7	12.5	100
1997	38.2	26.4	22.7	12.7	100
2000	38.7	23.9	24.2	13.2	100
2001	38.4	24.5	24.2	12.9	100
2002	37.5	25.5	24.3	12.8	100

资料来源：何强，等. 环境学导论，2004.

三、能源的分类

能源资源从不同的角度可以分为若干类型。根据能源是否需要加以转换的特性分为一次能源和二次能源，一次能源是指从自然界获得的未经过任何改变或转换的能源，如采出的原煤、原油、天然气、煤层气、天然铀等矿物质；较为常见的分类是将其分为常规能源和新能源，常规能源可以称为传统能源，包括已经广泛利用的煤炭，石油、天然气和水能；新能源则是在新技术基础上开发利用的能源，如太阳能、风能、海洋能、地热能、核能等。根据是否可以再生的特点，人们又将能源划分为可再生能源和不可再生能源。可再生能源是指可供人类永续利用的能源，包括太阳能、风能、水能、生物质能、波浪能、潮汐能等；非再生能源包括煤炭、石油、天然气等矿物能源。二次能源是指经过加工或转换得到的能源，如电力、用做燃料的各种石油产品、焦炭、煤气、氢能等。能源分类情况见图 3-2。

- 能源
  - 一次能源
    - 常规能源
      - 可再生能源　水利能
      - 不可再生能源
        - 化石燃料煤、石油、天然气
        - 核燃料（核裂变）
    - 新能源
      - 可再生能源　太阳能、风能、生物能、地热能、潮汐能
      - 不可再生能源　核聚变能
  - 二次能源
    - 电力、煤气、沼气、焦炭
    - 氧气、蒸汽、热水、汽油、柴油、重油
    - 酒精、化工产品

图 3-2　能源分类情况

四、我国能源问题

（一）能源丰富而人均消费量少

我国 1987 年生产 9.2×10^8 t 煤、1.3×10^8 t 油、138×10^8 m^3 天然气和 995×10^8 kW·h 水电，折合标准煤为 8.45×10^8 t。就能源消费的绝对量来说，我国仅少于美国和苏联，居世界第三位。但由于我国人口众多，人均占有消费量只有 1 000 kg，是美国的 1/9、加拿大的 1/11，只相当于世界平均水平的 40%。

（二）能源构成以煤为主

我国能源生产和消费构成中煤占主要地位。煤炭在我国目前一次能源中占 65%以上（见表 3-2）。全国直接燃烧煤炭占总煤耗量的 84%，与世界能源构成相比，我国煤炭的比重比世界平均水平高 1 倍以上。

表 3-2　2000 年我国一次能源消耗构成结构

能源名称	煤炭	石油	天然气	水电
所占比例/%	67.0	23.6	2.5	6.9

资料来源：魏振枢，等. 环境保护概论，2003（7）：67.

（三）燃煤严重污染环境

以煤为主的能源构成以及多在陈旧的设备和炉灶中沿用落后的技术直接燃烧使用，而且这种使用方式竟占直接燃烧总量的62%，成为我国大气污染严重的主要根源。据专家估算，燃料排放的主要大气污染物，如粉尘、二氧化碳、二氧化硫、氮氧化物、一氧化碳等，总量约占整个燃料燃烧排放量的96%。其中，燃煤排放的二氧化硫占各类污染源总排放量的 87%（占燃料燃烧排放量的 93%）；排放的粉尘占总排放量的 60%（占燃料燃烧排放量的 99%）；排放的氮氧化物占总排放量的 67%（占燃料燃烧排放量的 87%）；排放的一氧化碳占总排放量的 71%（占燃料燃烧排放量的 87%）。

燃煤对我国城市的大气环境的影响更突出。表 3-3、表 3-4 比较了我国一些大城市的大气污染情况。我国城市大气污染均比国外严重，尤其降尘量比国外城市高 10～30 倍；冬天比夏天严重。这种情况的产生也与我国城市居民冬季取暖烧煤及煤炉烟尘净化技术不高有很大的关系。而我国南方烧高硫煤，又产生一种污染——酸雨。此外，我国能源的利用率仅为 33%，比世界先进水平低于 10 个百分点，节能空间和潜力很大，尤其是民用煤的利用率只相当于国外的 1/4，这不但增加煤的消耗量，更是大气污染和热污染比国外严重的原因。

表 3-3　47 个环境保护重点城市空气污染状况

年份	SO_2平均浓度/（mg/m^3）	TSP 平均浓度/（mg/m^3）	NO_x平均浓度/（mg/m^3）	SO_2超标城市比例/%	颗粒物超标城市比例/%	空气质量达标城市比例/%
1995	0.076	0.287	0.051	48.9	72.3	21.3
1998	0.060	0.252	0.051	36.2	63.8	27.7
2002	0.047	0.110	0.037	23.4	61.7	38.3

表 3-4　全国 2002 年废气中主要污染物排放量　单位：万 t

年份	二氧化硫排放量			烟尘排放量			工业粉尘排放量
	合计	工业	生活	合计	工业	生活	
1998	2 061.4	1 594.4	497	1 455.1	1 178.5	276.6	1 321.2
1999	1 857.5	1 460.1	397.4	1 159	953.4	205.6	1 175.3
2000	1 995.1	1 612.5	382.6	1 165.4	953.3	212.1	1 092
2001	1 947.8	1 566.6	381.2	1 069.8	851.9	217.9	990.6
2002	1 926.6	1 562	364.6	1 012.7	804.2	208.5	941
增减率	−1.1	−0.3	−4.4	−5.3	−5.6	−4.3	−5

资料来源（表 3-3、表 3-4）：何强，等. 环境学导论，2004（9）：140～141.

（四）工业部门消耗能源占有很大的比重

1985 年工业部门消耗的能源，占全国总能耗量的 59.8%，商业和民用消费能源的比重为 23.8%，交通运输和农业生产消费的能源比重较小，分别为 5%和 7%。与工业国家相比，我国工业部门耗能比重很高，而交通运输和商业民用的消耗较低。能耗比例关系反映了我国工业生产中的工艺设备落后，能源管理水平低。

（五）农村能源短缺，以生物质能为主

我国农村使用的能源以生物质能为主，特别是农村生活能源更是如此。在农村能源消费中，生物质能占 55%。目前，一年所产的农作物秸秆只有 4.6×10^8 t，除去饲料和工业原料。可作为能源的仅为 43.9%，全国农户平均每年每人缺柴 2～3 个月。

（六）能源资源分布不均匀

我国煤炭资源的 64%集中在华北地区，水电资源约 70%集中在西南地区而能源消耗地则主要分布在东部发达地区。因而，“北煤南运”、“西煤东运”、“西电东送”的不合理格局将长期存在，造成能源输送损失和过大的输送设备投资。

五、能源利用对环境的影响

随着近代工业与交通运输业的迅猛发展，能源的消耗量逐渐增大，给人类的环境带来极大影响，加速了森林、土地的破坏和大气、水的污染等，甚至破坏生态系统的平衡。能源的消费所带来的主要环境问题有以下几个方面。

（一）城市大气污染

一次能源利用过程中，产生大量的 CO、SO_2、NO_2、TSP 及多种芳烃化合物，已对一些国家的城市造成了十分严重的污染，不仅导致对生态的破坏，而且损害人体健康。欧洲共同体每年由于大气污染造成的材料破坏、农作物和森林以及人体健康损失费用每年超过 100 亿美元。中国大气污染造成的损失每年达 120 亿元人民币。如果考虑一次能源开采、运输和加工过程中的不良影响，则造成损失更为严重。

大气中的酸性气态氧化物增加，在一定条件下还会形成大面积酸雨，改变酸雨覆盖区的土壤性质，危害农作物和森林生态系统，改变湖泊水库的酸度，破坏水生生态系统，腐蚀材料，造成重大经济损失。酸雨还导致城市气候改变，造成

难以估量的后果。

（二）温室效应

大气中 CO_2 的积累，产生温室效应。大气中的 CO_2 按体积计算是每 100 万大气单位中有 280 个单位的 CO_2。由于矿物燃料的燃烧，1980 年已达到 340 个单位，据专家预计 21 世纪中期至末期其数量可达 360 个单位。如果大气中的 CO_2 浓度增加 1 倍，由于其温室效应，全球平均表面温度将上升 1.5～3℃，极地温度可能上升 6～8℃。这样的温度可能导致海平面上升 20～140 cm，将对全球经济、社会的发展产生严重的影响。

（三）水体的热污染

化石燃料（煤、石油、天然气等）是目前世界上使用的主要能源，其开采、运输、加工和燃烧耗用等方面的数量都很大，从而对环境的影响也最引人注目。化石燃料产生大量的热能，这些热能可被利用的仅占总发热量的 1/3，有近 1/2 的热量以余热的方式被排放到环境中，其中有一大部分被排放到水体中，破坏水体生态系统，对水生生物的生存构成威胁。如水温升高，使藻类的繁殖速度加快，固氮藻的固氮速率增大，水体各类无机氮含量增加，水体发生富营养化，改变正常的水生生态系统。

（四）核废料问题

核动力燃料是核燃料，相比于煤或石油的优点是：无空气污染，无漏油问题，无露天矿坑，无酸性矿坑水等。但它唯一的缺点是存在放射性污染，因此为了保证安全，要求由反应堆产生的放射性物质应与环境隔离，不让它进入生态系统。核能技术尽管在反应堆安全方面已有了保障。但是，世界范围内随着核电站的建立与使用，将会产生上千吨的核废料，这些核废料的最终处理问题并没有完全解决，它们在数百万年里仍将保持放射性。

[案例 3-6]　未来能源发展趋势

能源是人类社会和经济发展的重要物质基础，其消费水平也是各国社会经济发展水平的重要标志。世界能源在 21 世纪将步入一个新的历史发展阶段，呈现出以下 10 个发展趋势。

1. 世界能源消费总量将持续缓慢增长
2. 世界能源系统将发生重大变革
3. 石油和天然气将在 21 世纪中叶趋于枯竭

4．煤炭是世界能源系统转化过程中承上启下的过渡能源
5．可再生能源将获得快速发展
6．核能是未来能源的希望
7．新能源的探索将得到强化
8．氢能将成为二次能源的重要组成部分
9．被誉为“第五能源”的节能技术将备受重视
10．国家能源安全供应日趋重要

资料来源：http: //www.lrn.cn/stratage/resposition/200612/t20061229_17344.htm.

思考与练习

1．简述自然资源的概念和分类。
2．自然资源的属性有哪些？
3．简述我国土地资源概况及其开发利用中存在的主要问题。
4．什么是水资源？水资源特性有哪些？
5．简述我国水资源利用中存在的问题。
6．什么是生物资源？
7．森林资源的功能主要有哪些？
8．简述草地资源保护中存在哪些问题？
9．简述建立自然保护区的意义。
10．简述矿产资源的概念及其对环境的影响。
11．什么是能源？能源是如何分类的？

参考文献

[1] 林肇信，等. 环境保护概论. 北京：高等教育出版社，1999.
[2] 屈逻. 我国自然保护区发展态势良好 [N]. 中国环境报，2000.12.30.
[3] 钱易，唐孝炎. 环境保护与可持续发展. 北京：高等教育出版社，2000.
[4] 伊武军. 资源、环境与可持续发展. 北京：海洋出版社，2001.
[5] 李铁民，等. 环境生物资源.北京：化学工业出版社，2003.
[6] 魏振枢，杨永杰. 环境保护概论. 北京：化学工业出版社，2003.
[7] 李训贵. 环境与可持续发展. 北京：高等教育出版社，2004.
[8] 张镜湖. 世界的资源与环境. 科学出版社，2004.
[9] 林艾文，胡将军，等. 资源环境与可持续发展. 武汉：武汉大学出版社，2005.
[10] 中国荒漠化和沙化状况公报. 国家林业局，2005.
[11] 彭里. 论我国土地资源的可持续利用[J]. 水土保持研究，2006，13（2）：324～340.

第四章 环境问题及防治

总体教学目标：

本章主要学习环境、环境问题等概念和当前全球环境问题产生的原因及防治措施。介绍环境问题的由来、发展现状和世界环境问题的演变趋势，特别是我国及西部地区环境问题的现状和防治措施，旨在提高当代大学生环境意识。

要求重点掌握以下内容：

1. 环境问题概念及分类；
2. 环境问题的产生与发展；
3. 我国环境问题的现状；
4. 环境问题产生的原因及实质；
5. 世界环境问题的演变趋势。

第一节　环境问题及其分类

人类是环境的产物，又是环境的改造者。人类在长期的生产、生活中，总是以资源的形式从自然环境中获取，再以“三废”的形式排放到自然环境之中，造成对环境的污染和破坏。与此同时，环境也不断地反作用于人类，随着人类对环境改造的能力愈大，这种反作用也愈大，因此，便产生了环境问题。

所谓环境问题是指因自然变化或人类活动而引起的环境破坏和环境质量变化，以及由此给人类的生存和发展带来的不利影响。由于人类生产、生活过程中产生的有害物质进入大气、水体、土壤等自然环境中，引起环境质量下降，危害人类健康，影响生物正常生存发展的现象称为环境污染。环境受到污染后，一般通过自身的生物、物理和化学作用，逐渐消除污染而达到净化的过程，称为环境的自净作用。环境的自净作用是环境的基本功能。但环境的自净能力是有限的，当污染超过了环境的自净能力时，就要产生环境问题。

环境问题的表现形式是多样的，其危害更为复杂。但从其产生环境问题的来源可分为两大类。

一、原生环境问题

原生环境问题，又称第一类环境问题，是指由于自然环境本身变化引起的，没有人为因素或者人为因素很少的环境问题，如地震、火山爆发、台风、海啸、洪水等发生所造成的环境问题就属于这类问题。原生环境问题不属于环境科学研究的范围。一些地学学科和近年出现的“灾害学”新兴学科，其主要研究内容就是原生环境问题。

二、次生环境问题

次生环境问题又称第二类环境问题，是指由于人为因素所造成的环境问题。第二类环境问题可分为两大类：一是不合理地开发和利用资源而对自然环境的破坏，即通常所说的生态平衡问题。例如，人类为了解决粮食问题，大量开垦耕地，造成自然植被的减少，引起水土流失、土地荒漠化等都属此类问题。二是因为人类在生产和生活中排出的废弃物和余能进入环境，积累到一定程度便产生了环境污染。如 1952 年发生的伦敦烟雾事件和 1955 年发生的洛杉矶光化学烟雾事件，都是因大气污染引起的。再如 20 世纪 50 年代发生在日本的水俣病事件和骨痛病事件，都是因水体污染所致。

[案例 4-1]　八大公害事件

1. 马斯河谷事件　1930 年 12 月 1 日到 5 日，比利时马斯河谷工业区上空出现了很强的逆温层，致使 13 个大烟囱排出的烟尘无法扩散，大量有害气体积累在近地大气层，对人体造成严重伤害。一周内有 60 多人丧生，许多牲畜死亡。

2. 洛杉矶光化学烟雾事件　1943 年夏季，洛杉矶市 250 万辆汽车燃烧的 1 100 t 汽油所产生的碳氢化合物等气体，在太阳紫外线照射下引起化学反应，形成了浅蓝色烟雾，使该市大多市民患了眼红、头疼。1955 年和 1970 年洛杉矶又两度发生该类事件，分别有 400 多人死亡和全市 3/4 的人患病。

3. 多诺拉烟雾事件　1948 年 10 月下旬，美国的宾夕法尼亚州多诺拉城大雾弥漫，受反气旋和逆温控制，工厂排出的有害气体扩散不出去，全城 14 000 人中有 6 000 人眼痛、喉咙痛、头痛胸闷、呕吐、腹泻，17 人死亡。

4. 伦敦烟雾事件　自 1952 年以来，伦敦发生过 12 次大的烟雾事件。1952 年 12 月那一次，伦敦大雾，燃煤排放的粉尘和二氧化硫无法散去。迫使所有飞机停飞，汽车白天开灯行驶，行人走路困难。烟雾事件使呼吸道疾病患者猛增，5 天内有 4 000 多人死亡，两个月内又有 8 000 多人死亡。

5．水俣病事件 1953—1956 年，日本熊本县水俣镇一家氮肥公司排放的含汞废水，使汞在海水、底泥和鱼类中富集，又经过食物链使人中毒。1991 年，日本环境厅公布的中毒病人仍有 2 248 人，其中 1 004 人死亡。

6．骨痛病事件 1955—1972 年，日本富山县的一些铅锌矿在采矿和冶炼中排放废水，废水在河流中积累了重金属“镉”。人长期饮用这样的河水，食用浇灌含镉河水生产的稻谷，出现了骨骼严重畸形、剧痛，身长缩短，骨脆易折等病症。

7．四日哮喘病事件 1961 年，日本四日市由于石油冶炼和工业燃油产生的废气严重污染大气，引起居民呼吸道疾病剧增，尤其是哮喘病的发病率大大提高，形成了一种突发的环境问题。

8．米糠油事件 1968 年，在日本北九州一带，由于鸡和人吃了含有多氯联苯的米糠油，先是几十万只鸡吃了有毒饲料后死亡，继而有 13 000 多人开始眼皮发肿，手掌出汗，全身起红疙瘩，接着肝功能下降，全身肌肉疼痛，咳嗽不止。

第二节 环境问题的产生与发展

一、环境问题的由来与发展

环境问题自人类出现以来就开始存在，它经历了漫长的过程，从人类发展历史看，环境问题大致可以分为四个阶段：

（一）原始人类时期

原始人类与环境的关系主要表现为人类对环境的适应。当时人类生存方式为穴居树栖，以野生动植物为食，使用的工具主要是石器。人类的劳动主要是原始采集和捕猎活动，生产能力极为有限。对环境的干预和影响极弱，主要是靠大自然的恩赐度日。这一阶段还不存在我们今天所说的环境问题。但这一时期也开始了环境问题的萌芽，如人类大约在 170 万年前，就会利用火，由于用火不慎使大片森林、草地发生火灾，致使局部地区生物资源遭到严重破坏，人们不得不迁地生存。但总的来看，在原始人类时期，由于人口的数量、生产力水平和活动范围都极为有限。因此，环境问题不太突出，地球生态系统有足够的能力自行恢复平衡，人类对环境的影响尚未超出自然环境的自身调节能力。

（二）农牧业社会时期

人类进入农牧业社会以后直至 18 世纪中叶产业革命以前，人类对于自然环境的认识已有了极大的进步，尤其是铁的使用，人类对自然环境的改造能力大大增强，生活方式也发生了巨大的变化。随着人口的增加，有目的耕种和驯养成为人们获取食物的主要手段。这样就出现了农业革命后的第一次人口膨胀，人口的膨胀和家畜的迅增，会导致毁林垦荒、过度放牧，相应的环境问题也愈来愈突出。

首先，人类为获取丰富的食物而在居住地周围大量开垦土地，破坏天然植被，导致森林破坏，草原退化，水土流失，使局部或地区性生态环境遭到严重破坏，有些至今也未恢复。如诞生于非洲尼罗河流域的古埃及文明，发祥于印度河流域的古印度文明，均因无休止地砍伐森林、过度放牧、垦荒等，使水土流失日益加剧，昔日的沃野良田逐渐变成荒漠，古老的文明衰落，现早已成为地球上的贫困地区之一。再如，黄河流域是中华文明的发祥地。早在 4 000 多年前，这里森林茂密、水草丰盛、气候温和、土地肥沃。据史载，周代时黄土高原森林覆盖率达 53%。但自秦汉开始，由于大面积的毁林垦荒，而又不注意培育林木，致使水土流失、沙化现象日益加剧，黄河泥沙含量不断增加，宋代时已达 50%，明代增加到 60%，清代则增加到 70%，致使黄河中、下游的河床日趋增高（一般是堤内滩面比堤外滩面高出 3～5 m，有的甚至高出 10 m 以上)，成为举世闻名的“悬河”或“地上河”。

其次，在这一时期由于城市开始出现，环境污染问题也就开始萌芽。在一些早期形成的城市中，因人口拥挤、生活废弃物增多也会使城市生活环境恶化，出现了较为集中的环境污染，主要是水污染、固体废弃物和噪声污染。再如，我国的长安城早在 10 世纪左右因水污染严重而被迫往西南方向迁移；英国国会 1306 年曾发布文告，禁止伦敦工匠和制造商在国会开会期间用煤；1661 年英国出版了一本名为《驱逐烟气》的书，这是世界上最早关于大气污染的专著。

（三）工业化时期

工业化时期大体是指自 18 世纪 60 年代蒸汽机的发明开始至 20 世纪 60 年代。这一时期，科学技术迅猛发展，机器的广泛使用，机器代替人工劳动，大大提高了生产力水平。工业革命的出现，使人类对于自然环境的开发能力达到了空前的程度。这一时期人类对自然资源进行了掠夺式的开发利用，大规模的垦殖、采矿以及森林采伐使得局部地区的自然环境受到严重破坏；更为严重的是人类将环境作为天然垃圾场，毫无忌惮地向自然界排放废弃物，造成了城市、工业区严重的污染。特别是化学工业中的有机合成化学工业，生产了大量的化学品，人工制取化学品的种类与日俱增，而其中不少是有毒、有害及难以降解的化学品。这些化学品进入环境，在环境中扩散、迁移、积累和转化，对人体健康造成了严重的威胁。同时由于大规模的工业生产，产生大量的“三废”（废气、废液、废渣），对区域的大气、水体和土壤造成了污染，到了 20 世纪五六十年代，形成了环境问题的第一次高潮。尤其在工业发达国家中“公害事件”层出不穷，导致成千上万人患病，甚至有不少人丧生。如最引人注目的伦敦烟雾事件、洛杉矶光化学烟雾事件等“世界八大公害事件”。

（四）20 世纪 80 年代中期以来的当代环境问题

人类进入 20 世纪 80 年代以来，全球环境问题继续恶化。特别是 1985 年科学家发现南极上空出现了“臭氧空洞”，引发了第二次环境问题高潮，环境问题有了新的变化。原来的环境问题仅仅表现为地区性或区域性的环境污染与生态破坏，而新的环境问题已演变为全球性的问题。当前人类面临的新的全球性和广域性的环境问题主要有：一是全球性、广域性的环境污染，如全球性气候变暖、臭氧层破坏、酸雨蔓延、淡水资源枯竭及污染；二是大面积的生态破坏，如生物多样性锐减，土壤退化、荒漠化正在加速，森林面积锐减等；三是突发性的严重污染事件频繁发生和有毒有害化学品的污染及越境转移。

可见，新的一轮环境问题不仅仅表现为小范围的区域性的环境污染和生态破坏，而且是大范围的乃至全球性的环境问题。环境问题不仅对某个国家、某个地区造成危害，而且对全人类赖以生存的整个地球环境造成危害。这就意味着人类的生存与发展正面临着前所未有的严峻挑战，解决环境问题要靠全人类共同来完成。

二、当前人类面临的主要环境问题

当前人类面临的环境问题很多，构成了一个复杂的环境群。主要有臭氧层破坏、温室效应、酸雨蔓延、人口剧增、物种灭绝、淡水匮乏、森林锐减、土地沙化、垃圾成灾、有毒化学品污染，等等。其中臭氧层破坏、温室效应和酸雨蔓延在整个环境问题群中占有极其重要的位置，被公认为三大全球性的环境问题。

（一）臭氧层破坏

臭氧层是大气平流层中臭氧比较集中的气层，其主要集中在距地面 20～30 km 的高度。臭氧层对太阳紫外线有强烈的吸收作用，能阻止太阳的大量紫外线辐射到地球表面，进而保护生物的生存，成为人类和生物的一个重要保护层。在自然状态下，大气中的臭氧是处于一种动态平衡的。然而臭氧在一定条件下能与许多物质反应而被消耗。如近几十年来，人类大量生产、使用氟利昂（CFCs）、哈龙（Halon）、氧化亚氮（N_2O）及四氯化碳等气体排放到大气中，在大气中长期滞留并最终到达平流层中，在紫外线辐射下发生光解，产生的活性基团与臭氧反应而消耗臭氧，最终导致臭氧浓度下降。臭氧层被破坏，便出现了臭氧空洞。

人类从 1958 年起，就发现臭氧层臭氧浓度下降，到了 20 世纪 70 年代后这种减少的趋势不断加剧。1985 年，美国的“雨云—7”号气象卫星测到了南极上空出现了“臭氧空洞”，其面积与美国领土相当，深度相当于珠穆朗玛峰的高度。到了 1998 年，南极上空的臭氧空洞面积比北美洲还大，创造了 2 600 万 km^2 的新纪录。同时科学家发现北极、青藏高原等地区上空也出现臭氧层耗损。臭氧层的破坏直接危害到人类的生存，如果臭氧层中的臭氧浓度每降低 1%，到达地球表面的 UV—B 段紫外辐射将增加 2%；如果臭氧浓度下降 2.5%，则世界每年将多增加 1.5 万人死于皮肤病。此外，紫外线增加还能伤害眼睛，造成白内障而导致失明，也可能损伤人体免疫系统，降低抗病能力。

科学研究发现，人类活动对臭氧层的破坏主要有如下几方面：① 某些有机化合物的释放物，如气溶胶喷雾剂、氟利昂、氟氯甲烷、四氯化碳等进入平流层，发生系列光解反应，破坏臭氧层。② 在对流层飞行的超音速飞机排放的一氧化氮气体，会破坏臭氧层（根据约翰斯敦的计算，500 架超音速运输机在两年内排出的一氧化氮累计量就可能使臭氧层含量减少 3%～50%）。③ 氮肥大量使用和某些燃料的燃烧，也会增加平流层中一氧化氮的含量，进而破坏臭氧层。此外核试验也可能对臭氧层产生影响。

为此，国际组织于 1985 年通过并签署了《保护臭氧层维也纳公约》。1987 年通过了《关于消耗臭氧层物质的蒙特利尔议定书》（简称《蒙特利尔议定书》）。而后又多次进行修正和补充，有计划、有步骤地禁止生产和排放破坏臭氧层的化学物质，如人类早已对氟利昂和哈龙的生产和使用实施了限制。

（二）温室效应

地球表面一方面吸收太阳辐射的能量，另一方面又以红外辐射的方式将能量反射到宇宙空间，从而维持能量平衡。大气中的二氧化碳、水蒸气和其他微量气体，如甲烷、臭氧、氟利昂等，可以使太阳的短波辐射几乎无衰减地通过，但却可以吸收地球的长波辐射，并再反射回地球，从而减少能量向宇宙空间扩散，导致大气层和地表变热，这种现象称做“温室效应”。

大气中产生温室效应的气体已发现近 30 种，其中二氧化碳的贡献率约为 59%，起主要作用。大气中的二氧化碳与氧气之间存在着一种动态平衡，因世界人口剧增，矿物燃料大量使用和森林植被的锐减，使大气中二氧化碳的浓度不断增加。工业革命前（约1860—1890年），全球二氧化碳浓度约为290 ml/m³，1960年增加到320 ml/m³，即大约100年间增加了30 ml/m³；1988年二氧化碳浓度已达350 ml/m³，即不到30年就增长了30 ml/m³。现在，大气中的二氧化碳浓度正以每年大约0.4%的平均速度率增长。许多学者的预测表明，如果世界能源消费的格局不发生根本的变化，到21世纪中叶，大气中二氧化碳的浓度将增加到506 ml/m³，全球平均温度可能上升1.5～4℃。

如果全球增温1.5～4℃时，会使两极冰川大量融化，海水升温而膨胀等，将导致海平面上升0.2～1.65 m，从而使沿海城市和海岛大片淹没（如上海、天津等城市）。事实上，全世界海平面过去百年上升14.4 cm，我国沿海海平面也平均上升11.5 cm。此外，全球变暖将引起温度带和降水带的移动，会促使强烈的热带风暴频繁形成，加剧洪涝、干旱及其他气象灾害，造成更大的危害。气候变暖还会导致土壤干旱和沙化，影响农业和自然生态系统。气候变暖还有可能加大疾病危险和死亡，特别是增加传染病，影响人体健康，甚至是人类生存。因此，全球变暖引起了全人类的极大关注。1992年在第二次全球环境大会上有154个国家签署了《气候变化框架公约》；1997年缔约方在日本东京通过了一项关于限制排放温室气体的《京都协议书》。这标志着世界各国在解决“温室效应”，防止全球变暖问题上已达成共识，迈出了人类共同采取行动的第一步，相信会收到良好效果。

（三）酸雨蔓延

“酸雨”这个名词是20世纪50年代，英国的R.A.Smith最早提出来的，它是指雨水中含有一定数量酸性物质的自然界降水，其pH一般都小于5.6。酸雨的形成是大气污染的结果，是二氧化硫和氮氧化物在大气或水滴中转化为硫酸和硝酸所致。酸雨的危害是导致环境的酸化，特别是土壤酸化，造成生态系统的破坏。随着人类使用矿物燃料的大量增加，酸雨危害大有蔓延趋势。

大气中的硫来源于自然源和人为源两种，自然源的硫主要是指火山、海洋、沼泽和动物残体向大气中排放；人为源主要是指人类活动，如煤燃烧、石油产品燃烧、工厂等向大气排放。大体估计每年来自自然源和人为源向大气中排放的二氧化硫相当，但是人为源排放的二氧化硫相对集中。因此，在世界上许多工业城市，出现了二氧化硫污染的严重事件，如1952年在“伦敦烟雾事件”中，造成了多达12 000人死亡的惨剧。20世纪60年代，酸雨主要发生在北欧各国和纽约，70年代到80年代，已扩大到中欧，同时北美也形成了大面积的酸雨区。1983年，民主德国有12%的森林受损，瑞士有25%的枞树和10%的云杉坏死，1985年瑞典在对85 000个大小湖泊调查结果表明，已有15 000个被酸化，其中4 500个湖泊鱼类绝迹，1 800 个湖泊正在变成“死湖”。1988 年加拿大安大略省报告，省内大小湖泊共约 16 万个，其中 40%已酸化，30%鱼类全部绝迹。我国从 20 世纪 80 年代后，也逐渐形成了大面积酸雨区。据 1998 年中国环境状况公报，降水平均 pH 值低于 5.6 的城市占统计城市数的 52.8%，以煤烟型为主的大气污染导致酸雨面积约占国土面积的 30%。我国的酸雨主要在长江以南部分地区，重庆、贵州尤为严重。以 1981—1985 年观测点测试结果表明，重庆的酸雨 pH 低值为 3.55，贵州为 3.44，武汉也曾出现 3.74。我国的降水酸度由北向南呈现加重趋势。为什么我国酸雨区多数都分布在长江以南呢？这除了南方的地理位置、气象和重工业城市多有关外，一个重要的原因，就是南方使用的多数都属高硫煤（一般含硫大于 3%），如重庆市每年耗煤约 1 800 万 t，91%的煤都属于高硫煤，每年向大气排放的二氧化硫量多达百万吨。

酸雨的危害是极大的，更有蔓延趋势。大气污染又是无国界的，这就要求全人类携手共同面对这已成为全球性的环境问题，共同研讨和解决酸雨的监测和治理问题。

（四）人口剧增

人是形成社会和经济的主体，既是生产者又是消费者。人口是社会可持续发展的核心内容。没有起码限度和规模的人口，就不会形成有效的经济活动和社会活动。当人口的生产同物质生产及资源环境的再生产相适应时，就能促进经济活动的发展，进而推动社会的发展；当人口过多时，又会造成劳动力过剩和消费人口过多，成为资源环境的压力，破坏发展。据统计，全世界人口从 1987 年的 50 亿增加到 1999 年的 60 亿，现在正以日增 25 万的速度飞速膨胀，估计 50 年后，世界人口要接近百亿。而动植物却以日减 160 种的速度不断消失。世界人口的进一步剧增，会导致人口与环境的矛盾日益尖锐，并引发贫富问题，资源耗竭，能源危机，生态失衡，环境恶化，劳动力过剩等一系列全球问题。

我国人口基数大，人口数量增加过快，2000 年底人口达 13 亿，约占全世界总人口的 22%，预计在 21 世纪前半叶仍将保持一定的增长势头。人口数量增长对资源、环境的压力持续增大。我国许多重要资源、能源储量丰富，位居世界前列，但人均拥有量远低于世界平均水平。如我国的国土面积列世界第三位，人均仅占世界人均的 1/3；耕地面积列世界第二位，人均却排在世界第 67 位；淡水资源总量居世界第六位，人均在世界上却排在第 88 位，是世界人均的 1/4；森林和草原覆盖率分别为 16%和 23%，人均林、草地只占世界人均的 1/5 和 1/2；人均粮食产量是加拿大的 1/5，人均棉花产量是美国的 1/3，人均肉类是加拿大的 1/4。可见，说中国地大物博是客观事实，但人均占有量甚少更是客观现实。

我国不仅人口基数大，总体人口质量偏低，文化素质和国民素质偏低必然要制约着我国可持续发展社会体系的建立。当前我国与人口有关的各种结构问题层出不穷。如人口年龄结构问题，2000 年老年人口已占总人口的 11%，已跨入老年化国家行列，到 2040 年，老年人口比重达 25%以上；农村和城市中出现剩余劳动力和失业问题（也包括大学生就业问题）。另外，中国的人口分布极不平衡，94%的人口居住在只占全国总面积 45%的东南部，占 55%的西北部，仅居住全国总人口的 6%，其中农村人口占 70%，城镇人口只占 30%。

（五）森林锐减，物种灭绝

森林是地球上功能最完善、最强有力的陆地生态系统。全世界密生林总面积近 30 亿 hm^2，非密生林约 23 亿 hm^2，森林覆盖总面积约 53 亿 hm^2，相当于世界耕地面积的 3 倍还要多。然而，20 世纪以来，特别是 50 年代以来，森林却以空前的速度被破坏，现在世界上每年减少近 2 000 万 hm^2 的森林，这意味着每分钟就有 20 hm^2 森林从地球上消失。其中毁坏最严重的是热带雨林，每年砍伐量达到 1 180 万 hm^2。

地球上生物物种千千万万，在漫长的历史长河中，经历了复杂的变化，有的新生，有的灭绝，这是自然选择的结果，也是正常的自然规律。但是，现在的生物物种灭绝，绝大部分是由人类活动引起的。其中有两个主要原因：一是人口的增加，二是森林的破坏。人口数量本身的增加是对物种保存的一个主要威胁。农业不断扩大耕地，破坏了野生生物的生存条件。森林面积的锐减，使许多种类的生物无处生存。据统计，在我国野马、高鼻羚羊、犀牛、涿鹿等珍稀动物已基本灭绝。尤其是大片热带雨林的砍伐，使数以千计的动植物物种绝迹，数以万计的物种濒临危险。

（六）淡水匮乏与水体污染

地球上的总水量大约有 13.86 亿 km^3，其中 97.47%是咸水，分别分布于海洋、地下水和湖泊中。2.53%是淡水，但绝大部分淡水是人类难以利用的两极冰盖、冰川、永冻地带的冰雪和深层地下水等，人类只能利用的是江河水、淡水湖泊水以及浅层地下水，即只有 0.13%的淡水是可利用的，大约储量为 0.35 亿 km^3。淡水资源在地球上分布又是不均匀的。亚洲和非洲是水资源紧张的地区，亚洲人均水量仅是全球平均数的一半。就国家而言差距更大，如加拿大人均径流量超过 10 万 m^3，埃及还不足 100 m^3。我国虽然水资源总量居世界第六位，但是由于我国人口众多，人均水资源拥有量只有 2 200 m^3，为世界平均水平的 1/4，被联合国列为 13 个贫水国家之一。而我国水资源还存在着严重的分布不均，具体是南多北少，东多西少，与人口、耕地、矿产等资源分布极不匹配，使用水紧张状况更加加剧。如淮河以北所拥有的水资源量仅为全国水资源总量的19%，而这一地区的耕地面积却占全国的 64%。再如，占国土面积 53%的东、南及沿海地区，拥有全国水资源总量的 93%，而西北广大地区却只有 7%的水资源量。目前，有北京、天津、河北、山西、上海、江苏、山东、河南、宁夏 9 个省、自治区和直辖市严重缺水，人均水资源拥有量不足 500 m^3。全国 699 个城市中，有 400 个城市常年供水不足，其中天津等 110 个城市已受到水资源匮乏的严重威胁。南水北调工程就是我国政府为解决北方缺水的重大举措。

淡水短缺的同时，水体污染问题又十分突出。现在全世界污水量已达 $4\,000\times10^8$ m^3，使约 5.5×10^{12} m^3 水体受到污染，占全球径流量的 14%以上。全世界每天因饮用水污染而丧失的人达 2.5 万；发展中国家儿童死亡，约 4/5 是与水污染有关的疾病造成的，仅饮用不洁的水引起腹泻，每年就夺走约 250 万儿童的生命。我国水体的污染，总体尚未造成严重危害，但局部区域已经十分严重。全国长江、黄河、松花江、珠江等七大河流的主干流在城市附近段的水体都有程度不同的污染。农村、乡镇的水体污染情况日趋恶化，原因主要有两个：一是农药和化肥，二是乡镇企业的排废。由于受经济利益的驱动，经常发生一个工厂污染一条河，危害一个流域的污染事件。

总之，水体污染会大大减少淡水的可供量，更加剧淡水资源的短缺。同时也严重威胁着人体健康及生命安全。

（七）垃圾成灾

随着世界人口的增多，资源大量的消耗，全球废物排放亦与日俱增，城市垃圾堆积如山，可谓垃圾成灾。据测算：人类每消耗地球资源 100，则产生的垃圾为 42。一个国家和城市经济愈发达，生活愈富裕，产生的垃圾也愈多。全球每年新增加垃圾约 100 亿 t，人均近 2 t。世界上产生垃圾最多的国家是美国、日本、英国和德国。美国每年产生工业垃圾 20 亿 t，生活垃圾 2 亿 t。我国是一个人口大国，特别是随着城市人口的不断增加，每年就城市废物排放量达 11 亿 t，全国约有 60 亿 t 垃圾积存尚待处置，各大中城市甚至农村乡镇都陷入了垃圾重围。如几年前，北京的报刊上就出现过“垃圾围城”的报道。另外，一说到垃圾，人们想到只有我们的生活周围才存在垃圾，实际上不然，垃圾是无孔不入，就连被认为净土的珠穆朗玛峰、南极都有垃圾光顾。近年来，垃圾又在太空出现。据观测，现在在太空轨道上约有 7 200 个大小不一的废物运转，成为太空中的危险的“漂浮炸弹”。

垃圾对人类和社会构成现实威胁。一是环境卫生和人体健康问题，每堆垃圾都是一个污染点和致病源。二是垃圾还会威胁人的生命安全。大量堆放的垃圾，由于含有机化合物经过系列的复杂化学反应，产生甲烷等可燃性气体，而引发爆炸。如 1994 年 12 月重庆市郊发生一起类似的垃圾爆炸事件，现场 10 多名民工当场死亡。三是垃圾中还有一部分“危险”废物，这里所说的“危险”是指废物中含有的化学产品，如塑料、合成洗涤剂等，将给环境的水体、土壤及生态造成更为严重的污染。

三、中国环境问题的现状

随着改革开放和经济的高速发展，在人口爆炸和空前城市化的大背景下，中国环境问题日趋严重。从全国总的情况看，环境污染不断加剧，生态恶化积重难返，自然灾害频繁，虽然局部或区域环境经过治理有所改善，但全国环境形势不容乐观。应该说，人口、资源和环境问题（即可持续发展），是当代中国面临的重大挑战，成为制约我国经济和社会持续发展的重大难题。

我国资源丰富，品种繁多，从资源储存总量上是世界少数的资源大国之一，可谓“地大物博”；但是从人均情况看，又是世界上最贫困的国家之一，是真正的“人多物薄”。因此，我国人口对资源环境的直接压力已经远远超过世界上任何一个国家，使得各类资源始终处于一种超负荷或“透支”的状态。加之人口多、素质低、资源管理水平滞后，一方面人为的资源利用粗放，浪费严重；另一方面加重了环境污染和生态破坏。

首先，从我国环境污染情况看，近几年，全国 7 大水系的水质继续恶化，面源污染日益突出。其中淮河、辽河和海河污染严重，黄河面临污染和断流的双重压力。根据《2002 中国统计年鉴》有关数据分析，在我国 31 个省市中工业废水排放量前 5 位的是：江苏省（其工业废水排放量占全国工业废水排放总量的 13.38%），四川省（其比例为 5.67%），广东省（其比例为 5.57%），河南省（其比例为 5.44%）和湖南省（其比例为 5.29%），这五个省废水排放量占全国总量的 40.44%。另外，主要湖泊和近岸海域水体污染现象日趋严重。如渤海海域由于环境污染，磷、氮富营养化严重，连年出现赤潮现象。据统计，1999 年我国周边海域共发生赤潮 16 起，而渤海湾就占 8 起。

由于我国能源中以煤为主，据统计 2000 年全国原煤消费将达 15×10^8 t，而南方又主要以高硫煤为主（含硫量 3%～5%，有的高达 6%）。这就决定了我国大气污染以煤烟型为主，主要污染物为二氧化硫和颗粒物（TSP）。监测表明，我国一些主要城市大气污染物浓度远远超过国际标准，在全球空气污染严重的 50 座城市中，我国占有 31 座，其中污染最严重的 10 大城市我国占 8 座，太原、重庆、济南等位于全球污染最严重的城市之首。1999 年全国统计的 338 个城市中，

66.9%的城市超过国家空气二级标准，其中 40.5%城市超过三级标准。60%的城市 TSP 浓度均值超过二级标准（200 $\mu g.g^{-3}$）；28.4%的城市二氧化硫浓度年平均值超过二级标准（60 $\mu g.g^{-3}$）。由于大气污染，我国的酸雨正呈现急剧蔓延之势，以重庆、贵阳为代表是继欧洲、北美之后世界第三大重酸雨区。20 世纪 80 年代，我国酸雨主要发生在川、贵、两广地区，酸雨面积为 1.7×10^6 km²；到了 90 年代中期，已扩展到长江以南、青藏高原以东及四川盆地的广大地区，面积扩大了 1.0×10^6 km²。

其次，生态恶化积重难返。① 耕地质量、数量双降，荒漠化现象严重。我国地域辽阔，总面积约 9.6×10^6 km²，居世界第三位，但人均土地面积为 0.777 hm²，相当于世界人均水平的 1/3。其中耕地约 1.30×10^8 hm²，占土地面积的 14%，人均耕地面积由解放初期的 0.26 hm² 降到 0.106 hm²，仅相当于世界人均的 43%。耕地中有水源保证和灌溉设施的只占 40%，中低产田占耕地面积的 79%，因干旱、水土流失、污染严重及城市用地的耕地占有相当大的比例，并呈逐年增加的趋势。同时，我国又是世界上荒漠化面积最大、分布最广、危害最严重的国家之一。1999 年全国沙化土地总面积近 1.69×10^6 km²，占国土面积的 17.6%。因土地荒漠化给我国造成严重危害，有近 1.0×10^8 hm² 草地、15×10^6 hm² 农田、0.1×10^6 hm² 林地严重退化，致使沙尘暴频繁袭击我国。② 森林资源贫乏，草地退化严重。根据第五次全国森林资源清查结果表明，我国现有森林面积 1.59×10^8 hm²，人工林面积 0.467×10^8 hm²，居世界首位。但人均占有森林面积仅相当于世界人均水平的 21.3%，人均森林蓄积量只相当于世界人均水平的 1/8，是人均占有森林蓄积量最低的国家之一；全国森林覆盖率为 16.55%，只相当于世界水平的 61.3%。加之我国森林林龄结构不合理，乱砍滥伐现象较普遍，森林火灾、虫害频繁发生，森林资源破坏的后果十分严重。另外，由于对草地掠夺式的开发滥垦和超载放牧，使草地面积逐年减少，质量逐渐下降，沙化和退化的速度逐年递增。森林的锐减和草地的退化，必然引起生物多样性减少，许多物种濒危，甚至是灭绝。据统计，在我国野马、高鼻羚羊、犀牛、白臀叶猴等珍稀动物已基本灭绝；大熊猫、白鹤、长臂猴、老虎、大象、黑金丝猴、扬子鳄等 20 种动物濒于灭绝。处于濒危状态的珍稀植物达 389 种，其中包括蕨类植物 13 种，裸子植物 71 种，被子植物 105 种。

由于环境污染和生态破坏，近几年来，我国旱、涝灾害明显加剧，扬沙及沙尘暴天气频频发生，地质灾害突发事件也时有发生。

〔案例 4-2〕 切尔诺贝利核电站事故

前苏联乌克兰地区切尔诺贝利核电站事故，是人类和平使用核能历史上的一次最大的惨剧。1986 年 4 月 26 日凌晨 1 时许，随着一声震天动地的巨响，火光四起，烈焰冲天，火柱高达 30 多米。切尔诺贝利核电站 4 号核反应堆发生爆炸，其厂房屋顶被炸飞、墙壁坍塌，当场死亡 2 人。

8 t 多强辐射物质混合着炙热的石墨残片和核燃料碎片喷涌而出，释放出的辐射量相当于日本广岛原子弹爆炸量的 200 多倍。大量的放射性物质外泄，使周围环境的放射剂量高达 200 伦琴/小时，为允许指针的 2 万倍。1 700 多吨石墨成了熊熊大火的燃料，火灾现场温度高达 2 000℃以上。救援直升机向 4 号反应堆投放了 5 000 t 降温和吸收放射性元素的物质，并通过遥控机械为反应堆修筑了厚达几米的绝缘罩。

当天，一些较重的放射性物质就随风向西扩散到了波兰。第三天，放射性尘埃扩散到前苏联西部的大片地区，并开始威胁西欧。第四天，斯堪的纳维亚半岛和德国受到影响。10 天内，放射性尘埃落到了欧洲大部分地区。

事故发生后，前苏联政府组建了国家事故调查委员会，调查事故产生的原因。得出的结论是，工作人员操作失误只是事故发生的诱因，反应堆燃料棒的结构和保护系统不合理是引发事故的直接原因。

这次事故造成的放射性污染遍及前苏联 15 万 km^2 的地区，那里居住着 694.5 万人。由于这次事故，核电站周围 30 km 范围被划为隔离区，附近的居民被疏散，庄稼被全部掩埋，周围 7 000 m 内的树木都逐渐死亡。在日后长达半个世纪的时间里，10 km 范围以内将不能耕作、放牧；10 年内 100 km 范围内被禁止生产牛奶。

切尔诺贝利的核辐射通过风力、雨水等传播途径，污染了乌克兰、白俄罗斯、俄罗斯等一些堪称世界上最富饶的土壤。

到现在，参加救援工作的 83.4 万人中，已有 5.5 万人丧生，7 万人成为残疾人，30 多万人受放射伤害死去。乌克兰共有 250 万人因切尔诺贝利核电站事故而身患各种疾病，其中包括 47.3 万儿童。在乌克兰的核受害者中最常见的是甲状腺疾病、造血系统障碍疾病、神经系统疾病以及恶性肿瘤等。今日在切尔诺贝利的河里仍有鱼儿漫游，但它们体内积满铯、钚等核物质。松树则长出褐色的怪枝，显示树木生态因核辐射而出现巨变。

切尔诺贝利核事故所泄漏的放射性粉尘有 70%飘落在白俄罗斯境内。事故发生初期，白俄罗斯大部分公民都受到不同程度的核辐射，6 000 km^2 土地无法使用，400 多个居民点成为无人区，政府不得不关闭了 600 多所学校、300 多个企业以及 54 个大型农业联合体。到目前为止，还有 200 万人不得不生活在核污染区，其中包括 48 万不满 17 岁的少年儿童。据预计，切尔诺贝利核事故给白俄罗斯造成的直接经济损失在 2 350 亿美元以上。

第三节　环境问题产生的原因和实质

21 世纪人类正面临着全球环境和社会可持续发展的巨大挑战。一方面人类受到不断变化的地球系统的严峻挑战；另一方面人类活动正以前所未有的幅度和速度影响着地球系统。现在人类活动正从各种尺度（局部的、区域的、全球的）改变和开发利用地球的物理、化学、生物环境。要了解人类是怎样与地球相互作用，以及人类是如何影响地球环境，就需要对地球系统有全面的了解。详细掌握地球各种作用相互影响的过程的知识，对于实现国家未来繁荣和人类发展也是必不可少的。人类面临的环境问题的严重性在于它们所涉及的是人类与人类本身生命支撑系统之间的关系等一系列重大问题。越来越多的证据表明，这种关系正日趋紧张。人类自身的活动正在威胁着我们所赖以生存的环境系统。它不再只是局部的或区域的问题，而是跨越国界的全球性问题。我们在这方面的差距还相当大，加大这方面的基础性、前沿性研究，势在必行。

一、环境问题产生的原因

通常人们认为，环境问题是由于人类活动中不合理或不健康的行为模式，导致环境质量发生不利于人类的变化，进而危及人类的生存和发展的客观现象。环境问题古来有之，自从地球上出现了人类，其生存与发展对自然环境发生依存、制约和作用，致使环境问题随之发生。在人类社会发展的不同阶段，人类对自然环境的行为方式各有不同，因而环境问题的表现与程度也有所差别。古代社会，人口数量少，生产力水平低，人类主要是被动地依赖环境生存和发展，其行为方式对环境影响不大，人类与自然环境的矛盾不明显。随着社会生产力的发展，人类成为主动改变自然环境的强大力量，大量的创造性生产活动和消费活动征服和改造了自然环境，使之最大限度地满足人类的需要。人类不合理的行为方式，破坏了人与自然环境所固有的平衡协调关系，激化了人类与环境之间的矛盾，最终导致自然环境出现了一系列危及人类生存和发展的现象，诸如环境污染、人口过度膨胀、耕地减少和地力退化、森林乱砍滥伐、水土流失、水污染与水资源短缺、全球气候异常等，这些现象的存在表明现在自然环境的环境状况已经出现恶化，环境问题已十分严重，甚至成为困扰全球的一大难题，如果处理不好，不仅影响当代人的生存质量，更重要的是将使后代人失去赖以生存的条件。目前各种环境问题的形成，主要是下列原因所致：

（一）认识上的原因

在人类社会发展的历史长河的大多数时期，人类一直将自己作为世界的主宰，支配、改造、利用自然环境，认为自然界应当也能够满足人类的一切需求，甚至为了实现人类自身的利益，不惜以牺牲自然环境为代价。这种“人类中心论”的观点，虽然表明人类行为方式的出发点和归宿点离不开人的利益，这是人类生存和发展的基础。然而，这一理论有明显的片面性，忽略了人与自然环境的平等关系、平衡关系、依赖、制约和相互作用的关系。马克思主义认为“没有自然界，没有感情的外部存在，工人就什么也不能创造……同时人在影响自然时，也影响他自己”。“人创造环境，同时环境也创造人。”马克思在《资本论》中还进一步提出“如果说人靠科学和创造天才征服了自然力，那么自然力也对人进行报复，按照自然力的程度使他服从一种真正的专制，而不管社会组织怎样”。因此，人类对自然环境并不可以为所欲为。但是在市场经济模式下，传统经济学是通过市场机制追求经济效率的最大化，基于此，人类往往以自己的利益为价值尺度来规范、控制、调节与自然的关系，即凡有利于经济增长、有利于提高经济效率，无论利用何种资源，包括环境资源，或者采取何种方式利用资源都将受到鼓励，并被认为是资源配置的优化，而这恰恰是导致环境问题的主要根源。有观点甚至认为，工业化进程中必然出现环境问题，这是社会发展的必然规律，主张优先发展经济，在经济水平提高到一定程度的基础上、有了较高的经济能力以后，再治理污染。殊不知，环境问题的发生往往是长期环境污染和环境破坏的结果，其所带来的危害常常难以治理；况且，治理污染又是一个复杂的系统工程，要经过很长时间并须付出高昂的代价。这种“先污染，后治理”的观点和行为方式，只能使环境问题进一步加剧，我国目前存在的诸多环境问题，大都是这一错误认识的结果。

（二）机制上的原因

工业化以来，环境问题日益严重，特别是其对社会发展产生的负效应，使各国都注意到环境保护与生态平衡问题对社会发展的影响，注重加强环境立法，并将立法宗旨从消极的防治污染转移到积极预防上面，实行预防为主和综合治理的环境政策。在我国，环境保护是国家的基本国策，特别是自 20 世纪 70 年代末以来，国家为保护环境制定了一系列方针、政策、法律、法规，其中包括宪法对环境与资源保护的原则性规定和包括环境保护法、海洋环境保护法、水污染防治法、大气污染防治法、草原法、水法及森林法等在内的环境与资源保护基本法，加上相关部门法诸如民法、刑法等对环境保护的规定，使环境立法体系基本形成，从而使大量的治理污染、保护环境的重要制度得以确立并发挥作用。其中，最有影响的环境保护制度，当属环境影响评价制度、“三同时”制度、征收排污费制度、限期治理制度、排污许可证制度、污染物集中控制制度、环境保护责任制度、城市环境综合整治定量考核制度八大基本制度。

然而，应当清醒地看到，目前的环境保护法律及其制度还存在明显的不足，这主要表现在：一是环境保护法的立法目的不够科学。现行《环境保护法》第1条规定：“为保护和改善生活环境与生态环境，防治污染和其他公害，保障人体健康，促进社会主义现代化建设的发展，制定本法。”显然，这一立法目的，只强调当代人的环境权利和发展权利，未涉及后代人的利益，不符合持续发展的理论，不利于当代人建立起良好的环境道德观念，并自觉维护环境与生态平衡。二是不少环境保护制度的内容及实施存在不合理现象。就现行的环境保护制度而言某些制度关注污染控制，忽视污染预防，如大气污染防治法、水污染防治法等法律规范中都规定有征收排污费制度、限期治理制度、排污许可证制度等，此类制度虽有其实践意义，但都属于“末端控制”模式，即主要限制已经产生的污染物的排放或所产生的废物的处置，要求污染源在限定的时间内，将所排放的污染物的浓度和数量控制在排放标准规定的限度内。“末端控制”模式虽然在一定程度上会减轻污染、保护和改善环境，但其弊端亦显而易见，因为单纯强调污染物的“达标排放”，客观上必然引导污染源单位将其所进行的环境保护努力，仅仅局限于“达标”上，并形成“污染物排放后控制”、“达标可以排放”、“污染物产生后才治理”及“交费排污”等错误观念，不利于引导和鼓励污染源单位从源头上控制污染的产生。同时，现行环境保护制度的实施也存在问题，即缺乏可操作性，某些制度虽然科学，但缺乏必要的实施监督机制，无法达到预期的法律效果。如环境影响评价制度，主要是对新建项目排放污染物的浓度进行控制，该制度的实施就存在与排污许可证制度相协调的问题，因为前者的标准属浓度控制，而后者的标准则为总量控制。在该制度的实施上，按照现行《建设项目环境保护管理办法》的规定，由建设项目的主管部门负责建设项目的环境影响报告书的预审，监督建设项目设计与施工中的环境保护措施的落实等，这种自我监督的机制，极易产生不能监督的后果，使相应的环境保护制度流于形式。三是环境法律责任制度不健全，缺乏必要的规制。应当承认，环境污染和环境破坏，均构成环境侵权，而我国现行立法，诸如《民法通则》、《环境保护法》及海洋、大气、水及固体废物和噪声污染防治等单行法中，对环境侵权的归责原则、免责条件、救济方式等虽然作了一些规定，但是并未形成系统的规范体系，相关的许多制度尚处于研究之中，包括环境侵权的事实认定条件、法律救济方式等，从而影响了环境责任的确定与承担，不利于环境问题的解决。环境问题的严峻性、复杂性及其对社会的负效应，要求我们不仅要正视环境问题的存在，更要深入研究和探索解决环境问题的战略和措施，并通过立法形式加以确认，改变环境保护消极被动的局面。而建立科学的环境保护法律体系，对于解决环境问题，实现环境与资源的可持续发展是必不可少的重要措施。

二、环境问题的实质

从环境问题的发展历程可以看出，人为的环境问题是随入类的诞生而产生，并伴随着人类社会的发展而发展。造成环境问题的根本原因是人类对环境价值的认识不足，缺乏妥善的经济发展规划。环境是人类生存发展的物质基础和制约因素，人口的增长要求工农业迅速发展，从环境中取得食物、资源、能量的数量必然要增大，其中一部分供人类直接消费，有的经人体代谢变化；将“废物”排入环境，有的经使用后降低了质量。然而，环境的承载能力和环境容量是有限的，如果人口的增长、生产的发展，不考虑环境条件的制约作用，超出了环境允许的极限，就会导致环境污染与破坏，造成资源的枯竭和对人类健康的损害。因此，可以认为，环境问题的实质在于人类经济活动索取资源的速度超过了资源本身及其替代品的再生速度，以及向环境排放废弃物的数量超过了环境的自净能力。

（一）环境容量是有限的

全球每年向环境排放大量的废水、废气和固体废物。这些废弃物排入环境后，有的能够稳定地存在上百年，因而使全球环境状况发生了显著的变化。例如，大气 CO_2 的体积分数已由工业化前的 280×10^{-6} 升高到 353×10^{-6}，CH_4 的体积分数由 0.8×10^{-6} 上升至 1.72×10^{-6}，N_2O 的体积分数由 285×10^{-6} 上升至 310×10^{-6}。这些温室气体的增多已经使得地球表面温度在过去的 100 年中大约上升了 0.3～0.6℃。臭氧层的破坏则主要归咎于氯氟化碳的使用。20 世纪 70 年代后期在南极上空发现了臭氧层空洞，空洞还在不断扩大，南极上空低平流层中臭氧总量平均减少了 30%～40%。1990 年，矿物燃料（主要是煤和石油）的使用向大气中排放硫氧化物 9 900 万 t，氮氧化物 6 800 万 t。这些氧化物和大气中的水结合，形成酸雨沉降到地面，使大片森林枯萎，并使大量微小的水生生物乃至鱼类死亡。工业废水和生活污水如果不经处理排入河流，会污染整条河流。有害物质渗入地下会破坏地下水。

（二）自然资源的利用也不能超过极限

自然资源的补给和再生、增殖都是需要时间的，一旦超过了极限，要想恢复是困难的，有时甚至是不可逆转的。

森林采伐应该不超过其可持续产量。全世界现有森林面积 36.25 亿 hm^2，1980—1990 年间每年平均砍伐量为 1 680 万 hm^2，相当于每年砍伐总量的 0.5%。森林具有涵养水土、储存 CO_2、栖息动植物群落、提供林产品、调节区域气候等功能。过度砍伐使森林和生物多样性面临毁灭的威胁。

土地利用应谨慎地控制其退化速度。全球土地面积的 15%已因人类活动而产生不同程度的退化。土壤侵蚀平均速度为 0.5～2.0 t/hm^2。1988 年，全世界农耕地约为 46.87 亿 hm^2，其中 12.3 亿 hm^2 已退化。全世界干旱地、半干旱地总面积为 61.5 亿 hm^2，其中近 70%已中等程度荒漠化。

水并不是取之不尽的。人类消费淡水量的迅速增加导致严重的淡水资源短缺。淡水资源是一切陆地生态系统不可缺少的组成部分。2000 年，全球淡水用量从 1985 年的 3 900 亿 m^3 增加到 6 000 亿 m^3。人类正面临着严重的淡水短缺。

海洋中渔业资源也有其可持续产量。过度捕捞会造成渔业资源的枯竭。以南极洲为例，1904 年人们开始在南极捕鲸，总是先对某一种类过度捕捞，然后再捕捞其他种类。迄今为止，蓝鲸的数量不到捕捞前存量的 1%，驼背鲸约为原存量的 3%，抹香鲸约为 2%，南乔治亚鲟鱼在 20 世纪 70 年代早期开始被过度捕捞，现已濒临灭绝。

可见，可再生资源的开采量不应该超过其生长量，而不可再生资源的开采量必须考虑其替代品的允许生产量；废物的排放量不应该超过当地的环境容量；历史遗迹与人文遗迹必须倍加珍惜；而对待以自然环境为基础的生命支持系统更须十分谨慎。

[案例 4-3] “吃祖宗的饭，断子孙的路”——水资源危机

林木伐尽，水泽湮枯，将来的一滴水，将和血液等价。

——鲁迅

水是生命之源。地球上 70.8%的面积被水覆盖，但其中 97.5%是海水，既不能直接饮用也不能灌溉。在余下的 2.5%的淡水中，人类真正能够利用的不足世界淡水总量的 1%。由此可见，尽管地球上的水是极其丰富的，但适合饮用的淡水水源则是十分有限的。随着社会经济的发展，人类对水资源的需求不断增加，20 世纪与 19 世纪相比，人类的用水增加了 5 倍，但可供人类直接使用的水资源却不断减少，目前全球人均供水量比 1970 年减少了 1/30 水资源危机正在全球蔓延。为此，1993 年 1 月 18 日，第 47 届联合国大会确定自 1993 年起，将每年的 3 月 22 日定为世界水日，旨在推动对水资源进行综合性统筹规划和管理，加强水资源保护，以解决日益严峻的缺水问题。

1996 年 5 月，在纽约召开的第 3 届自然资源委员会上，联合国开发支持和管理服务部对 153 个国家（占世界人口的 98.93%）的水资源，采用人均占有水资源量、人均国民经济总产值、人均取（用）水量等指标进行综合分析；将世界各国分为四类，即水资源丰富国（包括吉布提等 100 多个国家）、水资源脆弱国（包括美国等 17 个国家）、水资源紧缺国（包括摩洛哥等 17 个国家）、水资源贫乏国（包括阿尔及利亚等 19 个国家）。按此种评价法目前世界上有 53 个国家和地区（占全球陆地面积的 60%）缺水，其中包括：西班牙、意大利南部、达尔马提尼亚沿岸、希腊、土耳其、阿拉伯国家（叙利亚除外）、伊朗大部分地区、巴基斯坦、印度西部、日本、朝鲜、澳大利亚、新西兰的西部地区和南部地带、西北非和西南非沿岸、巴拿马、墨西哥北部、智利中部、美国西南部和中国。

目前，世界面临的水资源短缺已非常严峻：1.2 亿人用水短缺，30 亿人缺乏用水卫生设施，每年有 300 万～400 万人死于和水有关的疾病。预计到 2025 年，水危机将蔓延到 48 个国家，约 35 亿人将为水所困。水资源危机既阻碍世界可持续发展，也威胁着世界和平。过去 50 年中，由水引发的冲突共 507 起，其中 37 起有暴力性质，21 起演变为军事冲突。专家警告说，随着水资源日益紧缺，水的争夺战将愈演愈烈。不过至今在绝大多数地球人的心目中，水仍然是取之不尽用之不竭的，到处都是对水资源的过量盲目开采、肆意挥霍浪费以及粗暴的践踏与污染，这就更加剧了全球水资源的紧张。

日益严重的水污染也在蚕食大量可供消费的水资源。目前，全世界每年约有 4 200 亿 m^3 的污水排入江河湖海，污染了 5.5 万亿 m^3 的淡水，相当于全球径流总量的 14%以上。联合国水资源世界评估报告显示，全世界每天约有 200 t 垃圾倒进河流、湖泊和小溪；美国 40%的水资源流域被加工食品废料、金属、肥料和杀虫剂污染；欧洲 55 条河流中仅有 5 条水质差强人意。在一些发展中国家，约 90%的废水没有经过处理就被排放到河流、湖泊。水污染不仅大大减少了可用水资源的数量，也给生态环境带来严重影响，甚至威胁人类的生存。

日本“痛痛病”事件

日本“痛痛病”事件与水俣病事件一样，都是世界有名的公害事件。1955—1972 年，痛痛病发生在日本富山县神通川流域。

自 1955 年起，居住在富山县神通川下游地区的农民得了一种奇怪的病。得病初期，患者只感到腰、背和手足等处关节疼痛，后来发展为神经痛。患者走起路来像鸭子一样摇摇摆摆，晚上睡在床上经常痛得“哎唷——哎唷”呼叫呻吟，日本人便称这种奇怪的病症为“哎唷——哎唷病”，即“痛痛病”，又称“骨痛病”。得了这种病，人的身高缩短，骨骼变形、易折，轻微活动，甚至咳嗽一声，都可能导致骨折。一些人痛不欲生，自杀身亡。

直到 1961 年才查明该病与神冈炼锌厂排放的含镉废水有关。经检查该地区的水源、稻米以及死亡者的器官组织中均含有大量的镉。当地农民长期饮用受到镉污染的河水，并且食用此水灌溉的稻米，于是镉便通过食物链进入人体，在体内逐渐积聚，引起镉中毒，造成“痛痛病”。后来骨痛病患区已远远超过神通川，扩大到黑川、铅川、二迫川等 7 条河的流域。截至 1968 年 5 月，日本共确诊患者 258 例，其中死亡 128 例，到 1977 年 12 月，又死亡 79 例。

人会变三条腿吗？

1998 年 1 月 16 日《北京青年报》文章说，1995 年美国明尼苏达州的一些中学生，在靠近湖泊与河流的湿地中发现了一些畸形青蛙，有的只有三条腿，有的两条前腿缺失，有的长出四条后腿。这一消息不仅在美国和加拿大引起震惊，也引起世界各地的环保专家和各界人士的密切关注。不久，在美国中西部、西北部、南部和北部以及加拿大都发现了大量这种畸形的青蛙。

美国国立环境健康科学研究所取回畸变青蛙生活地的水样，经过大量实验证实：畸变是水源污染所致，而且是多种物质的污染，有杀虫剂、重金属、氯化物等。研究人员指出，从生物学的观点看，出现少量的畸形青蛙是正常的，其比例大约是 1%，而明尼苏达州发现畸形青蛙的比例高达 10%，场所也比较广泛，在明尼苏达州 87 个县中的 54 个都有发现，这就远远超过了正常范围。研究人员还特别指出，青蛙在发育时，其胚胎直接浸泡于水中，更容易受到污染物的影响。一些水塘中的貂蛙，在水中发育期长达两年，在污染的水中所受的毒害更严重，畸变率高达 75%。对于人类来说，尽管其胚胎在发育时受到多种因素的保护，但是导致青蛙畸变的途径也可以影响到人。能致青蛙畸形的，也可能使人畸变。现实再次警告人类，保护环境已经刻不容缓。

贝多芬之死

贝多芬是世界杰出的浪漫主义音乐家，他经历了很长的病痛折磨，于 1827 年在维也纳非常痛苦地死去。贝多芬的死一直是个谜，有关他的病一直没搞清楚。有的医生说，他可能是肝病和水肿，但他的秘书认为是服下了过多吗啡和含砷的药。美国芝加哥的科学家化验了遗留下来的贝多芬的一些头发，化验结果才揭开了贝多芬死亡的秘密：贝多芬是死于铅中毒。原来当时的多瑙河和莱茵河两岸有很多制铅厂，河水被铅污染。而贝多芬很喜欢吃多瑙河的鱼，而且吃鱼数量很多，致使铅在其体内累积，最后铅过量，中毒死亡。

大量事实不断敲响警钟：如果人类不能有效地解决水污染，那么将会走上不归之路。2003 年联合国第 58 届大会通过决议，确定 2005—2015 年为生命之水国际行动 10 年，主题是“生命之水”，目标是敦促各国更加关注与水相关的问题，开展多层次合作。我们有理由相信，只要我们共同关注保护水资源，治理水污染，世界上每个人就能享有源源不断的“生命之水”。

第四节　世界环境问题的演变趋势

一、世界环境问题的演变

正如著名历史学家 A.汤因比所说：人类“通过求生走向毁灭”。自工业革命以来的 200 年间，人在创造辉煌物质财富的同时也引发了全球性的危机，环境问题已经威胁到人类社会的生存和发展。于是，人类开始了一次伟大的觉醒。20 世纪中叶，在西方资本主义国家首先出现的一系列震惊世界的环境公害事件是这场声势浩大的世界环境保护运动的起端。1962 年，美国女海洋生物学家、科学作家卡尔逊（1907—1964 年）出版了后来被誉为“绿色圣书”和“改变美国决策的 25 种读物之一”的《寂静的春天》，促进了群众性环保运动的兴起，成为一个具有开创意义的一个里程碑。此后，60 年代末罗马俱乐部发表了一系列有关资源环境和人类未来的研究报告，掀起了悲观主义的“极限增长论”与乐观主义的“无极限增长论”之间的大论战，使全世界对人类环境问题的严重性更为警觉，并促使环境问题首次摆上了国际社会的议事日程。

1972 年在瑞典斯德哥尔摩召开了第一次世界人类环境会议，响亮地提出了“只有一个地球”的口号，标志着 60 年代末至 70 年代初世界环境保护运动第一阶段达到高潮。会议发表了《人类环境宣言》，第一次在社会和经济目标之外，以正式文件的形式将保护环境列为人类行为目标之一，从道德的角度强调人类负有保护和改善世界环境的庄严责任，这是人类行为一个历史性变化。会上，发达国家与发展中国家表现出严重分歧。发展中国家由于当时尚未出现普遍的环境污染问题，坚持认为发展不足造成的贫困状态是环境问题的首要根源之一，强调只有通过发展才能摆脱贫困，解决环境问题。此次会议首次开启了国际社会有关环境问题的对话、讨论与合作之门，导致了联合国环境规划署（UNEP）的创立。

人类社会迫切需要寻求一条崭新的发展道路。可持续性或可持续发展，这个来源于林业、渔业等资源管理问题的生态学概念，逐渐被赋予了社会、经济、文化等更广泛的含义。1980 年，美国世界观察研究所所长莱斯特•布朗（L. Brown）在《建设一个可持续发展的社会》一书中，首次系统论述了经济发展中诸如资源耗竭、粮食不足、土地退化等一系列资源环境问题，并描绘了人类可持续发展社会的美好未来。尽管斯德哥尔摩会议后人们对环境与发展基本联系的认识在不断加深，但在随后较长的一段时间里，国际社会在将环境与发展政策融为一体方面并没有什么实质性进展。

1983 年，环境问题再次摆上了联合国的议事日程，以挪威首相布伦特兰夫人为首的世界环境与发展委员会（WECD）宣告成立，并于 1987 年发表了著名的《我们共同的未来》报告。该报告首次正式提出了可持续发展的定义，“既满足当代人的需要，又不对后代人满足其需要的能力构成危害的发展”，阐述了可持续发展的基本概念、主要问题及行动方略，强调可持续发展是人类社会从根本上克服危机的唯一可行途径，呼吁发达国家与发展中国家为可持续发展的共同目标加强国际间的经济和技术合作，号召各国政府、企业家及各国人民行动起来为人类可持续发展的美好未来而努力。WECD 提出的可持续发展概念和理论获得国际社会的广泛响应，有力地将世界环境保护运动推向一个崭新的阶段。在此后的 1989 年，发展中国家与发达国家经过一系列对话和争论，以声明形式就与可持续发展概念有关的子孙后代的需要、国家主权、国际公平、自然资源、生态问题、环境保护与发展结合等重要内容达成共识。并决定召开最高级别“联合国环境与发展大会”以促进全球可持续发展的实施。

在斯德哥尔摩会议后整整 20 年，1992 年联合国环境与发展大会在巴西里约热内卢召开，使环境问题登上了全球议程的最高位置，标志着 80 年代末至 90 年代初世界环境保护运动第二阶段达到高潮。全球 100 多个国家的元首或政府首脑出席本次会议，发达国家与发展中国家尽管仍存在分歧，但就制定和实施可持续发展国家战略达成了广泛共识，并通过和签署了《里约环境与发展宣言》、《21 世纪议程》等一系列重要文件。《里约环境与发展宣言》从地球的整体性和相互依存性的高度提出，人类处于备受关注的可持续发展问题的中心，环境保护是发展进程中密不可分的组成部分，要求各国政府、社会阶层和社会公众广泛合作，建立一种新的、公平的全球伙伴关系，并提出今后在环境与可持续发展领域开展国际合作的指导原则。这次会议一方面提高了对环境问题认识的深度和广度，而且把环境问题与经济、社会发展结合起来，确立了环境与发展相互协调的观点，找到了在发展中解决环境问题的正确道路，即“可持续发展道路”。

二、当代国际环境问题发展的新趋势

从布朗首次描绘人类可持续社会的美好图景至今的 20 年间，世界风云变幻，科技发展日新月异。进入 20 世纪 90 年代以来，环境问题出现新的特点，环境问题已的的确确成为影响人类社会发展和世界面貌的一个活跃因素，概括起来表现在三个方面。

（一）环境影响日益国际化、全球化

环境问题往往具有双重性特征：一方面它与一定的地域地理环境和生态系统

相联系，表现出地域性、地方性的特征；而另一方面又通过生态系统和地理联系的传递作用，具有跨区域性，甚至全球整体性、共同性的特征。不同性质的环境问题其双重特性的表现有所不同。根据其影响大小、范围以及治理的难易程度，环境问题可分为局部性、区域性和全球性三个层次。局部性环境问题通常限于一个地区或国家的内部，地域性、地方性特征很强，而传递性较弱。因此一般影响范围较小，影响程度较轻，比较容易控制或治理，如“三废”污染问题。而全球性环境问题则相反，地方性特征较弱，而传递性很强，其影响危及到整个地球生态系统的稳定和安全，关系着整个地球和全人类的共同利益。而且全球环境问题的影响一旦产生，人类控制或逆转就需要较长的时间，代价也十分高昂。如全球气候变化问题和臭氧层破坏问题等。区域性环境问题的特点则介于二者之间，常常涉及污染物跨国界转移，如酸雨问题。

进入 20 世纪 80 年代，全球环境状况总体上呈现不断恶化的趋势。环境问题已不限于局部或某一地域的界限，也不限于西方工业化国家。其规模之大、涉及范围之广、影响之深远都必须用“全球性”来概括。毫不夸张地说，环境污染已遍及世界各个角落。近年来环境问题影响国际化、全球化的趋势越来越明显，主要表现在：污染物跨国远距离传输（如 80 年代初美国、加拿大边境的酸雨问题），对他国环境资产的非法侵害（如以正常贸易为掩护的有害和有毒废弃物的非法转移），对全球公共环境资产的破坏（如全球气候变化、臭氧层破坏、海洋污染、生物多样性等）以及相邻国家间对资源拥有权与使用权的争夺（如中东地区的水资源之争以及美—墨、俄—日之间的渔业资源问题）等。

除此之外，经济全球化的加速发展使全球经济活动的联系日益紧密。在国际资本流动和对外直接投资中，以跨国公司为载体，发达国家将一些环境污染相对严重的产业，逐渐转向环保标准较低、环境法制尚不完善的发展中国家，形成环境污染在国家之间的合法转移，也是环境影响国际化、全球化趋势的一种重要的表现形式。总之，一个国家的环境状况和环境安全除决定于自身行为之外，已经越来越多地受到周围国家以致整个外部世界行为的影响。或利害共担，精诚合作，或利害冲突，危机四伏。

（二）环境问题日益经济化、政治化

环境问题总是与一定的经济活动相联系的，在市场经济条件下，环境问题表现为经济活动的外部成本。控制或治理环境问题就意味着付出相当于外部成本的经济代价。因此，环境问题具有明确的经济含义。而政治无论以怎样的面目出现，其最终目标也是维护经济利益，政治是为经济服务的最高形式。在环境影响日益国际化、全球化的背景下，环境问题日益经济化、政治化的趋势使得环境成为当

代国际经济、政治关系中一个相当活跃的因素。其主要表现有：

1. 国际环保技术开发空前活跃，世界环保产业迅猛发展

随着社会经济发展和人们生活水平的提高，人们未来的环境需求也将日益提高，只有掌握先进环保技术，提供满足人们环境需求的商品或服务，才能在激烈的市场竞争中立于不败之地。为了抢占未来环保市场，各国纷纷投资开发环保新技术、新产品，促进本国环保产业的发展，成为全球可持续发展事业的积极推动力量。

2. 规范国际经济贸易活动的环境规则不断增多

为了保护本国环境及居民的健康免受其他国家产品的危害，或是在国际贸易中排挤污染型生产技术的应用，国际贸易中制定了为与产品环境标准有关和与产品环境成本有关的两类环境规则，并出现了绿色标志制度，以及 ISO 14000 环境管理标准系列。环境规则一方面激励各国提高产品品质，减少生产过程的环境影响，而另一方面，由于发达国家与发展中国家国内环境标准的差距，环境规则可能成为以环境为借口，在国际贸易竞争中保护本国生产者，谋求经济利益的一种新型贸易壁垒，称为环境壁垒。

3. 与环境挂钩的资金援助或经济制裁

尽管发达国家对发展中国家的资金援助和技术转移义务的履行还远不够充分，但联合国机构、国际金融组织及有关发达国家，已经越来越多地将投资重点及官方发展援助（ODA）与发展中国家的环境保护和可持续发展相联系。国际资本流动中还出现了债务与自然交换的新尝试，即以债权国对债务国债务的减免换取与债务国在保护自然环境方面的协议；另外，在国际环境公约或协定中，如《关于臭氧层耗损的蒙特利尔议定书》，已经出现了针对违反公约成员国具有经济制裁性质的贸易条款。经济手段已经从正、反两方面日益频繁地被应用于国际环境关系之中。

4. 以环境问题为由对他国施加政治影响

环境问题不仅可以成为某些国家谋求经济利益的工具，也屡屡作为施加国际政治影响的借口和掩护。例如，某些西方发达国家为了遏制中国的快速发展，一再散布中国威胁论，起初是经济威胁论、政治威胁论、军事威胁论，而后提出“21世纪谁来养活中国？”的粮食威胁论和环境威胁论。相比前者，以环境问题为借口更能蒙蔽视听，但其施加政治影响的用意是完全一致的。

5. 环境问题成为国际安全领域的新课题

在环境影响日益国际化、全球化，环境问题日趋经济化、政治化的背景下，环境问题已经构成国际安全的新威胁，如可能引发国际争端甚至军事冲突，产生生态难民潮，以及近年来出现的“生态恐怖主义”等。以“水安全”问题为例：中东地区水资源严重短缺，水成为国家重要的战略资源。对水资源的保护、利用和争夺与原有的政治、种族、宗教方面的尖锐冲突相互作用，使本来动荡不安的中东地区发生“为水而战”的可能性大大增加。正如以色列前总理佩雷斯曾说，如果公路通向文明，那么水就通向和平。

由此可见，环境问题与国家经济、政治利益密切相关。为了适应环境问题日益经济化、政治化的趋势，近年来，国际环境外交日趋活跃，环境外交受到各国政府的重视。例如，1996 年，美国国务卿宣布将环境列为外交六个重要领域之一，其用意有领导全球可持续发展进程的成分，但恐怕更多的还在于利用环境问题寻求国家利益的最大化。

（三）国际间环境关系日益制度化

可持续发展需要加强全球性国际合作，协调并处理好国家间环境—经济—政治的复杂关系，避免因环境问题引发国际经济和政治冲突。这就需要建立相应的制度构架。随着近半个世纪以来人们对环境问题认识的不断深化，协调国际环境关系的制度构架也在不断完善之中。根据其性质和对环境关系的约束力不同，可以划分为以下几个层次：

1. 国际环境法规奠定了国际环境关系的法律基础

制定各国共同认可的，具有法律约束力的规则是协调国际环境关系最重要的手段之一，其强制约束力也最强。据统计，迄今为止已达成的全球性宣言、议程、条约、协议或规则等法律文件达 300 多件，地区性国家集团以及国家之间的环境文件更难以计数。国际环境法规可以起到事前规范和指导各国环境行为，事后调解和仲裁国际纠纷的作用。通常，国际环境法规是有关国家经过艰苦谈判而在发展与保护、公平与效率、权利与义务，现实性与可能性等诸多矛盾中相互妥协的产物。

2. 国际会议充当了国际环境关系的论坛

近年来，大量以可持续发展为主题或与之相关的国际会议频繁召开，为各国政府、国际组织以及各界专家、学者提供了探讨问题、发表见解的论坛。尽管它并不具有法规的强制约束力，但论坛具有对话、辩论、宣传、教育等方面的广泛影响力，其在推动全球可持续发展中的重要作用也不可忽视。

3. 国际组织建设强化了国际环境关系的组织结构

近年来，有关环境保护及可持续发展的国际组织大量涌现，不仅包括联合国的专门机构、各国政府环保机构等官方组织，也包括大量非政府组织或学术研究机构。这些国际组织通过组织各类环保活动、实施行动计划、培训会员、定期召开会议、发行出版物等方式，在协调全球可持续发展行动，促进国际合作研究、信息传播与交流以及大众参与等方面具有重要意义。

4. 多边和双边的国际援助为制度构架提供了融资渠道和经费来源

实施可持续发展战略所需资金来源是国际环境关系的中心问题之一，开辟融资渠道，建立资金机制是制度构架中不可缺少的部分。目前，联合国开发计划署（UNDP）、世界银行等国际援助和金融机构已将环境保护及可持续发展列为优先领域，发达国家对发展中国家的援助也多与此相关，由此建立了各种形式的多边或双边的环境保护基金。

人类是环境的主人，人类在同自然界的斗争中总是不断总结经验，有所发现，有所前进。环境问题是随着人类社会发展而发展，同时也是随着社会进步和科学技术发展而必然要被认识和解决的。

[案例 4-4]　内蒙古的环境问题和生态现状

内蒙古地处中国北疆，东西狭长 2 400 km，地域辽阔，自然条件复杂，生态环境较为脆弱。随着社会城市化，发展多样化，人类活动对生态环境的影响日益增大，产生的环境及生态问题日趋突出。虽然通过多年来的治理，局部地区也确有所改善，但总体仍在恶化。问题主要表现在荒漠化面积不断扩大，气候干旱化趋势日趋东扩，水土流失日益严重，土地生产力在衰减，水资源总量也在减少等。随着人口的增长和经济的发展，内蒙古的耕地、草场和森林质量退化，其生态功能逐渐丧失，严重制约着农牧业的可持续发展。工业又主要以能源、原材料生产加工为主，加上经济、技术力量薄弱等限制，环境欠账过多，环境污染和生态破坏现象十分严重。

一、环境污染是全区面临的重大问题

1. 大气污染

内蒙古工业生产和居民生活所需的燃料绝大部分是煤炭，所以自治区境内大气污染主要是煤烟型污染。由于内蒙古气候寒冷干燥，取暖季节长、耗煤多，而内蒙古又是产煤区，同时又是耗煤大户，所以煤烟型污染在内蒙古区域尤其严重。煤烟型污染的主要污染物有二氧化硫、粉尘和烟尘。以 1997 年为例：二氧化硫排放量达到 54 万 t 以上，比 1996 年增加了 0.15%，粉尘排放 23.8 万 t，比 1996 年增加 22.13%，烟尘排放量 39.9 万 t，比 1996 年降低了 0.12%，总的来看呈逐年上升趋势。

内蒙古大气污染物浓度超过国家环境质量二级标准的城市有呼和浩特、包头、赤峰、乌海、集宁、东胜、临河等。如呼和浩特市 1995 年大气中总悬浮微粒日均值超过国家二级标准 2.05 倍，二氧化硫日均值超过国家标准 1.55 倍，取暖季节，标准状态下大气里总悬浮微粒日均最大值为 5.89 mg/m^3，二氧化硫日均最大值为 1.33 mg/m^3，远远超过二级标准的限值。在 75.15 km^2 区域内，每年耗煤量达到 285 万 t，耗煤密度 4 万 t/km^2，超出我国北方大城市居民平均 1 t 的 3 倍，使得整个“青城”处在烟雾笼罩之中，严重影响居民的身心健康。包头地区的大气污染问题也很突出，主要是由于包钢、包铝、包一化等工业生产中排放出大量氟化氢所致。经过治理虽初见成效，城区氟化物浓度 1995 年首次低于包头地区氟化物大气质量标准（蒙 H1—85）规定 5 mg/dm^2 的限值，但部分农牧区仍未达标，如包头市沟口大气含氟浓度 1989 年比 1986 年增加 50%，人畜氟中毒症发生率又有所回升。随着包钢、包铝等大型企业生产规模的扩大，如何控制氟化物排放问题是非常重要的。再如赤峰红山区，2002 年大气二氧化硫均值 0.108 mg/m^3，悬浮颗粒物 0.304 mg/m^3，取暖期二氧化硫为 0.173 mg/m^3，悬浮颗粒物 0.418 mg/m^3，年超标天数 112 天。

内蒙古虽然属于多风地区，但由于多数城市坐落在盆地或山前避风处，污染物在大气中难以扩散，加之今后将进行大规模的煤炭、冶金、电力、化工等生产建设，这就意味着年耗煤量将继续上升。因此，必须要加大城市大气污染的监管和治理力度。

2．水体污染

内蒙古区域内水体污染主要是工业废水、生活污水、化学物质及垃圾污染。其中对水体危害最大的是有毒化学废水中的重金属。流经内蒙古的六大水系中，额尔古纳河支流、嫩江支流和滦河水况尚好，黄河干支流、西辽河干支流和永定河支流，绝大多数监测段面属重污染水体，平均污染物超过地表水三类标准。流经城市的河流污染严重，超过地表水五类标准的有昆都仑河、四道沙河、西河、东河、大黑河、小黑河；超过地表水三类标准的有英金河、老哈河、黑河、饮马河、雅鲁河、三台基水库等。而黄旗海、乌梁素海等一些湖泊已成富营养化状态。如黄旗海因污染严重，湖水矿化度达 10 g/L，pH 值达 9.3～9.5，总含盐量 13.7%，使鱼类全部死亡，成为死湖。

黄河内蒙古段的水质，乌海、巴盟段达到地面水二级标准，到包头段水质为三级标准，主要受挥发酚、汞、铅、镉的污染，油类超标 5 倍，其原因是包头几家大型企业所排废水造成。呼市段地面水也为三级标准，六价铬、铅、汞、镉均有检出，其原因也是呼市排放工业废水造成的。西辽河水系的老哈河、西拉沐伦的有机物、挥发酚、铅、亚硝胺类都比上年有所加重，超标近两倍。

内蒙古的地下水普遍受到污染，污染物主要是大肠菌群，溶解氧和“三氮”类。地下水污染最严重的是乌兰浩特市，大肠菌群超标几十倍，锰超标 100 倍。其次是乌海市，大肠菌群超标 75.6 倍。近年来乌盟兴起用剧毒物质氰化钠和汞选金，氰化物废渣石未经处理乱堆乱放，汞、氰化物废水造成水源严重污染。

二、生态环境破坏

1．森林锐减，采育失衡

内蒙古森林资源分布不均，主要分布在内蒙古东部四个盟、市（呼伦贝尔、兴安盟、通辽市和赤峰市），占全区林地面积的 96.7%，蓄积量占全区 98.4%，而且又主要集中在大兴安岭山地。多年来，由于缺乏保护森林生态环境的意识和经济利益的驱动，对森林资源开发利用不合理，只重视大量的采伐，育树的措施滞后，致使内蒙古森林面积逐年减少。例如：牙克石林区的 17 个企业局和两个经营局，森林资源年消耗量是年生长量的 153%，照此下去，将来牙克石林区拥有的森林资源将所剩无几，由于采育的严重失衡，已造成森林资源不能持续利用的现状。同时，因森林的锐减，其他生物资源、水源涵养，甚至是农牧业环境都将受到严重影响。

2．土地荒漠化面积仍在扩大

目前，内蒙古荒漠化土地总面积已达到 65.9 km^2，占全国荒漠化总面积的 25.1%，尚需治理的荒漠化土地约占内蒙古总土地面积的 60%，主要分布在黄河中上游及黄土高原区、三北风沙区和广袤的草原区，内蒙古有 50 个贫困县和 195 万贫困人口分布在这里，阿拉善沙漠、浑善达克沙地、科尔沁沙地和呼伦贝尔沙地的荒漠化面积已由西向东、由北向南蔓延。哲里木盟、乌兰察布盟、兴安盟、赤峰地区的沙化问题也很严重，在农牧业交错地带，是一条半干旱区向干旱区过渡地带，对这里的生态环境脆弱，环境变迁频繁，资源开发、环境利用不合理，地理学家称之为“危及地带”。现在，阿拉善沙漠以每年 20 m 的速度向东南推移，由于黑河水断流，绿洲消失，植被遭到严重破坏，已成为沙尘暴的重要源地。

由于内蒙古大部分地区地处干旱和半干旱区，土层薄、肥力低、降水量少，但水土流失十分严重。全区水土流失面积 18.6 万 km^2，流失区坡耕地面积达 158.4 万 hm^2，占总耕地面积的 1/3。内蒙古每年土壤流失量达 3 亿 t，如鄂尔多斯市，每年向黄河输入泥沙 1.8 亿 t 以上。特别是近几年来随着矿产资源开发，经济建设和道路建设迅速发展，全区水土流失、荒漠化现象更日益加剧。如果我们不加大治理和管理力度，今天的草原，明天就可能变为沙地。往日美丽富饶的阿拉善草原，今日却成为荒漠戈壁滩，不就是教训吗？

3．草原超载放牧和滥垦，“三化”现象加剧

目前，内蒙古的草原退化、荒漠化和沙化的现状是非常严重的。全区草原退化面积已达 2 503.7 万 hm^2，占草地可利用面积的 39.3%，其中重度退化 17.4%，中度退化 35.3%。30

年中平均每年退化速度为 5.56 万 hm^2，远远超过草原建设速度。其中通辽市、鄂尔多斯市、赤峰市、乌兰察布市、巴彦淖尔市草原退化面积较大，分别占本地区可利用草地面积的 65%、64%、63%、51%、40%。连水草丰美的呼伦贝尔市、兴安盟和锡林郭勒盟，草原退化面积分别为 20%、29%和 40%。可谓草原退化的面积之大，分布之广，到了危险状态，已给人们亮出了“黄牌”警告。

分析其退化的原因，可分为自然原因和人为原因两种。首先从内蒙古草原处于半干旱及干旱气候区，年降水量约为 200～350 mm，由于干旱程度的年际差异很大，所以草原生产力很不稳定，近 20 多年又有进一步干旱的趋势，这是草原退化的自然原因。使草原退化的最本质、最直接的是人为原因，既长期过度放牧、盲目开垦及鼠、虫害所致。以现在内蒙古产草量计算，可利用 0.63 亿 hm^2 天然草原，饲养 4 429.77 万只羊，加上秸秆和其他饲料饲养量 1 045.28 万只羊，合计可饲养 5 475.05 万只羊。可现在实际饲养量已达到 5 576.65 万只羊，全区超载 101.6 万只羊，超载 20%。此外，草原鼠害、虫害对其危害也很严重，当每公顷鼠类达到 100 只的密度时，在其活动范围内可使产草量减少 50%。再如虫害，1974 年 6 月达茂旗、杭旗等地发生的草原蝗虫达 200 个/m^2 时，所经之处牧草全部被吃光。另外，由于近几十年来，随着人口的增加，大规模的垦草种粮，使草原面积逐年缩小，草地植被受到严重破坏。原来的呼伦贝尔大草原是世界上最好的草场，在 1988—1995 年期间，毁草种粮达 26.67 万 hm^2，使海拉尔沙化面积达 70%。30 年前的乌兰察布市水草丰美，由于毁草种粮，植被遭到破坏 ，生态环境失去平衡，造成沙化，每年 8 级以上的大风约 100 场，成为内蒙古最贫困的地区之一。

可见，由于人类长期超载放牧、滥垦，必然引起草原退化、植被稀疏、土地裸露、风蚀严重，使土地肥力迅速下降，也必然导致更大面积的沙化与土壤贫瘠化。我们有美丽的内蒙古大草原，若不重视其保护，若干年后我们的子孙可能称它为“大沙源”。

三、矿产资源无序开采

1．煤炭资源的开采、使用增加了环境压力

内蒙古是全国煤炭大区，主要煤田有伊敏、霍林河、元宝山、准格尔、东胜等，年开采量达 1 900 万 t。丰富的煤炭在为国家提供大量能源和拉动全区经济发展的同时，也产生了大量的环境问题。① 煤炭资源开采过程中会产生大量的废弃物，侵占大片农田，导致植被、生态环境恶化，从而引起周围水土流失、沙漠化。② 煤炭资源在使用过程中，产生大量的煤烟、粉尘、粉煤灰等有害物质，造成大气、水体和生态环境的污染和破坏。③ 土法炼焦过程中产生的烟尘和炼焦油对周围环境的污染和对生态环境破坏相当严重。

2．小型金属矿的开采和提炼，不仅破坏了开采地表的植被，造成生态恶化

更加严重的是土法选冶黄金会排放大量含氰化物和汞的废水，使周围的土地和水资源受到严重污染，在巴彦淖尔市、乌海、赤峰等地，从事土法选冶黄金的场点仍有近千处。

据预测，到 2010 年内蒙古自治区人口将达到 2 750 万，国民生产总值比 2000 年翻一番。经济的快速增长，人口的持续增加，将给本来已遭污染和破坏的环境增加更大的压力。经济要发展，环境与生态更要保护，这将是内蒙古今后生存和发展的重大战略问题。

思考与练习

1．环境问题的由来可分为哪几个阶段？每个阶段的主要环境问题是什么？

2．什么是全球环境问题？主要包括哪些内容？

3．试举出你所在地区或家乡最主要的环境问题是什么，采取的治理措施有哪些？

4．关于北方沙尘暴问题，学生中有两种观点：①“先顾肚皮，再顾脸皮。先要温饱，再要环保，要发展经济必要破坏环境。”②“沙尘暴的发生只怪老天，只怨风太大，没有大风不可能有沙尘暴。”请对上述观点加以评析。

5．材料分析题：

① 为了响应党中央发展经济的号召，某县甲乡积极动员组织群众上山砍伐树木，开荒种地，大办小造纸厂，开小煤窑，搞得“热火朝天”。② 山东济南市的生活垃圾日清理量达 1 000 t 以上，全部集中到北郊面积约 35 hm^2 的无害化处理厂。由于没有找到经济有效的处理办法，大量的垃圾露天堆放，严重污染环境。山东亿安生物工程公司发明的生态宝菌液，经喷洒后半个月，垃圾场的生活区基本闻不到臭味，苍蝇明显减少，过了一段时间，垃圾渗水由黑臭变清，水内出现了绿藻和小鱼，周围生长茂密的芦苇。③ 2000 年 12 月 5 日，在由联合国认可的国际“花园城市”评选中，深圳一举夺得百万人口以上城市第一名的桂冠。20 年来，深圳人着眼于长远发展，以生态环境保护为前提，科学制定城市规划，建设服从规划，规划服从环保。深圳由一个小渔村变成现代化的“花园城市”，现已有多家境外大型跨国公司落户深圳。

根据上述材料，运用所学知识回答问题：

（1）材料①②③分别说明了什么？

（2）请你谈谈对“环境问题的实质是发展问题”的认识。

参考文献

[1] 马林. 内蒙古可持续发展论. 呼和浩特：内蒙古大学出版社，1999.

[2] 林培英，等. 环境问题案例教程. 北京：中国环境科学出版社，2002.

[3] 魏智勇. 生态文明新理念. 长沙：湖南教育出版社，2006.

[4] 郭子义，韦薇. 环境化学概论. 北京：北京师范大学出版社，2001.

[5] 李丽. 可持续生存. 北京： 中国环境科学出版社，2003.

[6] 叶文虎. 可持续发展之路. 北京：北京大学出版社，1994.

[7] 刘大椿，等. 环境问题. 北京：中国人民大学出版社，1995.

[8] 王树恩，陈士俊. 人类与环境. 天津：天津大学出版社，2002.

第五章
可持续发展战略与实施

总体教学目标:

本章主要学习和讨论可持续发展思想的形成及发展、可持续发展思想的内涵特征、可持续发展思想的实施及中国可持续发展战略四部分内容。

要求重点掌握以下内容:

1. 可持续发展的概念;
2. 可持续发展思想的内涵特征;
3. 可持续发展思想的实施途径;
4. 中国可持续发展战略的实施进展及趋势。

第一节　可持续发展思想的形成及发展

一、可持续发展思想的形成

众所周知，近一个世纪以来，由于人口迅速增长和人类对地球影响规模的空前扩大，在人口、资源、环境与经济和社会发展的关系上，出现了一系列尖锐的矛盾，不仅对当代人类的健康、经济和社会的发展构成了严重的威胁，而且对人类子孙后代的生存需求也构成了极大的危害。为此，1972 年联合国召开的第一次人类环境保护大会，敲响了环境问题的警钟，推动了世界范围内环境保护工作的开展。

多年来，各国政府面对日益严重的环境问题，采取了科技、经济、法律和行政等全方位的预防、治理措施，公众也对保护生态环境进行不懈的努力，然而事与愿违，不但没有根本奏效，反而不断恶化。空气污染、水污染等第一代环境问题不仅没有得到实质性的改善，全球气候变化、臭氧层破坏、酸雨蔓延、生物多样性减少等第二代环境问题也相继出现，并成为影响人类生存的现实问题，其发展速度超出人们的想象，具有全球规模的特点，并与其他世界范围内的疑难性问题交织在一起，其后果的严重性，目前尚难进行准确的预测，但凶多吉少是大多数科学家共同的看法。

面对全球日益加剧的环境生态危机，人类并没有退缩，而是开始了自己的反思和警醒，并最终意识到要解决目前生态危机的关键，乃是必须达成一种全球性的共识，人类必须在自身的生存观念和发展观念中进行一场深刻的变革，把自身赖以生存和发展的资源、环境、人口、资本和技术等诸方面要素整合到一个新的目标框架之中，以寻求和建立一种以保护人类的地球家园和实现自身持续生存和发展的新的战略和行动，而"可持续发展"的思想和战略作为当代人类克服生态危机、重建人类自然家园的唯一选择也就在这种背景下得以提出。

为此，从20世纪80年代初开始到1983年12月，为了解决当代人类面临的3大难题，即南北问题、裁军与安全问题、环境与发展问题，联合国成立了以当时的联邦德国总理勃兰特、瑞典首相帕尔梅和挪威首相布伦特兰夫人分别为首的3个高级专家委员会：国际发展问题独立委员会、裁军与安全问题独立委员会和世界环境与发展问题独立委员会。1987年后，3个委员会先后提交了《我们共同的安全》、《我们共同的危机》和《我们共同的未来》3个纲领性报告。3个报告以丰富的资料论述了当代人类所面临的重大问题，提出了处理这些问题的具体和现实的行动建议。在这3个报告中，第一次不约而同地提出：为了克服危机、保障安全和走向未来，从现在起，人类必须实施可持续发展的战略。由此拉开了当代人类从全球范围具体推行可持续发展战略的行动和实践的序幕。尤其是在《我们共同的未来》这一报告中，更是明确、庄严地指出：不论是发达国家还是发展中国家，可持续发展均是在21世纪正确协调人口、资源、环境与经济和社会之间相互关系的共同发展战略，是全人类求得生存与发展的唯一途径。

可持续发展的文字定义是指："既满足当代人需求又不危及后代人满足其需求能力的发展。"笼统地说就是满足当代人的需求，又不损害后代人利益的发展。

二、可持续发展思想的发展

可持续发展的概念以及思想一经提出，在很短的时间里，就被不同社会制度、不同发展水平、不同自然环境背景、不同宗教信仰的国家和地区所接受，为科学、政治、经济、军事、教育等各界所承认，并频繁地出现于政府文件、政党宣言、科学论文、文学作品、外交辞令、产业规划等之中，其应用频率之高、传播速度之快、普及程度之广，历史上是罕见的。

之所以提出可持续发展的理论并迅速传播，是由于全球范围内的不可持续开发行为已经到了非常严重的地步，造成了一系列的环境问题。由此引发的人口剧增、贫富差距拉大、经济畸形发展、社会道德败坏、新疾病肆虐等问题日益加剧，这些问题所导致的人类社会的震荡也日渐激烈。不可持续的发展模式以经济利益这个几乎唯一的价值尺度作为社会决策的基石，无视人类社会多样性价值体系中生态价值的重要性，无视经济发展永远不可能摆脱与其相互制约的生态背景。而可持续发展强调人口、资源、环境、社会、经济必须协调发展，自然资源的开发和利用必须要考虑地球生物圈的承受能力以及生态系统的再循环功能，必须要兼顾到后代人生存需求和社会、经济的发展。

因此说，可持续发展思想的形成和发展，不是偶然的科学发现，而是对不可持续发展模式的断然否定，是时代需求的呼唤，是指导人类走向新的繁荣、新的文明的重要指南，是对人类发展历程的反思、总结和无奈选择。它的出现有着深刻的背景和必然性。

在人类文明发展的历史进程中，可持续发展的观念和意识其实很早就进入了人类谋取自身生存和发展的基本价值观念体系之中。早在 2 000 多年前，我们的祖先就有了保护正在怀孕或处在产卵期的鸟兽鱼鳖的思想以及定期封山育林的法令，如《孟子·梁惠王上》中有："不违农时，谷不可胜收也；数罟不入夸池，鱼鳖不可胜斧也；斧斤以时入山林，树木不可胜用也。"《逸周书·大聚解》中有："春三月，山林不登斧斤，以成草木之造；夏三月，川泽不入网罟，以成鱼鳖之长。"《吕氏春秋》中有："竭泽而渔，岂不获得？而明年无鱼；焚薮而田，岂不获得？而明年无兽。"著名思想家孔子主张"钓而不纲，弋不射宿"（《论语·述而》）。齐相管仲，从发展经济、富国强兵的目标出发，十分注意保护山林川泽及其生物资源，反对过度砍伐，他说："为人君而不能谨守其山林菹泽草莱，不可以为天下王。"伟大思想家荀子也把自然资源的保护视为安邦之策，特别注重遵从生态学的季节规律（时令），重视自然资源的持续发展和永续利用。这些都在一定程度上体现了可持续发展的思想。

1987 年，联合国世界环境与发展委员会发布的长篇报告《我们共同的未来》首次提出了"可持续发展"的定义后，又在 1992 年 6 月，在巴西里约热内卢举行的联合国环境与发展大会上，来自世界 178 个国家和地区的领导人通过了《21 世纪议程》、《气候变化框架公约》等一系列文件，明确地提出可持续发展的战略，并将之付诸全球的行动。

经过 20 多年的实践和认识，人们对可持续发展的概念和思想有了更进一步的理解，认为可持续发展是一个科学概念，是一个生态的、经济的、政治的综合性概念，又是一种社会发展模式，更是处理人与自然、人与人关系的准则。其内涵之丰富、寓意之深远、影响之强烈，在人类科学史和认识史上是空前的。

[案例 5-1] 可持续发展理念形成的两个里程碑

在可持续发展理念形成过程中，有两个标志性的国际事件：即 1972 年的斯德哥尔摩“联合国人类环境会议”和 1992 年的里约热内卢“联合国环境与发展会议”。

联合国人类环境会议

（United Nations Conference on the Human Environment）

1972 年 6 月 5～16 日，在瑞典首都斯德哥尔摩召开了联合国人类环境会议，这是人类历史上首次将环境问题提上最高的国际政治议程的会议，是讨论人类对于环境的权利与义务、探讨保护全球环境战略的第一次国际会议。共有 113 个国家和一些国际机构的 1 300 多名代表出席了会议。

会议宗旨：促使人们和各国政府关注人类活动对自然环境造成的破坏，及其给人类生存和发展所造成的严重威胁，唤醒人们的环境意识。

会议目标：鼓励和指导各国政府和国际机构采取保护和改善环境的行动；要求各国政府、联合国机构和国际组织在采取具体措施解决各种环境问题方面进行合作，以最终共同消除环境污染造成的损害。

会议成果：

（1）通过了著名的《联合国人类环境会议宣言》（Declaration of United Nations Conference on the Human Environment，简称《人类环境宣言》），指出人类有权享有良好的环境，也有责任为子孙后代保护和改善环境，各国有责任确保不损害其他国家的环境，环境政策应当增进发展中国家的发展潜力。

（2）发表了非正式报告《只有一个地球》，这随后成为了响遍世界的环境保护口号。

（3）形成并公布了包括 109 条建议的扩大的国际环境保护行动计划。

（4）决定在肯尼亚首都内罗毕设立联合国环境规划署。

（5）将生物圈的保护列入国际法，成为国际谈判的基础。

（6）通过了将每年的 6 月 5 日作为“世界环境日”的建议。

会议意义：这次会议是全球环境保护的一个重要里程碑，使环境保护成为全球的一致行动，并得到各国政府的承认和支持。会议之后，许多国家制定了环境法，并设立负责环境政策的行政机构，全世界国家级的环境部（署）由会议前的 10 个上升到 1982 年的 110 个；逐步形成了现代环境主义和可持续发展意识，人们开始将发展看做是追求和社会要素（政治、经济、文化、人）和谐平衡的过程，开始在认识上关注人和自然环境的协调发展。

联合国环境与发展会议

（United Nations Conference on Environment and Development）

1992 年 6 月 3～14 日，在巴西第二大城市里约热内卢召开了联合国环境与发展会议，又称“地球会议”，这是继 1972 年斯德哥尔摩会议之后，环境与发展领域中规模最大、级别最高的一次国际会议，共有 183 个国家和地区的代表团、约 5 000～8 000 名代表以及联合国及其下属机构共 70 个国际组织的代表出席了会议，102 位国家元首亲自与会。

会议宗旨：纪念斯德哥尔摩第一次人类环境大会召开 20 周年，回顾斯德哥尔摩会议以来全球环境保护的历程，重申《人类环境宣言》，并试图在此基础上再推进一步。

会议目标：把环境问题与经济、社会发展结合起采，使人们认识到和平、发展和保护环境是互相依存、不可分割的。在各国、在社会各个关键性阶层和在人民之间开辟新的合作层面，建立一种新的、公平的全球伙伴关系，致力于达成既尊重各方利益，又维护全球环境与发展体系完整的国际协定，为保护人类生存环境和地球资源而共同做出努力。

会议成果：

（1）通过了一系列保护环境和促进发展的协定。包括《里约热内卢环境与发展宣言》（又称《地球宪章》），全球可持续发展战略文件《21 世纪议程》，154 个国家签署了《联合国气候变化框架公约》（UNFCCC），148 个国家签署了《生物多样性公约》（CBD），通过了关于《世界荒漠化公约》（CCD）谈判的协议和《森林可持续管理原则》的声明，非政府环保组织通过了《消费和生活方式公约》等。

（2）决议成立了一个新的可持续发展的专门机构——可持续发展委员会（CSD），以推进可持续发展后续活动并在可持续发展领域协调联合国内相关机构的活动。

（3）就资金机制问题开展了大量讨论，并将 1991 年创立的全球环境基金（GEF）作为推动《21 世纪议程》的资金机制，在气候变化、生物多样性、臭氧层和全球水资源四个领域，为经济转型国家和发展中国家项目提供资金援助。

会议意义：会议提高了对环境问题认识的广度和深度，并把环境问题与经济、社会发展结合起来，树立了环境与发展相互协调的观点，初步确立了可持续发展制度。会议之后，可持续发展思想逐步深入人心，并由理念逐步付诸行动，在全球、区域、国家以及地区等不同层次上制定的可持续发展战略层出不穷，在人类环境保护与可持续发展进程中又迈出了重要的一步。

第二节　可持续发展思想的内涵特征

可持续发展思想新颖、广泛，其理论和实践并不很充分，因而从内涵上加以理解更为重要。可持续发展的定义中表达了两个基本观点：一是人类要发展，尤其是穷人要发展；二是发展有限度，不能危及后代人的发展。“满足当代人的需求”，主要指的是满足当代穷人的需求，因为当代穷人的基本生存需求得不到满足（衣、食、住、行、就业等），且有继续恶化的趋势。如 1971 年，世界上最不发达的国家为24个，到1992年已增加到42个；1998年全球有12亿贫困人口，每天靠1美元维持生活。因此对于贫穷国家的人民来说，首先强调的应当是发展，发展才能解决当代穷人的基本生存需求。因为贫穷仍然是全球性环境问题的一个重要原因和后果。由于贫穷，使许多发展中国家不顾环境代价，而对自然资源超限度开发和利用，造成自然资源的浪费和生态环境的破坏。同时，环境恶化又使这些国家愈加贫穷，形成生存状况与生态环境的恶性循环。另外发展中国家的环境问题就像贫穷等社会问题一样，很大程度上是由于发达国家所造成的，如不平等的贸易、污染的转嫁、公害的输出等。如20世纪70年代后，发达国家将高耗能、高污染排放的工厂（这些工厂的发展在发达国家受到限制），逐渐迁移到发展中国家，因此，全球可持续发展战略的实施，除了发达国家应对发展中国家的经济繁荣和环境保护给予一定的技术和资金支持外，建立公正、合理的经济、贸易和政治新秩序同样重要，其次，满足当代人的需求，也仅仅是需求，绝不是贪婪。而当代发达国家和富人的疯狂消费、奢靡生活以及对社会财富无止境的占有、挥霍，并由此而引起的全社会对不可持续生活方式和物质利益的一味追求、攀比和仿效，同样是造成全球环境问题的一个重要原因和后果。

因此，可持续发展要求全社会在满足当代穷人的基本需求的同时，要限制少数富人的奢侈浪费。没有限制也就不能持续。人类的发展和需求应以地球资源的承受能力为限度。满足人类基本的需求和提高生活质量的需求，是人类享有的权利，但不能凭借人们手中的技术和财富，采取耗竭资源、破坏生态和污染环境的方式来追求这种发展和权利的实现，而应通过人类技术的进步和科学的管理协调发展。限制就是为了给穷人以基本生存权和发展权，为子孙后代留出生存空间，提供一个公平发展的机会。1992年联合国环境与发展大会通过的《里约宣言》中指出："公平地满足今世后代在环境与发展方面的需求，求取发展的权利必须实现。"这里所提到的今世后代，也即当代人与后代人之间的公平及其需要的内涵。限制是必须的，尤其是对富国和富人的限制。人类现在享用的并非是祖先的"遗产"，而是后代人的"借款"。美国加州一生物研究中心和马里兰大学的科研人员在计算了空气、海洋、河流甚至岩石等物质后称：人类每年欠地球的生物账多达16万亿～54万亿美元，按平均值33万亿美元计，人类每年创造的财富不过18万亿美元，"透支"高达15万亿美元。因此，要考虑到给后代人留下生存和发展的必要资本，包括环境资本。

可持续发展强调建立和推行一种新型的生产和消费方式。无论在生产上还是消费上，都应尽可能有效地利用自然资源，以生态型的生产和消费方式去代替过去那种靠高消耗、高投入及大众的高消费来刺激经济增长的传统生产和消费模式。强调对地球资源应当适度开发，同时指出对世界现有资源和财富也要进行公正、合理的分配。而目前，世界资源的占有和财富的分配是极不公平的。在一个贫富悬殊、两极分化的世界，是无法实现人类社会的可持续发展的，必须给世界以公平的分配和公平的发展权，应把消除贫困作为可持续发展进程中优先解决的问题。人类只有一个地球，全人类是一个相互联系、相互依存的整体，要达到全球的可持续发展，需要全人类的共同努力，这就必须要在全球范围内建立起公平、公正、合理的经济、政治新秩序。国与国之间建立起平等的伙伴关系。鉴于历史和现实的情况，各国可持续发展的目标、政策和实施步骤可以不完全相同，但对于保护环境、珍惜资源，发达国家应负更大的责任。

可持续发展强调经济发展和环境保护是相互联系和不可分割的。发展离不开环境与资源，要使环境与资源基础长期保持稳定，使经济发展具备可持续性，只有把环境与发展结合起来。环境保护需要经济发展所能提供的资金和技术，环境保护的好坏，也是衡量发展质量指标之一；经济发展也离不开环境与资源的支持，发展的可持续性取决于环境与资源的可持续性。特别是在经济高速增长的情况下，必须强化环境与资源的保护。做到对不可再生资源合理开发，节约使用；对可再生资源不断增殖，永续利用。

可持续发展是一种新的价值观。传统的价值观将人与自然对立起来，片面强调人类征服自然、改造自然的主观能动性，而可持续发展思想追求和尊重人与自然的和谐，提倡人类对自然的索取程度应建立在保持自然生态系统循环自如的基础上，寻求人类与自然的协调发展。而新的价值观的建立，必须要有公众的广泛参与、社会的积极倡导、政府的大力支持。

可持续发展思想具有浓厚的道德色彩，要求全社会真正树立环境道德观，认识到自己对社会和子孙后代的崇高责任，能够自觉地为社会长远利益而牺牲一些当前利益和局部利益，这是检验人类是否掌握了可持续发展思想的真谛和现代环境道德观的试金石。

总而言之，可持续发展的目标是人与自然的和谐，而人与自然和谐的前提是人与人关系的和谐和协调。协调是横向的，各部门、各地区、各利益集团、各国之间利益分配的协调，它需要人类自身、各利益集团的相互退让、折中，需要对满足和节制给予正确认识，需要采取公平、谦让的态度。持续是纵向的，只有协调才能持续。可持续发展的关键不在于自然过程，而在于人类自觉的过程，人类自觉的过程的关键不在于人类的能力，而在于人类的观念对利益分配的认识。可持续发展是以人类的全面发展和社会全面进步为目标的持续过程。

[案例 5-2] 华莱士与蚁熊

华莱士是美国哥伦比亚大学生物学德籍客座教授，他考察亚马孙河热带雨林动植物的种类、习性及生态平衡，著作颇丰。他专门追踪一种叫蚁熊的动物。蚁熊顾名思义就是吃蚂蚁的熊，它是世界上最大的食蚁兽，平均每天要吃 1.8 万只蚂蚁。

让华莱士大为惊奇的是，蚁熊有一种特殊习性：它吃蚂蚁时绝对不会赶尽杀绝，每挖开一个有成千上万只蚂蚁的窝，它只把一小部分蚂蚁吃掉，最贪婪时吃 500 只，其他的全部放生，径自寻找下一个蚂蚁窝。蚂蚁虽小，有时竟集合起来把鲜活的大蚯蚓拖入蚁穴吃掉。蚁熊见到此情景从不惊扰蚂蚁，让它们饱餐美味佳肴。华莱士对此十分感兴趣研究其中的道理：蚁熊为何大讲“蚁道主义”？因为它很清楚，要使自己的种群在地球上生存，就必须让蚂蚁家族子子孙孙生存繁衍下去。它的仁慈宽厚实际上来自自身生存和发展的需要。这是生物链的自然平衡现象。

华莱士从蚁熊那里得到启示：人类要有节制地利用地球上的有限资源，尤其是日趋减少的能源。赶尽杀绝、吃光、采光、用光，最后斩杀的是人类自身。华莱士向美国政府提出建议：立即停止开采仅有 20 年储量的本土石油，给子孙后代留做遗产。大力开发水力、风力、潮汐、太阳能、海洋温差发电等不花钱的自然资源。美国政府接受了他的合理建议，美国本土的油井于 2000 年 1 月 1 日全部封井停钻。

华莱士教授严肃地说：“蚁熊是我们人类的老师!我们要珍惜地球上每一‘滴’资源，不要把它变成人类最后的一滴眼泪。”

资料来源：《羊城晚报》2004 年 11 月 2 日.

第三节　可持续发展战略的实施

制定和实施可持续发展战略是实现可持续发展的重要手段，是一项综合的系统工程。从目前国际社会所做的努力来看，可持续发展战略的实施途径主要包括以下 4 个方面：① 制定测度可持续发展的指标体系。研究如何将资源和环境纳入国民经济核算体系，以使人们能够更加直接地从可持续发展的角度及包括经济在内的各种活动进行评价。② 制定条约或宣言，使保护环境和资源的有关措施成为国际社会的共同行为准则，并形成明确的行动计划和纲领。③ 建立和健全环境管理系统，促进企业的生产活动和人民的消费生活向减轻环境负荷的方向转变。④ 各有关国际组织和开发援助机构都把环境保护和支持可持续发展的能力建设作为提供开发援助的重点领域。

要建立一系列能够反映可持续发展的指标，用以衡量和指导可持续发展的实践。一般意义上的所谓指标，无非是用以表明某种事物是否存在、事物的性质、数量和程度的定量化信息，指标一般需要定量化和简明，以便人们了解和掌握。可持续发展牵涉人口、资源、环境和经济等各方面，情况较为复杂，难以用个别指标来表示和衡量，因此需要有一个指标体系。

1992 年里约热内卢环境与发展大会以后，联合国成立了可持续发展委员会，以审议各国执行《21 世纪议程》的情况，并对联合国有关环境与发展的项目和计划在高层次上进行协调。该委员会制定了一套可持续发展的指标体系，它由驱动力指标、状态指标和响应指标构成。

驱动力指标主要包括就业率、人口净增长率、成人识字率、可安全饮水人口占总人口的比率、运输燃料的人均消费量、人均国内生产总值（GDP）增长率、GDP 用于投资的份额，以及矿藏储量的消耗、人均能源消费量、人均水消费量、排入海域的氮磷量、土地利用变化、农药和化肥使用量、人均可耕地面积、温室气体等大气污染物的排放量等。

状态指标主要包括贫困度、人口密度、人均居住面积、已探明矿产资源储量、原材料使用强度、水中 BOD 和 COD 浓度、土地条件的变化、植被指数，受荒漠化、盐渍化和洪涝灾害影响的土地面积、森林面积，濒危物种占本国全部物种的比率，二氧化硫等大气污染物的浓度，人均垃圾处理量，每百万人口拥有的科学家和工程师人数，每百户居民拥有的电话数量等。

响应指标主要包括人口出生率、教育投资占 GDP 的比率、再生能源消费量占非再生能源消费量的比率、环保投资占 GDP 的比率、污染处理范围、垃圾处理的支出、科研费占 GDP 的比率等。

这个指标体系虽然具有一定的权威性，可供借鉴，但是各国情况千差万别，而且可持续发展的实践仍处在起步阶段，人们对它的认识也仍在不断加深，有些指标仍有待不断修改和补充，以臻完善。

从以 GNP 作为主要指标衡量经济发展的传统观念，到经济—社会—环境相协调的可持续发展，在理论上经历了一个质的飞跃，在理念上也带来了新的变化，不少国际组织和专家提出了一些衡量发展的新概念和新标准，兹摘要分述如下。

一、衡量国家（地区）财富的标准

这是 1995 年世界银行颁布的标准。根据该标准，一个国家（地区）的财富由三种资本组成，即人造资本、自然资本和人力资本。

人造资本就是通常经济统计和核算中的资本，包括基础设施、建筑物、机械设备、运输设备等人工创造的固定资产。

自然资本是指大自然为人类提供的自然财富，包括土地、森林、空气、水和矿产等。这些自然资本是可持续发展的物质基础，而且很多人造资本也是依靠大量消耗自然资本换取的，在计算中应从中扣除自然资本的价值。如果考虑和计算了自然资本的消耗，则有些人造资本的生产未必是经济的，而且有许多项目是为了取得眼前利益而损害了长期利益。

人力资本是指人的生产能力，包括人的体力、身体状况、受教育程度和工作能力等方面。人力资本不仅与其先天素质有关，而且与教育水平、健康水平和营养水平有直接关系，因此人力资本可以通过人造资本的投入而获得增长。

综合考虑以上三种资本，可以得出下列计算财富的公式：

国家（地区）财富=GNP–国民消费–人造资本折旧–自然资本折旧

这个公式中没有对人力资本进行折旧，因为它可以包含在国民消费中，这个公式中的创新概念是自然资本的折旧。一个国家或地区在法律上有权使用和消耗其自然资源，但必须在其生态系统保持平衡的条件下，所消耗的自然资本能够高效地转化为人造资本和人力资本，保证人造资本和人力资本的增长能补偿自然资本的消耗。否则，自然资本的消耗就不仅是一种纯浪费型的消耗，而且对“地球村”的生态造成不良影响。

这种对财富的新概念还包含了绿色国民经济核算的新含义，特别是资源和环境核算的一些研究成果。它通过对宏观经济指标的修正，企图从经济学角度阐明环境与发展的关系，并通过货币化度量一个国家或地区总资本存量（或人均资本存量）的变化，以判断一个国家或地区的发展是否具有可持续性，因而能够较真实地反映一个国家或地区的财富。

按照上述标准计算，在20世纪90年代中期中国在世界192个国家和地区中排名第161位，人均财富为6 600美元，其中自然资本占8%，人造资本占15%，人力资本占77%。从这些百分比的构成可以看出，中国自然资源相当贫乏。从人均财富的绝对量看，中国拥有的这三种资本也不多，尤其缺乏高素质人才，人力资本只有发达国家的1/50。因此，如果我们仍旧一味地追求以自然资源高消耗、环境高污染为代价换取经济高增长的模式，则中国的人均财富不仅难以大幅度增长，而且有可能日趋下降。

二、人文发展指数（HDI）

这项指标是联合国开发计划署（UNDP）于1990年5月在《人类发展报告》中公布的，用以衡量一个国家的进步程度。人文发展指数由收入、寿命和教育三个指标构成。收入是指人均GDP的多少，可以用人均GDP的实际购买力来估算；寿命根据人口的预期平均寿命来测算，它反映了居民的营养水平和当地环境质量状况；教育是指公众受教育的程度，间接反映了可持续发展的潜力，用成人识字率（2/3 权数）和大中小学综合入学率（1/3 权数）来计算。

人文发展指数 HDI 的提出，反映了一个国家或地区的发展应从传统的以物为中心向以人为中心的转变，强调了合理的生活水平而不是对物质的无限占有，向传统的消费观念提出了挑战。HDI 将收入与发展指标相结合，强调了健康和教育的重要性，倡导各国对人力资源更多的投资，更关注人们的生活质量和环境保护，体现了可持续发展的原则。这项指标的提出，对一个国家或地区的发展，尤其是对发展中国家或地区的发展，有一定的导向作用。

在该报告中，中国的 HDI 在世界 173 个国家中排名第 94 位，虽然比人均 GDP（第 143 位）提高了 49 位，但仍低于朝鲜和蒙古，主要差距在于环境质量和教育水平，特别是学龄儿童入学率。由此可见，我们应该加大环境保护和教育两方面的投入。

人文发展指数进一步确认了这样的概念：经济增长并不等于真正意义上的发展，人类追求的应该是真正的发展——人与环境的协同发展。

三、绿色国民账户

从可持续发展的角度看，传统的国民经济核算体系在人文和自然方面均存在一些问题。在人文方面，国民账户未能准确反映社会福利状况；在自然方面，它既未考虑资源变化的状况，未能将自然资源的成本计入国民账户中，也未计入环境的损失。为了解决这些问题，世界银行和联合国统计局（UNSO）合作，试图将环境损失纳入国民账户体系框架中，建立经过环境调整的国内生产净值（EDP）和经过环境调整的净国内收入（EDI）统计体系。在尽可能保持现有国民账户体系概念和原则的情况下，将环境数据结合到现行的国民账户信息体系中。环境成本、环境收益、自然资产和环境保护支出，均用同国民账户体系相一致的形式，作为附属账户内容列出。

在传统上，国内生产净值可用下式表达：

NDP=最终消费品+净资本形成+（出口–进口）

该公式显然忽略了环境和自然资产的损耗，如将环境因素考虑在内，就得到经过调整后的国内生产净值。即：

EDP=最终消费品+（产品资产的净资本积累+非产品资产的净资本积累–环境资产的耗减和退化）+（出口–进口）

四、国际竞争力评价体系

国际竞争力评价体系由世界经济论坛和瑞士国际管理学院共同制定，它由 8

大竞争力要素、41 个方面和 224 项指标构成。这 8 大要素是：国内经济实力、国际化程度、政府作用、金融环境、基础设施、企业管理、科技开发和国民素质。国民素质包括人口、教育结构、生活质量和就业等 7 个要素，生活质量又包括医疗卫生状况、营养状况和生活环境等方面。

这个体系能够较全面地评价一个国家的发展水平及其现实的与潜在的竞争力，较清晰地描述经济强国正在经历的变化，并能展示未来经济发展的趋势，对社会经济发展具有重大导向作用。因此，该体系的权威性已经得到学界的公认，并为各国政府所重视，作为制定经济政策的参考。

1996 年，在参加国际竞争力评价的 46 个国家和地区中，中国名列第 26 位，前 4 名依次为美国、新加坡、中国香港和日本。在 8 大要素中，中国的国内经济实力排名最高，位处世界第二，但基础设施排名最差，名列第 40 位。国民素质一项列第 35 位，其中的生活质量排在第 42 位，劳动力状况和教育结构排在第 43 位，分别处于倒数第 4 位和倒数第 3 位。据此，国际竞争力评价体系和人文发展指数（HDI）均表明，我国的教育状况和环境状况是阻碍我国国民素质提高的主要因素。

[案例 5-3]　自然资源的价值与价格

自然资源是人类文明和社会进步的物质基础，人类社会发展的历史就是认识、改造、适应自然环境的历史，也是一部自然资源开发利用史。

关于自然资源的概念有不同的表述。地理学家金梅曼（Zimmermann，1951）在《世界资源与产业中》较早指出，无论是整个环境或其某个部分，只要它们能（或被认为能）满足人类的需要，就是自然资源。他解释道：譬如煤，如果人们不需要它或者没有能力利用它，那么它就不是自然资源。目前一般认为，自然资源是指在自然界中经过一系列化学、物理、生物过程而形成的具有一定的时空格局、对人类生活和生存直接或间接产生影响的所有自然因素的总和。

自然资源是否具有价值，长期以来一直是个有争议的问题。在人类社会发展之初，认为没有劳动参与的、天然的自然资源没有价值或只有天然的经济价值。在相当长的历史时期内自然资源一直被看做是“取之不尽、用之不竭”的自然物，从而被不加限制地随意取用。结果是，随着自然资源的不断开发利用，一些过去十分丰富的自然资源储量减少，甚至濒临枯竭；而随着自然资源经济价值的不断消耗，自然资源其他方面的功能逐渐丧失。另外，随着社会的发展，事先未受到劳动影响的自然资源日益减少，人们逐渐加大对自然资源的劳动投入，自然资源的价值也就逐渐显现出来。

大体来说，现代自然资源的价值包括三个部分：天然价值、人工价值和稀缺价值。

自然资源的天然价值是自然资源本身所具有的、未经人类劳动参与的价值。其所以未经劳动而有价值，原因在于它具有使用价值而且稀缺。作为主要生产要素之一的自然资源，其使用价值是不言而喻的。这种价值主要取决于自然资源的富饶度、质量以及其自然地理分布。

自然资源具有附加的人工价值。现在称之为自然资源的要素或多或少都有人类劳动的烙印。例如，我们勘测到的矿产资源，从表征上看似乎没有什么人类劳动，可是人类为了发现矿产资源，需要花费大量直接和间接的人力、物力和财力。再如，原始森林对于我们来说是一种非常宝贵的资源，在科学研究、环境保护、生态平衡、自然界物质能量流动循环等方面都有十分重要的意义，但是从表征上看，其好像没有附加什么人类劳动，而仔细分析，为了保护原始森林，人类世世代代都付诸了大量的劳动。自然资源所附加的上述劳动，就是自然资源的劳动价值，即马克思经济学中的价值。附加的人类劳动越多，价值就越大。

自然资源具有稀缺性。资源越稀缺，其价值就越高。正是自然资源的稀缺性构成了与自然资源的天然价值和劳动价值相联系但又相对独立的另一类价值，即稀缺价值。其联系主要表现在自然资源的稀缺性是以其必须有使用价值为前提的，而稀缺又构成了自然资源具有价值的必要要素；稀缺价值的独立性主要表现为在市场流通过程中，它往往脱离开了使用价值和劳动价值，由当时的供求关系来决定。

价值是价格的基础，价格是价值的货币表现。自然资源既然有了价值，那么接下来的问题就是如何对价值量的大小进行评估。近几年来，许多有用的、稀缺的自然资源通过市场机制在各行业之间得到配置，具有了市场价格，但还有很多自然资源难以确定其市场价格或市场价格不完整。在难以通过市场行为确定其价格的情况下，对自然资源的数量和质量变动的估价只能采用虚拟方法。一般来说，自然资源的价格确定方法主要有直接市场法、替代性市场法以及假想市场法等。在估算自然资源的价值时，应尽可能地采用直接市场法。如果采用直接市场法的条件不具备则采用替代性市场法和假想市场法。

不少国家和地区都对自身所拥有的资源进行过估算。例如，俄罗斯《共青团真理报》曾在题为《俄罗斯值多少钱?》的文章中指出，俄罗斯所有自然资源的总价值约为 300 万亿美元；其中，俄已经探明的资源储量价值约为 30 万亿美元，居世界首位。俄著名学者奥•切尔科维奇在题为《世界经济背景下的俄罗斯》的论文中援引权威数据称，与俄罗斯相比，美国已经探明的自然资源储量价值为 10 万亿美元，中国为 5 万亿美元，西欧为 2.5 万亿美元。

以上是“实的”物质性自然资源价值和价格，但自然资源还存在“虚的”生态服务价值，这部分价值的量化更为困难，价格更难确定。但是自然资源的生态服务价值是客观存在的，而且越来越受到关注，目前国际国内对其价值确定的研究也越来越重视。例如，根据美国科学家 R. Costanza 等人的研究（1997），全球森林资源每年所产生的服务价值为 33 万亿美元，接近全球年 GNP（17 万亿美元）的两倍。又如，印度加尔各答农业大学一位教授对一棵正常生长 50 年的树的生态价值进行了测算，认为其总的生态价值高达 20 万美元，其中包括：生产氧气（3.1 万美元），净化空气、防治空气污染（6.2 万美元），防止土壤侵蚀、增加肥力（3.1 万美元），涵养水源、促进水分循环（3.7 万美元），为鸟类和其他动物提供栖息环境（3.1 万美元），生产蛋白质（0.25 万美元）。对于自然资源生态服务价值的估算，目前尚无统一的科学方法。但是，通过自然资源消失所造成的直接和间接经济损失以及补偿损失所要付出的代价，与不开发自然资源所带来的经济损失进行比较来估算，是一种比较直观的方法。我国国家环保总局于 2002 年 12 月 29 日公布的数据表明，目前西部每年因生态环境破坏所造成的直接经济损失达 1 500 亿元，占到当地同期国内生产总值的 13%。此外，对于资源的各种效益直接进行计算也是一种效益评估的途径。日本林业厅把 1972 年全日本森林所提供的生态功能价值以等效物的方式进行估算，价值高达 12.82 万亿日元，相当于日本该年的经济预算。我国长江流域森林资源的直接利用价值为每年 0.197 万亿元，而生态服务功能价值高达 2.1 万亿元，二者之比约为 1∶110。这些都表明自然资源服务价值方面的功能远比直接的商品价值高得多。自然资源生态价值是自然界价值体系中的最高价值，是人类全部社会价值的前提和基础，其价值量是人类不可估量和不容忽视的。

长期以来，自然资源再生产过程与一般商品生产过程是割裂的，在一般商品的价值中没有包括因使用自然资源而转移过来的价值，即自然资源的价值没有通过一般商品价值的实现而得到足量的实现。实践表明，实现自然资源的有偿使用，使其价值量得到足量补偿是保护自然资源的必由之路。

资料来源：赵媛，等. 可持续发展案例. 北京：科学出版社，2006.

第四节　中国的可持续发展战略

一、中国可持续发展战略

中国作为一个人口众多、资源相对不足的发展中大国，于 1994 年制定了《中国 21 世纪议程》白皮书，明确提出中国必须走可持续发展之路。《中国 21 世纪议程》为我国 21 世纪的可持续发展战略规划了蓝图。

（一）中国可持续发展的首要目标是经济发展，但经济发展必须同时与环境保护相协调

可持续发展突出强调的是发展，只有发展，才能摆脱贫困，才能解决生态危机，贫穷是不可能达到可持续发展的目标的。人类社会发展的历史告诉我们，贫困既是环境恶化的根源，又是环境恶化的结果，生产力水平越低，经济越不发达的地区，其环境的破坏也越严重，反之，环境资源破坏越严重，越加重贫困，形成恶性循环。因此，那些把可持续发展等同于环境保护，以环境保护为名要求停止发展的做法是不合理和不可接受的。在经济发展中出现的资源和环境问题也只能通过发展加以解决，只有经济发展，环境保护和生态建设才有可靠的物质技术基础。

（二）中国可持续发展的核心问题是正确处理好经济发展与人口、资源、环境之间的关系，促进其协调发展

经济发展与人口、资源、环境是一个不可分割，既相互联系、相互促进，又相互制约、相互影响的统一体。一切发展都受到资源总量的制约，人口与经济、社会的发展最终都依赖于自然资源。在实施可持续发展战略的历史进程中，中国所面临的问题与发达国家面临的问题有相同之处，又有很大的不同之处。发达国家目前的人口自然增长平均水平为 2‰，其中不少国家的人口是零增长或负增长，人口增长的压力小。中国的人口虽然经过 20 多年的努力，少生了约 3 亿人，目前业已进入低生育水平时期，但人口总量却多于世界发达国家人口的总和，每年增长的绝对数仍高达 1 000 万之多。目前我国人口已超过 13 亿，人均资源相对贫乏，可谓“资源小国”，这是制约我国经济和社会发展的重要因素。据统计，我国的一些重要资源人均占有量与世界人均水平相比较低，淡水资源只是世界人均水平的 1/4，人均森林面积不足 1/6，人均草地面积不足 1/2，人均矿产资源只有 1/2，我国的人均耕地面积仅仅相当于世界平均水平的 1/3。从中国未来人口的增长情况看，根据专家的预测，中国人口在 21 世纪中叶达到 16 亿左右的峰值时可能实现零增长。也就是说，在有效控制的条件下，中国的人口还要增加将近 3 亿人。随着人口的不断增加，全社会对自然资源的需求加大，不可再生资源正在逐渐减少，人口过剩与资源匮乏的矛盾日益突出。人口过快增长还对经济发展产生极大压力，抵消经济发展成就。人口过快增长和人口规模过大，直接影响到经济建设资金的积累。我国每年新增的国民收入，约 1/4 被新增人口消耗掉，严重制约了经济的发展和全社会教育、科技水平及人口素质的提高。人口规模超过环境承载能力，直接导致生态环境的破坏。为了维持过剩人口的各种基本需求，我们在较低的技术水平上加快工业化和城市化进程，造成了严重的环境污染，土地荒漠化和水土流失的情况也十分严重。由此看来，人口问题是中国实现可持续发展面临的首要问题，资源的持续利用、生态环境的保护则是实现可持续发展的基础。

《中国21世纪议程》把可持续发展原则贯穿到各个方案领域，成为制定《国民经济与社会发展“九五”计划和2010年远景目标纲要》的重要依据。在1996年全国人大审议通过的报告中，明确提出把科教兴国和可持续发展作为基本战略，提出到2000年力争使环境污染和生态破坏加剧的趋势得到基本控制，部分城市和地区的环境质量有所改善，到2010年基本改变生态环境恶化的状况，城乡环境有比较明显的改善。

政府功能的发挥对于可持续发展意识差、手段落后的发展中国家甚为重要。为了实现可持续发展目标，我国各级政府应该努力构建可持续发展的战略体系和新机制：

1．加强可持续发展文化建设，在全社会树立可持续发展的理念；
2．尽快探索建立绿色GDP体系；
3．积极推进可持续发展的产权制度建设；
4．进一步调整产业政策、优化产业结构，探索循环经济模式；
5．加强可持续发展的法律法规建设，促进区域和国际合作。

二、中国实施可持续发展战略的总体进展

人口众多、资源短缺和生态环境脆弱的现实国情，决定了我国实施可持续发展战略是一项长期、艰巨的任务。

1992年，中国政府向联合国环境与发展大会提交的《中华人民共和国环境与发展报告》，系统回顾了中国环境与发展的过程与状况，同时阐述了中国关于可持续发展的基本立场和观点。

1992年8月，中国政府制定“中国环境与发展十大对策”，提出走可持续发展道路是中国当代以及未来的选择。1994年中国政府制定完成并批准通过了《中国21世纪议程——中国21世纪人口、环境与发展白皮书》，确立了中国21世纪可持续发展的总体战略框架和各个领域的主要目标。在此之后，国家有关部门和很多地方政府也相应的制订了部门和地方可持续发展实施行动计划。

1996年3月第八届全国人民代表大会第四次会议批准的《国民经济和社会发展“九五”计划和2010年远景目标纲要》，把可持续发展作为一条重要的指导方针和战略目标，并明确作出了中国今后在经济和社会发展中实施可持续发展战略的重大决策。“十五”计划还具体提出了可持续发展各领域的阶段目标，并专门编制和组织实施了生态建设和环境保护重点专项规划，社会和经济的其他领域

也都全面地体现了可持续发展战略的要求。

与此同时，中国加强了可持续发展有关法律法规体系的建设及管理体系的建设工作。2006 年，国家发布各类环境标准 118 项。国务院制定了人口、资源、环境、灾害方面的行政规章 100 余部，为法律的实施提供了一系列切实可行的制度。全国人大常委会专门成立了环境与资源保护委员会，在法律起草、监督实施等方面发挥了重要作用。

2002 年中国政府向可持续发展世界首脑会议提交了《中华人民共和国可持续发展国家报告》，该报告全面总结了自 1992 年，特别是 1996 年以来，中国政府实施可持续发展战略的总体情况和取得的成就，阐述了履行联合国环境与发展大会有关文件的进展和中国今后实施可持续发展战略的构想，以及中国对可持续发展若干国际问题的基本原则立场与看法。

1992 年联合国环境与发展大会以来，中国积极有效地实施了可持续发展战略，在中国可持续发展的各个领域都取得了突出的成就，特别是在经济、社会全面发展和人民生活水平不断提高的同时，人口过快增长的势头得到了控制，自然资源保护和生态系统管理得到加强，生态建设步伐加快，部分城市和地区环境质量有所改善。

自 1994 年发布《中国 21 世纪议程》，确立了中国 21 世纪可持续发展的总体战略框架和各个领域的主要目标以来，国家有关部门和很多地方政府也相应制订了可持续发展实施行动计划。1996 年全国人大八届四次会议审议和通过了《国民经济与社会发展“九五”计划和 2010 年远景目标纲要》，把可持续发展作为一项重要的指导方针和战略目标。中共“十六大”报告也明确提出：“必须把可持续发展放在一个十分突出的地位，增加可持续发展能力是全面建设小康社会的重要目标。”党的十六届三中全会进一步提出要树立全面、协调、可持续的发展观，促进经济社会和人的全面发展，2003 年，国家发改委、教育部等十几个部委联合制定了《中国 21 世纪初可持续发展行动纲要》。2004 年，我国政府又适时提出了树立全面、协调、可持续发展的科学发展观的指导思想，深入体现了可持续发展战略的精髓。“十一五”规划还提出了节能降耗和污染减排目标，并作为约束性指标。

与此同时，我国加强了可持续发展有关法律法规的建设，到 2006 年年底，制定和完善了与人口与计划生育有关的法律 1 部，与环境保护有关的法律法规 35 部，与自然资源保护及管理有关的法律法规 32 部，与减灾救灾有关的法律法规 9 部，国务院还制定了许多相关的行政规章和条文，为可持续发展战略的实施提供了法律和制度保障。全国人大常委会专门成立了环境与资源保护委员会，各级政协也设有人口、资源和环境委员会，在相关法律起草和可持续发展战略实施的监督方面发挥了重要作用。

中国积极有效地实施可持续发展战略，在各个领域都取得了显著的成就，在经济、社会全面发展和人民生活水平不断提高的同时，更加重视节能环保工作。

（一）社会可持续发展

我国政府坚持计划生育的基本国策，人口自然增长率持续保持下降态势。人民生活水平有较大提高，2006 年，城镇居民人均可支配收入 11 759 元，农村居民人均纯收入 3 587 元，分别比 2005 年实际增长 10.4%和 7.4%。农民的生产生活条件继续改善，农村道路、水利、电力、通信等基础设施建设得到加强，2006 年又有 2 897 万农村人口解决了安全饮水问题，新增 450 万农村沼气用户。努力做好就业和社会保障工作，进一步完善和落实就业再就业扶持政策，多渠道开发就业岗位，加强职业技能培训工作，开展对“零就业家庭”和就业困难人员的帮扶，2006 年中央财政安排就业再就业资金 234 亿元，505 万下岗失业人员实现再就业。社会保险覆盖面继续扩大，社会保险基金收入不断增加，社保基金使用的监督管理得到加强，城乡社会救助体系框架基本建立，慈善事业不断发展。2006 年中央财政用于城市低保的补助资金 136 亿元，比 2005 年增加 24 亿元，全国各地不同程度提高了城市低保补助水平。已有 25 个省（自治区、直辖市）、2 133 个县（市、区）初步建立了农村最低生活保障制度，1 509 万农民享受了农村最低生活保障。政府不断加大对科技和教育的投入，2006 年中央财政用于科技、教育、卫生和文化事业的支出分别为 774 亿元、536 亿元、138 亿元和 123 亿元，比 2005 年增长 29.2%、39.4%、65.4%和 23.9%。

（二）经济可持续发展

政府不断加快经济结构调整，2006 年制定并实施钢铁、煤炭、水泥等 11 个行业结构调整的政策措施，部分产能过剩行业投资增幅明显回落，新开工项目计划总投资大幅下降，煤炭、电解铝分别淘汰落后生产能力 1.1 亿 t 和 120 万 t。经济平稳快速增长，2006 年国内生产总值 20.94 万亿元，比上年增长 10.7%。加大“三农”工作力度，稳步推进社会主义新农村建设，2006 年粮食产量达到 4 974.5 亿 kg，实现了连续三年增产。

（三）资源与环境的合理利用与保护

完善节能降耗、污染减排政策，普遍建立节能减排目标责任制。积极推进重点行业、重点企业和重点工程的节能工作，开展循环经济试点，加强三峡库区、松花江、南水北调水源及沿线、渤海等重点流域和区域水污染防治工作，实施燃煤电厂脱硫、城市污水处理、垃圾无害化处理等环保重点工程。连续几年在全国开展整治违法排污企业、保障群众健康环保专项行动，扎实推进生态保护和建设。

可持续发展是社会、经济、人口、资源和环境的协调发展，关乎人类的前途和命运，是一个世纪性的警示、期盼、奋争与主题。为了我们的子孙后代，为了人类的未来，我们必须以人为本，把“发展”作为执政兴国的“第一要务”，树立全面、协调、可持续的发展观，谋求人类社会的可持续发展。

三、可持续发展战略实施的主要趋势

根据目前我国实施可持续发展战略形势的发展来看，未来我国可持续发展有以下几个主要趋势：

（一）可持续发展战略的实施将进一步深入到各级地方、企业和公众的参与将不断得到加强

地方实施可持续发展的战略，不仅是把党中央和国务院关于可持续发展战略决策转化为地方行为的需要，而且也可以充分调动各地方积极性和创造性，使可持续发展行动计划更加切合实际、更具有针对性和可操作性。地方是可持续发展战略实施的基本主体，各级地方政府既最接近人民群众，最了解各地区经济、社会、资源、环境的实际情况，又担负着直接领导和管理当地重大事务，执行有关政策法规的责任。制订地方的可持续发展战略和行动计划，确定优先发展项目，促进经济体制由计划经济向市场经济转变，推动增长方式由粗放型向集约型转变是各级地方政府面向新世纪的中心工作。在这个过程中，随着我国政治经济改革的不断深化，企业和社会团体的参与也将得到进一步的加强。

（二）可持续发展能力建设将从通过举办各种形式的培训和利用各种媒体宣传来提高可持续发展意识转向建设可持续发展的制度机制、市场机制和政府部门、学术机构、企业以及公众的综合决策机制

在我国实施可持续发展战略的初期，把建设的重点放在提高广大管理人员和公众的可持续发展意识上是十分必要的。然而，意识虽然影响人的行为，但是，如果没有一种有利于可持续发展的制度机制、决策机制、信息机制和利益机制的安排，即使有很好的可持续发展意识，也难以转化为人的实际行动。我国可持续发展的制度建设虽然在综合决策机制的建设方面有了一定基础，但还是比较局限在政府内部跨部门机构的建设方面。因此，可持续发展能力建设的重点要转移到提高可持续发展的制度效能，鼓励可持续发展的市场机制和建立政府部门、学术机构、企业和公众团体的综合决策机制上来。

（三）环境管理将朝着适应市场经济体制的方向发展

近年来，环境保护和管理正在向着综合计划、行政命令、市场手段、自愿行动的混合途径的方向发展。正处在由计划经济向市场经济转变阶段的中国，环境管理的体系也将发生变化。这些变化表现在：第一，逐步建立适应市场经济的环境法律体系。在市场经济的法律框架中，环境保护法律是一个主要组成部分，是保障市场公正，维持市场秩序，克服市场“失灵”的重要途径。第二，随着市场经济的发展，在环境保护中积极利用市场经济手段，明确企事业单位和消费者的经济责任，要改革现行的排污收费制度并提高收费标准，改变目前企业缴费买排污权的现象；并将逐步引入污染税或环境税，把一部分排污费改为在原料和产品环节征收污染附加费。第三，政府将加强环境领域的公共服务，保证水体、空气、生活环境的清洁优美，保证生态环境的安全等，实现现代国家的公共服务职能。

（四）可持续发展战略的实施将促进传统经济基础上的工业社会向以知识经济为基础的信息社会转变

信息社会以知识经济作为发展的动力，以智力资源和知识的占有作为价值的体现，以技术和知识取代自然资源作为经济增长的生产要素。在知识经济时代，可持续发展被赋予了新的内涵和发展方向。第一，可持续发展战略的实施将从相对封闭的社会进入全面开放的社会大系统中。全球信息网络将各国各地区联结成一个“地球村”，传统的发展模式受到“无边界全球经济”的挑战，使得处于封闭状态下的国家和地区不可能实现可持续发展，同时，信息化使生产各要素进入不断地灵活地进行最佳配置的状态。第二，经济发展和知识创新，使可持续发展战略的实施朝着改变发展模式的方向转变。以高新技术产业为特点的知识经济，使人类对资源价值的认识发生根本性转变。第三，以知识为基础的经济发展，使人类社会的进步逐步从主要依靠自然资源投入转向主要依靠知识要素的生产、分配和应用，建立资源节约、生态友好的经济，促进可持续发展生产管理模式的转变。

总之，在知识经济时代，中国可持续发展战略的实施将通过依靠知识创新和技术创新，解决传统技术导致的资源浪费、环境破坏以及本身所不能解决的问题，支持经济可持续发展模式的建立。

[案例 5-4]《中国 21 世纪议程》简介

1992 年 6 月，联合国环境与发展大会在巴西里约热内卢召开。会议通过了《21 世纪议程》等重要文件，体现了人类社会可持续发展的新思想，反映了关于环境与发展合作的全球共识和最高级别的政治承诺。会议要求各国制定和组织实施相应的可持续发展战略和对策，因此，执行《21 世纪议程》，不但是各个国家走上可持续发展的道路，还将是加强国际合作，促进经济发展和保护全球环境的新开端。

中国政府对此高度重视。1991 年 6 月发起召开了发展中国家环境与发展部长级会议，会议通过了《北京宣言》，表明了中国政府的原则立场，为联合国环境与发展大会做了充分准备。1992 年 7 月，联合国环境与发展大会后不久，即决定由国家计委、国家科委牵头组织国务院各部门共同制定《中国 21 世纪议程》和第一批优先项目计划，并得到联合国开发计划署的支持和帮助，被列为中国政府和联合国开发计划署的正式合作项目。在各方面共同努力下，1993 年 4 月完成了《中国 21 世纪议程》初稿，内容覆盖了经济、社会、资源、环境的可持续发展战略、政策和行动框架。在广泛征求意见的基础上，经中外专家多次共同修改和完善，完成了《中国 21 世纪议程》终稿，并于 1994 年 1 月提交国务院审议，国务院于同年 3 月 25 日在第 16 次常务会上讨论通过。

《中国 21 世纪议程》文本是在与全球《21 世纪议程》相呼应的基础上，根据中国国情编制的，共 20 章 20 余万字，设 78 个方案领域。主要由以下部分组成：

第一部分　可持续发展总体战略

由序言、战略与对策、立法与实施、费用与资金机制、持续发展能力建设和团体公众参与等章组成，设 18 个方案领域。

这一部分论述了中国可持续发展的首要目标是经济发展，同时必须与环境保护相协调，提出了各主要产业和环保的发展目标。还包括：建立相应的立法体系和行动计划；制定技术、经济政策，实行导向性的财务和税收政策，建立国家基金，争取国际资金支持；完善管理体系、人力资源开发和科技能力建设，建立信息系统；通过立法保障妇女、青少年、少数民族、工人、工会、科技界参与可持续发展；采取扶助政策增强少数民族地区的可持续发展能力等。

第二部分　社会可持续发展

由人口消费与社会服务、消除贫困与可持续发展、卫生与健康、人类住区和防灾减灾等章组成，设 19 个方案领域。这一部分提出了社会可持续发展的目标和措施，包括：人口政策、控制人口增长和提高人口素质的目标及改革分配制度，发展第三产业，适度发展耐用消费品，实施住房商品化，建立流通技术和信息服务体系；通过政策扶持、资金投入，提高贫困地区自身经济发展能力；完善卫生防疫保健网络，控制传染病，防止职业病，减少地方病危害；控制大城市过快增长，积极发展中小城市；完善市政基础设施和人类住区功能；发展节能建筑，实现城市污水的综合和集中处理；建立与社会、经济发展相适应的自然灾害防治体系，提供社会和经济发展安全保障，避免不合理开发造成灾害。

第三部分　经济可持续发展

由经济政策、农业与农村、工业与交通、通信、能源生产和消费等章组成，设 20 个方案领域。

这部分包括：建立和完善社会主义市场经济，利用市场机制和经济手段推动可持续发展；建立经济与环境综合核算体系，把资源和环境因素纳入经济决策过程；完善农业和农村可持续发展综合管理体系；大幅度增加农业生产投入，提高农业综合生产能力；开展农业自然资源核算并提供价格依据；开发和推广节约资源、提高产品产量和质量、保护环境的农业技术；加快农村第二、三产业的发展；改革工业管理体制，调整产业结构，改善技术装备，推广应用高新技术，控制并逐步淘汰高消耗、高污染工艺，推动清洁生产的发展；开发和推广先进的节能技术，开展企业能源审计与管理；开发低污染的煤炭利用技术和清洁煤技术，挖掘可再生能源。

第四部分　资源与环境的合理利用与保护

由自然资源保护与持续利用、生物多样性保护、荒漠化防治、保护大气层和固体废物的无害化管理五章组成，设 21 个方案领域。

资源与环境的合理利用与保护是实现社会、经济可持续发展的关键一环。资源的永续利用和生态环境的不断改善，是可持续发展战略的重要方面。这部分中提出了对土地、森林、淡水、海洋、矿产等资源实行保护、开发、增殖并重的政策，提出依靠科技进步挖掘资源潜力，运用市场机制和经济手段促进资源合理配置，建立资源节约型的经济体系；完善生物多样性保护法规，建立国家自然保护区网络，保护特殊生态系统；保护农业生态系统和农作物野生亲缘种群；利用科学技术开发重点流域和进行区域治理；继续进行五大防护林带建设；采用新型技术和设备控制大气污染和防治酸雨；逐步减少消耗臭氧层物质的使用，发展替代产品和替代技术；通过提高能效减少温室气体排放，大面积造林增加对二氧化碳的吸收能力，达到减缓温室气体排放增长速度、保护气候的目的；制定废物最小量化、鼓励清洁生产的政策措施；建立有害废物收集、存储、运输、处理、再利用或回收及最终处置的法规、技术标准；建设有害废物安全填埋场和焚烧场。

《中国 21 世纪议程》始终把经济、社会、资源与环境视为一个密不可分的整体，很好地体现了 1992 年联合国环境与发展大会通过的《21 世纪议程》和可持续发展的基本思想和原则。既重视经济发展，又强调了可持续发展的新的发展现。针对中国国情，强调处理好人口与发展的关系是中国实施可持续发展的战略重点之一。表述了中国要建立资源节约型经济体系、建立自然资源核算体系、实行资源保护、利用与增殖并重以及利用产业政策与环境政策的协调、科学的管理与恰当的技术选择来解决环境问题等资源与环境战略；表达了对愈演愈烈的全球性环境问题的关切，并提出了中国关于解决全球气候变化问题、臭氧层耗损问题，生物多样性保护问题、防止有害废弃物污染转嫁和越境转移问题以及水土流失与荒漠化问题的国家战略、对策和行动方案；表明了中国政府对完成在国际社会中应尽的义务和不懈地为全人类共同事业作出更大贡献的强烈历史使命感和责任感。

思考与练习

1．什么是可持续发展的内涵？

2．怎样理解增长不等于发展？

3．在我们的工作领域中，可持续发展的实施取得哪些成绩，实施中的困难和障碍有哪些？

4．现实中，不可持续发展的行为充斥着我们的生活，其表现有哪些？根源在哪里？

5．中国的可持续发展取得了哪些成就？

6．怎样理解“不断涌现的新技术对环境恶化起到了推波助澜的作用，但要解决面临的环境问题还需要更好的技术”？

7．作为21世纪的大学生，你能为可持续发展做些什么？

参考文献

[1] 郭子义. 环境化学概论. 北京：北京师范大学出版社，2001.

[2] 牛文元. 中国可持续发展战略. 北京：西苑出版社，2000.

[3] 欧阳志远. 最后的消费. 北京：人民出版社，2000.

[4] 曲格平. 环境保护知识读本. 北京：红旗出版社，1999.

[5] 中国科学院可持续发展战略研究组. 中华人民共和国可持续发展国家报告. 北京：中国环境科学出版社，2002.

[6] 陈南. 我们的地球. 广州：广东人民出版社，1999.

[7] 刘大椿，等. 环境问题. 北京：中国人民大学出版社，1995.

[8] 王树恩，陈土俊. 人类与环境. 天津：天津大学出版社，2002.

[9] 李丽. 可持续生存. 北京：中国环境科学出版社，2003.

[10] 聂晓阳. 保卫21世纪. 成都：四川人民出版社，2000.

[11] 刘培哲，等. 可持续发展理论与中国21世纪议程. 北京：气象出版社，2001.
[12] 卫建林. 历史没有句号. 北京：北京师范大学出版社，1997.
[13] 刘静玲. 人口、资源与环境. 北京：化学工业出版社，2001.
[14] 梁飞. 牢固树立可持续发展观. 光明日报，2002-7-7.
[15] 世界环境与发展委员会. 我们共同的未来. 北京： 世界知识出版社，1989.
[16] [美]加勒特·哈丁. 生活在极限之内——生态学、经济学和人口禁忌. 上海：上海译文出版社，2000.
[17] 十届五次全国人大. 政府工作报告. 2007.
[18] 魏智勇. 生态文明新理念. 长沙：湖南教育出版社，2006.

第六章
环境管理与环境法规

总体教学目标：

本章主要学习和讨论环境管理、环境法等概念，并在介绍预防、解决环境危害的环境管理措施和方法的基础上，重点论述了环境管理的依据和支柱——环境法的相关内容，旨在帮助当代大学生了解环境管理的基本知识，形成一定的环境法制观念。

要求重点掌握以下内容：

1. 环境管理的基本概念及其目的、任务；
2. 环境管理的基本原则；
3. 环境管理的对象、内容与手段；
4. 中国环境管理的基本制度；
5. 环境法的定义；
6. 环境法的性质和特点；
7. 环境法的目的和任务；
8. 环境法的产生和发展；
9. 环境法的基本体系。

第一节　环境管理

一、环境管理的目的、任务及其基本概念

人们要改变自身一系列的基本思想观念，必须从宏观到微观对人类自身的行为进行管理，以尽可能快的速度逐步恢复被损害了的环境，并减少甚至消除新的发展活动对环境的结构、状态、功能造成新的损害，保证人类与环境能够持久地、和谐地协同发展下去。这就是环境管理的根本目的。具体来说，环境管理的目的就是通过对可持续发展思想的传播，使人类社会的组织形式、运行机制以至管理

部门和生产部门的决策、计划和个人的日常生活等各种活动，符合人与自然和谐的要求，并以规章制度、法律法规、社会体制和思想观念的形式体现出来。

依据这样的目的，环境管理的基本任务应该是：转变人类社会的一系列基本观念和调整人类社会的行为。

观念的转变是根本。观念的转变包括消费观、伦理道德观、价值观、科技观和发展观直到整个世界观的转变。要从根本上扭转人类既成的基本思想观念，虽然不能单纯通过环境管理才能达到，但是环境管理却可以通过建设一种环境文化来为整个人类文明的转变服务。环境文化是以人与自然和谐为核心和信念的文化，环境管理的任务之一就是要指导和培育这样一种文化，以取代工业文明时代形成的，以人类为中心，以人的需求为中心，以自然环境为征服对象的文化，并将这种环境文化渗透到人们的思想意识中去，使人们在日常的生活和工作中能够自觉地调整自身的行为，以达到与自然环境和谐的境界。文化决定着人类的行为，环境文化的建设是环境管理的一项长期的根本的任务。

相对于思想观念的调整，行为的调整是更具体、更直接的调整。人类的社会行为可以分为行为主体、行为对象和行为本身三大组成部分。从行为主体来说，还可以分为政府行为、市场行为和公众行为三种。政府行为是总的国家的管理行为，诸如制定政策、法律、法令、发展计划并组织实施等。市场行为是指各种市场主体包括企业和生产者个人在市场规律的支配下，进行商品生产和交换的行为。公众行为则是指公众在日常生活中诸如消费、居家休闲、旅游等方面的行为。这三种行为都可能会对环境产生不同程度的影响。

这三种行为相辅相成，它们在对环境的影响中分别具有不同的特点：其中政府行为起着主导的作用，因为政府可以通过法令、规章等在一定程度上约束市场行为和公众行为。所以环境管理的主体和对象都是由政府行为、市场行为、公众行为所构成的整体或系统。对这三种行为的调整可以通过行政手段、法律手段、经济手段、教育手段和科技手段来进行，这本身又构成一个整体或系统。

另外，在这三种行为中，政府的决策和规划行为，特别是涉及资源开发利用或经济发展规划，往往会对环境产生深刻而长远的影响，其负面影响一般很难或无法纠正。市场行为的主体一般是企业，而企业的生产活动一直是环境污染和生态破坏的直接制造者。不仅在过去，而且在将来很长的一段时期内，它们都将是环境问题中的重点内容。随着人口的增长尤其是消费水平的增长，公众行为对环境的影响在环境问题中所占的比重将会越来越大。从全球来看，生活垃圾的数量占整个固体废弃物数量的 70%，大大超过了工业废物的数量。由于消费方式的原因，大量的产品在未得到充分利用或仍可以作为资源回收利用的情况下，就被公众当成了废物而丢弃，这不仅加剧了固体废弃物对环境的污染，对于资源的持续利用也是一个损害。

由以上的分析可见，环境管理的两项任务是相互补充、构成一体的。其中环境文化的建设是根本性的，但是文化的建设是一项长期的任务，短期内对环境问题的解决效用不是很明显，而行为的调整则可以比较快地见效。同时，行为的调整也可以促进文化的建设。所以对于环境管理来讲，这两项任务不可偏废。

综上所述，环境管理是通过对人们自身思想观念和行为进行调整，以求达到人类社会发展与自然环境的承载能力相协调。也就是说，环境管理是人类有意识的自我约束，这种约束通过行政的、经济的、法律的、教育的、科技的等手段来进行，它是人类社会发展的根本保障和基本内容。

二、环境管理的基本原则

在具体的环境管理工作中，要把握以下几个基本原则。

（一）全过程控制原则

环境管理是人类针对环境问题而对自身行为进行的调节，环境管理的内容应当包括所有对环境产生影响的人类社会经济活动，全过程控制就是指对人类社会活动的全过程进行管理控制。因此，无论是人类社会的组织行为、生产行为，或是人群的生活行为，其全过程均应受到环境管理的监督控制。

目前环境管理主要针对的是人类的开发建设行为和生产加工行为对环境的污染和破坏。显然，这是不能从根本上解决问题的。产品，是联系人类生产行为和生活行为的纽带，也是人与环境系统中物质循环的载体，因此，对产品的生命全过程进行控制，是对人类社会行为进行环境管理的一个极为重要的方面。

产品的生命全过程包括：原材料开采—生产加工—运输分配—使用消费—废物处置。目前的环境管理大多只注重于产品生产过程中产生的环境问题，而对产品在发挥完使用功能后对环境造成的污染和破坏则缺乏相应的管理。以生命周期管理思想为指导，实施以产品为龙头，面向全过程的环境管理是当务之急和大势所趋。

全过程控制意味着管理方法的综合。其特点主要有：

1. 管理内容的综合集成

环境管理不仅仅是对人类社会行为进行管理，它还包括对环境系统的保护和建设，以提高其提供自然资源的能力和提供较高环境质量的能力。环境管理对人类社会行为的调控，是依据环境系统状况对人类行为的反应和变化而进行的。人类的社会行为可以对环境造成极大的破坏，但也可以在一定程度上去建设环境。

因此，这就要求环境管理不仅要掌握人类社会的规律，还要掌握自然环境的演变规律，尤其是掌握环境变化和人类社会经济行为之间的“剂量—反应关系”，这是跨学科、跨行业的管理。所以，环境管理的内容不仅仅是对环境进行监测、观察、研究，也不仅仅是对人类社会行为的调查、研究，而是把这两部分内容综合起来。

2. 管理对象的综合集成

环境管理的对象是人类社会的经济发展行为，从层次上看，有政府行为、企业行为和公众行为，从性质上看，有生产行为、消费行为，还有文化行为等。其中大多数的行为都会对环境产生影响，而且往往会交织在一起出现，或连锁式的出现。因此环境管理的对象也是一个综合集成的体系。

3. 管理手段的综合集成

对于环境—经济系统这个复杂的巨系统来讲，其中的许多关系都会呈现出较大的随机性和模糊性，因此无法运用简单的综合办法，加之该系统对外开放，更是令情况复杂多变，包含了这大量的不确定的定性的信息，如人们的预测、计划，人们的主观判断等。所以必须去探索创造出一种能把定量信息、定性信息综合成一体的管理方法。

（二）双赢原则

双赢原则是指在制订处理利益冲突的双方（也可以是多方）关系的方案时，必须注意使双方都得利，而不是牺牲一方的利益去保障另一方获利。“双赢”也是冲突协同理论的具体化。在处理环境与经济的冲突时，就必须去追求既能保护环境，又能促进经济发展的方案。这就是经济与环境的“双赢”，也是可持续发展的要求，“双赢”既是一种策略，也是一种结果。一般情况下，在环境管理的实际工作中，往往处理的是多方面的关系，因此，不仅要“双赢”，而且要“多赢”。“双赢”是个比较宽泛的概念，实际生活中，环境问题的发生往往涉及多个部门，而跨行政区域的环境问题则更是非某一个行政区所能单独解决的。因此在处理与多个部门、多个地区有关的环境管理问题时，就必须遵循“双赢”原则。

在实现“双赢”的过程中，规则是最重要的，其次是技术和资金。

所谓规则实际上就是法律、标准、政策和制度。规则是协调冲突，达到“双赢”的保障，因为“双赢”并不是双方都会得到最大限度的好处，而是彼此在遵守规则的前提下的一定程度的妥协。比如在工厂排污和附近农民发生纠纷的情况下，要协调工厂和农民的矛盾，只有依赖污染排放标准及有关的法律规定，才能顺利解决问题。同样，在社会发展的进程中，各种经济主体之间没有规则的竞争，对任何一方都不会有好处的。

技术和资金在体现“双赢”原则时也起着很关键的作用。比如节水技术对于农业、节能技术对于工业的作用。对于一个钢铁厂来讲，如果提高钢产量，就会增加对水的需求，但如果通过对原来工艺的改革，提高水的循环利用率来发展，就不会增加对水总量的需求，这样，既提高了钢产量，发展了经济，又节约了水资源，保护了环境。在这个例子中，技术资金是非常关键的。

因此，在环境管理的过程中，要实现“双赢”，必须依赖法律标准和政策制度等的保障，同时还要大力发展环保技术，积极筹措资金。

三、环境管理的对象、内容与手段

（一）环境管理对象

环境管理的对象主要是人类的社会经济活动。显然，管理好这类“活动”，就必须把管理的目光集中在“活动的主体”的身上。

人类社会经济活动的主体大体可以分为三个方面：

1. 个人

个人作为社会经济活动的主体，主要是指个体的人为了满足自身生存和发展的需要，通过生产劳动或购买去获得用于消费的物品和服务。其中消费品既可以直接从环境中获得，也可以通过市场购买来获得。在消费这些物品的过程中或在消费以后，将会产生各种各样的废物，并以不同的形态和方式进入环境，从而对环境产生各种负面影响。一般来说，消费对环境的负面影响可以分为以下几种情况：

（1）在对消费品进行必要的清洗、加工处理过程中产生的废物以生活垃圾的形式进入环境。这里，加工是指消费者对消费品进行的必要处理，例如食品烹饪等。

（2）在运输和保存消费品时使用的包装物也将成为废物，它们同样以生活垃圾的形式进入环境，例如各种塑料袋等。

（3）在消费品使用后，或迟或早也成为废物进入环境，例如废旧电池等。

要减轻个人的消费行为对环境的不良影响，首先必须明确，个人行为是环境管理的主要对象之一。为此必须唤醒公众的环境意识，同时还要采取各种技术的和管理的措施：诸如提供并鼓励消费者选用与环境友好的消费品，以利于最大限度地降低消费过程对环境的影响；集中清洗和加工各种消费品，以便于收集和处理废弃物；禁止使用难于处理或严重污染环境的消费品等。总之，在市场经济条件下，可以运用经济刺激手段和法律手段，引导和规范消费者的行为，建立合理的消费模式。

2. 企业

企业作为社会经济活动的主体，其主要目标通常是通过向社会提供物质性产品或服务来获得利润。由于企业活动的目标是追求最大的利润，至于生产什么样的产品以及生产多少主要取决于它能从市场上得到利润的多少。但是，无论企业的性质有何不同，在它们的生产过程中，都必须要向自然界索取自然资源，并将其作为原材料投入生产活动中，同时排放出一定数量的污染物。因此，企业的生产活动，特别是工业企业的生产活动对环境系统的结构、状态和功能均有极大的负面影响。

企业生产活动对环境的负面影响主要有以下两种情况：

（1）从环境中索取各种自然资源，直接改变了环境的结构，进而影响到环境的功能。例如，为了满足纸张生产的需要，许多森林被过度砍伐，导致森林生态系统功能的丧失。

（2）在企业生产过程中，只有一部分原材料能够转化为产品，其余的很大部分都将以废物的形式进入环境，造成环境污染。这种生产性污染往往同时包括大气污染、水污染、噪声污染等多种形态，对人体健康和生态系统均有极大的危害。

由此可见，企业行为是环境管理的又一重要对象。要控制企业对环境的不良影响，首先要从企业文化的建设，包括企业道德的教育入手，从内部减少或消除造成环境压力的因素，同时要从外部形成一个使其难以用破坏环境的办法来获利的社会运行机制和氛围。另外，还要营造有利于使与环境协调、和谐的企业行为、技术发明所得到较高回报的市场条件。相应的，可以采取的技术与管理措施有：制定严格的环境标准，限制企业的排污量；实行环境影响评价制度，禁止兴建过度消耗自然资源、严重污染环境的企业；运用各种经济刺激手段，鼓励清洁生产，支持和培育与环境友好的产品的生产等。

3. 政府

政府作为社会行为的主体，主要指：① 作为投资者为社会提供公共消费品和服务。这种情况在世界范围内具有普遍性。② 作为投资者为社会提供一般的商品和服务，这在我国比较突出。③ 掌握国有资产和自然资源的所有权，以及对自然资源开发利用的经营权和管理权。④ 政府有权运用行政手段和政策手段对国民经济实行宏观调控和引导，其中包括政府对市场的政策干预。

综上所述，不论是进行提供商品和服务的活动，还是对市场进行宏观调控，政府的行为同样会对环境产生这样或那样的影响。其中特别值得注意的是宏观调控对环境所产生的影响具有极大的特殊性，即牵涉面广、影响深远又不易察觉。由此可见，作为社会行为主体的政府，其行为对环境的影响是复杂的、深刻的。既有直接的一面，又有间接的一面；既可以有重大的正面影响，又可能有巨大的难以估计的负面影响。要解决政府行为所造成相引发的环境问题，关键是促进宏观决策的科学化。

（二）环境管理的内容

明确环境管理的内容才能研究和选择相应的手段、方法，使环境管理成为一个可以操作的工作。

由前文所述可知，环境管理的对象是人类社会行为（包括经济行为）的主体，是这一主体的生存、发展方式；而环境管理的目的则是追求人类与自然的和谐、协同发展。具体来说则是人类生活的物质水平和环境条件同时得到提高改善。从这一点来看，环境管理的内容可以从不同角度来划分。从对象角度，可以分为政府行为的环境管理、企业行为的环境管理和公众行为的环境管理；从环境目标角度，可以分为环境质量的环境管理和生态环境的环境管理。但在实际工作中，常常相互交叉、结合在一起，并不一定需要从理论分析的角度去进行分门别类的管理。

在当今时代，政府虽然是环境管理的对象，但更重要的却是它同时扮演着主要环境管理者的角色，因此着重从政府的环境管理行为角度，介绍环境管理的内容。

1. 环境质量管理

环境质量管理是指为了保证人类生存和健康所必需的环境质量而进行的各项管理工作。所谓“环境质量”，一般是指特定的环境中，环境的总体或环境的要素对人群的生存和繁衍以及社会经济发展的适宜程度。由于环境由多种要素组成，也由于不同地域环境的功能不同，故通常把环境质量分为空气环境质量、水环境质量、声环境质量、土壤环境质量等。评价环境质量优劣的基本依据是环境质量标准，它是为保护人群健康和公私财产而对环境中污染物（或有害因素）的允许含量所作的规定。环境质量的标准因级别的不同而不同。例如，空气中二氧化硫的日平均浓度低于 0.05 mg/m^3（标准状态）时为一级，在 0.05～0.15 mg/m^3 范围内为二级，在 0.15～0.25 mg/m^3 范围内为三级。政府因对不同地域规定了不同的功能要求，因而规定其环境质量要达到不同的级别。仍以空气环境质量为例，规定自然保护区、风景名胜区和其他需要特殊保护的地区应达到国家空气环境质量一级标准；城镇规划中已经确定的居民区、商业交通居民混合区、文化区、一般工业区和农村地区应达到国家空气环境质量二级标准；特定的工业区应达到国家空气环境质量三级标准等。

由于认识程度的阶段性和技术手段的局限性，环境质量管理的具体内容也在逐步的变化、发展。早期环境质量管理的内容主要表现为浓度管理。随着这一管理效果非有效性的日益显示，认识到除了要控制住每一个排放口的污染物排放浓度外，还必须控制住其排放总量，以及整个地域中的总排放量，这样才能有效地控制住环境质量。近年来，不少国家的政府都开始推行以总量控制为中心内容的环境管理。

2. 生态环境管理

所谓生态环境，实质上就是指人类赖以生存、发展的自然环境，之所以冠以"生态"之名，意在强调自然环境中各种要素之间存在着密不可分的物质的、能量的、信息的流动与联系。

自然环境中的要素主要指空气、土地、水、各种生物、各种矿物、各种气候因素等。所谓自然环境就是在不同的时间域和空间域中，由这些要素以不同的结构形式联系在一起，并具有一定的状态。在人类活动强烈参与以后，自然环境中的要素及其结构、状态就发生了变化。具体说是物质、能量和信息的流动方式与流动状况发生了改变。如果这些改变将威胁人类（哪怕是后代人）的生存和发展，那就不符合人类的追求和愿望，也不是人类努力发展的目标。因此人类有必要管理好自己的"参与行为"。

所谓生态环境管理，实质上是人类对自己的"参与行为"的管理。

在生态环境管理中，重点是对上述自然环境要素的管理。

严格地讲，各种自然资源在地球的物质和能量循环过程中都会得到更新和补充。但是，不同类型的自然资源在更新和补充的速率上存在很大的差异。某些生物可以在一年内繁殖十几代，而矿物资源则要经过数百万年才能形成。根据自然资源的更新或补给速率，自然资源可以划分为两大类：可再生资源和不可再生资源。水、生物和气候属于可再生资源，矿物属于不可再生资源。而土地资源则具有一定的特殊性，从总量上讲，它属于恒量资源；但从农业意义上讲，它属于可再生资源。

对于可再生资源来说，目前面临的主要问题是，人类对它的开发利用速率远远超过它的补给速率，以致可再生资源的基地不断萎缩，甚至濒临灭绝。据世界自然保护同盟（IUCN）统计，世界上平均每天有 2～3 个物种在灭绝。物种的减少使地球上的生物多样性受到破坏，从而影响到生态系统的稳定性，给人类和其他生物的生存带来巨大的威胁。因此，可再生资源管理的目标是：① 确保人类对可再生资源的开发利用速率不超过补给速率；② 维护生态系统和基因的多样性，拯救濒危的动植物资源。

对于不可再生资源来说，目前面临的主要问题是，人类对它的开发利用数量呈指数规律增长，以至于部分不可再生资源将会在可预见的时期内被消耗殆尽。据世界资源研究所估计，全世界已经探明的铜、铅、汞、锡等的储量只可再满足大约 50 年的需求。考虑到人类现有的技术体系是建立在不可再生资源的基础之上的，因此从直接利害关系来看，如果人类在不可再生资源枯竭之前不能建立起全新的、以可再生资源为基础的技术体系，那么，整个人类社会经济将面临崩溃。另外，从生态环境角度来看，不可再生资源是自然生态系统中不可缺少的环节，它的枯竭将意味着整个自然生态系统的崩溃。因此，不可再生资源管理的目标是，提高不可再生资源的利用率，尽可能减缓不可再生资源的消耗速率，以便使人类有足够的时间进行技术体系的调整，保证自然生态系统不致崩溃。

（三）环境管理手段

政府（包括立法机构和司法机构）是环境管理的最关键最重要的主体，因此，着重介绍政府实施环境管理的一些基本手段。

1. 行政手段

行政手段是行政机构以命令、指示、规定等形式作用于直接管理对象的一种手段。行政手段的主要特征是：① 权威性。行政机构的权威越高，行政手段的效力越强。因此，环境保护行政机构权威性的高低，对提高政府环境管理的效果有很大的影响。② 强制性。行政机构发出的命令、指示、规定等将通过国家机器强制执行，管理对象必须绝对服从，否则，将受到制裁和惩罚。③ 规范性。行政机构发出的命令、指示、规定等必须以文件或法规的形式予以公布和下达。

在我国的环境管理工作中，行政手段通常包括：

（1）制定和实施环境标准。根据《中华人民共和国环境保护法》的规定，国家环境标准由国务院环境保护行政主管部门即国家环境保护总局制定，地方环境标准由省、自治区、直辖市人民政府制定。

（2）颁布和推行环境政策。国务院环境保护行政主管部门根据一定时期内国家的环境保护目标，拟定环境保护工作的基本方针、指导原则和具体措施，并予以推行。

2. 法律手段

与其他形式的社会行为规范相比，法律规范最显著的特征是强制性，即通过国家机器的保障，强制执行。违反法律规范的行为，将受到相应的制裁和惩罚。法律规范的构成一般包括三个方面：① 条件。任何法律适用于特定的范畴和情形，例如《中华人民共和国水污染防治法》适用于在中华人民共和国领域内的江河、湖泊、运河、渠道、水库等地表水体以及地下水体的污染防治。② 行为规则。法律规范中明确规定，允许做什么，禁止做什么，这是法律规范最基本的部分。③ 法律责任。违反法律规定的作为或不作为，都应当承担相应的法律后果。例如，因水污染直接造成公私财产损害的，要负赔偿责任。

在我国，环境保护法律规范主要包括：① 宪法。我国宪法对环境保护的规定是制定其他环境保护法律法规的基础。② 环境保护基本法。《中华人民共和国环境保护法》是我国环境保护的基本法，它规定了我国环境保护的目的和任务，确立了我国环境管理体系，提出了有关个人或组织应遵循的行为规范以及违法者应承担的法律责任。③ 环境保护单行法。包括水污染防治法、大气污染防治法、环境噪声污染防治法、固体废物污染环境防治法、海洋环境保护法以及土地管理法、水法、森林法、草原法、野生动物保护法、渔业法、矿产资源法、煤炭法、水土保持法等，是我国针对特定环境要素保护的需要作出的具体法律规定。④ 环境保护行政法规和部门规章。它们是为了贯彻落实环境保护基本法、环境保护单行法而由国务院及国务院各部门制定的。

在政府的环境管理中，根据管理对象的性质和特点，可以分别采用不同种类的手段。例如，对有关的经济活动通过税收、补贴等措施可以收到更好的效果。但是，应当指出的是，经济手段的运用不能独立于行政手段或法律手段。它必须以行政手段或法律手段为载体。

3. 经济手段

经济手段是指运用价格、税收、补贴、押金、补偿费以及有关的金融手段引导和激励社会经济活动的主体主动采取有利于保护环境的措施。

在环境管理中，特别是在目前，环境和自然的价值虽然在认识论上已被肯定，但一时还无法在价格上加以表示时，可以运用一些经济手段加以补救，以间接调整对环境与自然资源的利用。

在我国，政府环境管理的现行经济手段主要包括：① 排污收费制度。根据我国有关政策和法律的规定，排污单位或个人应根据排放的污染物种类、数量和浓度，缴纳排污费。② 减免税制度。国家规定，对自然资源综合利用产品实行五年内免征产品税、对因污染搬迁另建的项目实行免征建筑税等。③ 补贴政策。财政部门掌握的排污费，可以通过环境保护部门定期划拨给缴纳排污费的企事业单位，用于补助企事业单位的污染治理。④ 贷款优惠政策。对于自然资源综合利用项目、节能项目等，可按规定向银行申请优惠贷款。

4. 宣传教育手段

环境宣传教育可以提高人们的环境保护意识。通过环境宣传教育，不但要使全社会充分认识到环境保护的重要性，而且应当使全社会懂得环境保护需要每一个社会成员的参与。只有全体社会成员共同参与，才能从根本上保证环境得到保护。

首先，每一个社会成员都是物质产品的消费者，他们的消费方式的选择将会对环境产生不同的影响；同时他们又分别以不同的身份和形式参与到政府、企事业单位的社会行为之中。如果每一个社会成员都能够从我做起，在决策时充分考虑环境保护的要求，在行动中切实贯彻国家的环境保护政策和法律，那么，就会在全社会逐渐形成自觉的环境保护道德规范。这对于保护环境、实现可持续发展无疑将会具有根本性的意义。

其次，通过环境宣传教育，提高公众的环境保护意识，还有助于增强企业和公众（另一环境管理的主体）参与环境管理的能力。在西方国家，公众参与环境管理已经十分普遍。我国公众参与环境管理还有待加强，其中原因之一就是公众缺乏必要和足够的环境保护意识和相应的科学知识。

5. 科学技术手段

政府环境管理中的科学技术手段是指国家建立合理的制度，制定有关的政策和法律，提高环境保护的科学和技术水平。具体地讲，主要指提高促进人与自然和谐，环境与经济协调的决策科学水平；提高保障代内和代际的人与人之间（包括国家之间、地区之间，部门之间）公平的管理科学水平；提高发展既能高度满足人类消费需要，又能达到环境友好型新材料、新工艺的科学技术水平；提高整治生态环境破坏，治理环境污染、提高环境承载力的科学技术水平等。

四、中国环境管理的基本制度

环境管理制度是指在一定的历史条件下，由政府制定并颁布的，供人们共同遵守的环境管理规范。我国的环境管理制度主要包括：“老三项”制度即环境影响评价制度，“三同时”制度和排污收费制度，以及新五项制度即排污许可证制度、环境保护目标责任制、城市环境综合整治定量考核制度、污染集中处理制度和污染限期治理制度。上述制度一般统称为“八项制度”。

近年来，随着我国社会经济的迅速发展和经济全球化趋势的推动，我国的环境管理领域又增加了几项新的环境管理制度，主要有：污染物排放总量控制制度、清洁生产制度、环境标志制度、公众参与制度、环境管理体系认证制度五项。

（一）八项制度

1. 环境影响评价制度

环境影响评价是对拟建设项目、区域开发计划及国际政策实施后可能对环境造成的影响进行预测和评估。环境影响评价制度是我国规定的调整环境影响评价中所发生的社会关系的一系列法律规范的总和，它是环境影响评价的原则、程序、内容、权利、义务以及管理措施的法定化。

环境影响评价的概念最早是 1964 年在加拿大召开的一次国际环境质量评价的学术会上提出来的。最早把环境影响评价作为一项法律制度确定下来，则是 1969 年在美国的《国家环境政策法》中，此后为各国所效仿。环境影响评价作为项目决策中的环境管理，对我国预防污染、正确处理环境与发展的关系以及合理开发利用资源等方面都起到了重大作用。

2. “三同时”制度

所谓“三同时”是指新建、扩建、改建项目和技术改造项目、自然开发项目以及可能对环境造成损害的工程建设，其防治污染及其他公害的设施，必须与主体工程同时设计、同时施工、同时投产。“三同时”制度是我国独创的一项环境管理制度，它来自 20 世纪 70 年代初防治污染工作的实践。这项制度的诞生标志着我国在控制新污染的道路上迈上了新的台阶。

3. 排污收费制度

排污收费制度是对于向环境排放污染物或者超过国家排放标准排放污染物的排污者，根据规定征收一定的费用。这项制度是运用经济手段有效地促进污染治理和新技术的发展，又能使污染者承担一定污染防治费用的法律制度。

4. 环境保护目标责任制

环境保护目标责任制是一种具体落实到地方各级人民政府和有污染的单位对环境质量负责的行政管理制度。这项制度确定了一个区域、一个部门乃至一个单位环境保护的主要责任者和责任范围。运用目标化、定量化、制度化管理方法，把贯彻执行环境保护这一基本国策作为各级领导的行动规范，推动环境保护工作全面、深入地发展。

环境保护目标责任制是各项环境管理制度和措施的“龙头”，具有全局性的影响。责任制的灵活性很大，各地可以根据本地区的实际情况，确定责任制的指标体系和考核方法，既可以有质量指标，也可以有为达到质量所要完成的工作指标。因此，重点抓好环境保护目标责任制的落实，可以收到牵一发而动全身和纲举目张的效果。

5. 城市环境综合整治定量考核制度

所谓城市环境综合整治，就是把城市环境作为一个系统、一个整体，运用系统工程的理论和方法，采取多功能、多目标、多层次的综合战略、手段和措施，对城市环境进行综合规划、综合管理、综合控制，以最小的投入，换取城市环境质量优化，做到“经济建设、城乡建设、环境建设同步规划、同步实施、同步发展”。

城市环境综合整治定量考核，是由城市环境综合整治的实际需要而产生的，它不仅使城市环境综合整治工作定量化、规范化，而且还增强了透明度，引进了社会监督机制。这项制度的实施，使环境保护工作切实纳入了政府的日常议事日程，目前已成为我国各级环保部门的重要工作任务之一。

6. 排污许可证制度

排污许可证制度是以改善环境质量为目标，以污染物总量控制为基础，对排污的种类、数量、性质、去向、方式等的具体规定，是一项具有法律含义的行政管理制度。排污许可证制度在西方国家已经推行多年，收到了良好的效果。在我国排放许可证目前还处于研究和初试阶段，有多个省市进行了水污染物排放许可证、大气污染物排放许可证方面的试点，但仍需进一步完善。

7. 污染集中控制制度

环境污染的工程治理具有明显的规模效应，因此有必要进行集中控制和处理。我国的污染集中控制制度是指污染控制走集中与分散相结合，以集中控制为主的发展方向。

8. 污染限期治理制度

污染限期治理就是在污染源调查、评价的基础上，以环境保护规划为依据，突出重点，分期分批地对污染危害严重、群众反映强烈的污染物、污染源、污染区域采取限定治理时间、治理内容及治理效果的强制性措施，是人民政府保护人民的利益对排污单位和个人采取的法律手段。限期治理污染的决定是依据一定的法律程序而确定的，具有法律效力。

（二）新的环境管理制度

1. 污染物排放总量控制制度

污染物排放总量控制制度是针对工业比较集中和排污量较大的地区、流域和环境质量要求高的区域，先依据某种方法或技术手段，确定某一区域（或行业）的污染物允许排放总量目标，然后采取一定的行政手段或技术手段，将削减污染物排放量指标分配至各区域（如流域、省市或地区）甚至直接分配给各企事业单位，并限时完成的环境管理制度。

根据确定污染物允许排放总量目标的方法或技术手段的不同，污染物排放总量控制又可分为两种：目标总量控制和容量总量控制。所谓容量总量控制，是指各污染源的排放总量控制指标，是依据环境容量经推算而确定的管理方式，它将污染物排放与环境质量的输入响应关系直接挂钩。所谓环境管理目标总量控制，是依据控制区域的经济水平、技术水平、管理水平等因素，采取一定科学手段，人为地分配污染物允许排放量和削减量指标。

2. 清洁生产制度

在推行清洁生产时，我国将其与工业产业结构、产品结构的调整相结合，要求在制定产业政策时，严格限制或禁止可能造成严重污染的产业、企业和产品，要求工业企业采用能耗物耗小、污染物产生量少的有利于环境的原料和先进工艺、技术和设备，采用节约用水、节约用能、节约用地的生产方式。

3. 环境标志制度

通过国家将某些在生产和消费过程中不会或很少污染和破坏环境的产品，认证审批为“环境标志”产品，进行信息引导，使消费者在选购商品时，自发地抵制那些在生产和使用过程中对环境造成较大危害的产品，从而利用市场竞争机制，促进环境管理目标的实现。

4. 公众参与制度

公众参与制度是指在环境保护领域里，公民有权通过一定的程序或途径参与一切与环境利益相关的决策活动，使得该项决策符合公众的切身利益。

5. 环境管理体系认证制度

环境管理体系认证制度的核心是执行 ISO 14000 环境管理体系认证体系。ISO 14000 是环境管理系列标准的简称，其核心是环境管理。它是国际标准化组织（ISO）从 1993 年开始制定的“以环境管理为核心、其他技术文件为配套”的、编号为 14000 的环境管理系列标准。它包括了环境管理体系、环境审核、环境标志、生命周期分析等国际环境管理领域内的许多焦点问题。

[案例 6-1] 全球环境管理的主要机构及重要行动

一、全球环境管理的主要机构

环境保护已成为与社会经济发展密切相关的全球性重大问题。许多全球性或区域性国际组织都已投身于这一宏大的人类事业。在这些国际组织中有些是专门为解决环境问题而设立的，有些则是基于其他国际合作协调目的而创设的。全球性国际组织主要有联合国系统的联合国教科文组织、联合国粮农组织、世界卫生组织、世界气象组织、政府间海事协商组织、国际原子能机构和联合国环境规划署。对于前六者来说，环境保护不是它们的工作主题，但它们早就参与了国际环境合作，并且是目前全球环境合作的主要参加者。联合国环境规划署是专门的环境组织，在全球环境保护行动中发挥着重要的作用。区域性国际组织则包括欧洲共同体、经济合作与发展组织、经济互助委员会及其他非政府组织，如国际自然和自然资源保护同盟及世界自然保护基金等。它们在全球环境保护中也作出了巨大努力。下面分别对联合国环境规划署、经济合作与发展组织、世界自然保护基金会作介绍。

1. 联合国环境规划署（UNEP）

早在 1968 年，联合国经社理事会在其第 45 次会议上就作出决议，必须刻不容缓地加强国家和国际水平的措施以限制和尽可能的停止对人类环境的污染和破坏，并建议联合国大会考虑召开人类环境会议。第二十三届联大在 2581 号决议中确定，于 1972 年召开人类环境会议。经过几年的筹备之后，联合国于 1972 年 6 月 5 日在瑞典斯德哥尔摩召开了人类环境会议。会议除通过了著名的《人类环境宣言》外，还通过了包括 109 项建议的《行动计划》，并向联合国建议，在联合国体系内建立负责处理与人类环境有关的事务的国际组织。1972 年年底，第二十七届联大审议了人类环境会议的建议，决定 1973 年 1 月成立联合国环境规划署（UNEP），负责处理联合国在环境方面的日常事务工作。其总部先设立于瑞士日内瓦，临时开展工作，同年 10 月迁至肯尼亚首都内罗毕。这是联合国设在发展中国家的第一个全球环境性组织。

2. 经济合作与发展组织（OECD）的环境委员会

经济合作与发展组织（以下简称经合组织）前身是欧洲经济合作组织，是 1960 年成立的。该组织的成员除了欧洲的 18 个国家外，还包括美国、加拿大、日本、澳大利亚和新西兰。其宗旨是各成员国在维持财政稳定的同时，实现最高经济增长和就业以及对世界贸易的发展有所贡献。

在 1969 年年底的理事会上，经合组织提出了把环境问题作为工作焦点的报告。在 1970 年 7 月召开的理事会上，决定把有关环境的工作全部交给新设立的环境委员会。环境委员会特别重视环境政策和社会政策、经济政策的结合，它对成员国政府所认为的对保护环境有重要意义的政策和制度加以研究，然后交经合组织最高决策层审议，作为经合组织的决议（对成员国具有约束力）或劝告（成员国承担道义上的义务）通过，由各国政府付诸实施。

3．世界自然保护基金会（WWF）

世界自然保护基金会是全面开展自然保护活动的全球性非政府环境保护组织，成立于 1961 年，原名世界野生生物基金会，1988 年改名为世界自然保护基金会。其宗旨主要是为自然保护提供财政资助。它与国际自然和自然资源保护同盟以及环境规划署有着特别紧密的合作关系。其成员十分广泛，在世界五大洲的 27 个国家和地区设有分会。它的组织机构包括国际会议、理事会和秘书处。

该组织成立以来积极从事全球生物多样性的保护，野生生物及其生存环境的保护。其工作主要包括：建立和管理自然保护区，保护野生生物的栖息地；促进物种及其生境的研究；自然保护教育计划；发展自然保护组织和机构；进行自然保护培训。迄今为止，已拨款资助 130 多个国家的数千个自然保护项目，支持了世界各地 260 多个国家公园和自然保护区的工作，至少拯救了 33 种濒临灭绝的动物物种。

二、当前全球环境管理的重要国际行动

面对日益严重的全球性环境问题，必须采取全球性的措施加以解决。目前国际上采取的主要行动有：

1．加强国际环境合作

解决全球性生态环境问题，需要全世界的合作。UNEP 前任执行主任托尔巴 1991 年 5 月 27 日及 6 月 5 日，分别在内罗毕和斯德哥尔摩有关会议上强烈呼吁全球环境合作。

1990 年 10 月，世界气象组织、UNEP、联合国教科文组织和粮农组织、国际科联理事会共同在日内瓦召开了第二届世界气候大会。会议专门讨论了气候变化问题。1991 年 2 月和 1991 年 6 月分别在华盛顿和日内瓦举行了气候变化公约谈判的第一、第二次全会，在谈判中，各国对于制定一项关于气候变化公约的必要性和紧迫性取得比较一致的认识。但在公约应包括实质内容、所定义务的范围和程度、履行义务的时间等方面，均存在很大分歧。此后，经过多次多方面的协商协调，求同存异，终于在一些主要问题上达成共识或谅解，最终形成了“联合国气候变化框架公约”。

1991 年 5 月，在摩洛哥召开了第七届世界水资源大会，讨论了淡水供应和水污染防治等问题。世界自然基金会是保护生物多样性方面的活跃机构，到 1990 年已在 130 个国家和地区开展了 5 000 多个项目。由于它持之以恒的努力，全球自然保护意识大大增强。

1991 年 6 月，我国政府发起在北京召开了“发展中国家环境与发展部长级会议”，有 40 个国家的部长级代表和 12 个国际组织的特邀代表参加了会议，会上发表了《北京宣言》。

1992 年在巴西召开的联合国环境与发展大会，是全人类拯救地球的第一次共同努力与合作。《里约宣言》和《21 世纪行动议程》提出建立“新的全球伙伴关系”，为今后在环发领域的国际合作确定了有利于推动南北对话和南南合作的指导原则和行动纲要，这是建立国际新秩序的一次积极探索。

区域性合作解决环境问题的趋势也在增强。如欧共体设立环境保护局，协调各成员国的环境保护工作；1990 年 5 月拉美石油互助协会 16 个成员国就环境保护问题达成一项合作协议；1991 年 3 月，20 多个拉美和加勒比海国家在墨西哥举行了部长级环境保护会议，萨尔瓦多等五国提出建立国际生态新秩序的建议，会议通过了“特拉物特洛尔科纲领”，呼吁加强环境保护合作。

2．签订大量的环境保护公约

随着环境问题的国际化，各国对全球环境问题严重性认识的不断加深，越来越多的国家不再把环境问题看做是孤立的局部现象，认识到只有通过国际合作，协调各国的行动才能解决全球环境问题。各国在保护环境方面的合作日渐广泛，一系列旨在调整国际环境保护关系的法律文件应运而生，不少国家之间已缔结与环境保护有关的双边条约，尤其是 20 世纪 70 年代末至 80 年代期间，在区域性和全球性立法方面取得了一些突破。

3．开展全球环境教育，提高公众的环境意识

继 1977 年 10 月第比利斯国际环境教育大会提出：“人人有受教育的权利”之后，1987 年 8 月，联合国教科文组织和联合国环境规划署在莫斯科召开了国际环境教育和培训会议，提出 20 世纪最后 10 年，即 1991—2000 年，为“国际环境教育 10 年”。1989 年，鉴于世界环境问题的日趋严重，又提出一项在世界范围内全面推进环境教育计划。该计划从经济、社会、文化和自然生态等不同角度全面阐明了人与环境之间的相互关系。为配合这项计划的实施，同年 4 月在保加利亚召开了“教育、环境和发展”国际圆桌会议，提出了开展环境教育国际协作的必要性，强调了在环境教育中个人和社会道德标准的极端重要性。

除了上述行动外，在一些具体环境问题的保护活动中还采取了相应的国际行动，如在保护全球生物多样性和生态系统方面，还通过世界各国建立自然保护区，提高公众的生态意识来保护生物多样性；在臭氧层保护方面还建立了由缔约国中发达国家出资的多边基金，用以帮助发展中国家转向采用对臭氧层无害的替代化合物。

第二节　环境法规与我国主要的环境保护法

一、环境法的概念

（一）关于环境法的名称

关于环境法的名称，各个国家很不统一，欧洲国家多称“污染控制法”，日本称“公害法”，俄罗斯和东欧国家称“自然保护法”，我国以前称“环境保护法”，美国一般称“环境法”。名称不同，反映了各个国家环境问题的阶段性和环境立法的侧重点有所不同，在本质上并没有很大区别。

“公害法”和“污染控制法”，容易被人理解为只限于对环境污染的防治，不能概括环境法的全部内容。日本已于1993年把1967年制定的《公害对策基本法》修改为《环境基本法》。

俄罗斯等国的“自然保护法”，实际含义是广义的，包括了环境保护、名胜古迹保护和自然资源保护。但自然保护一词中的“自然”的含义不是很明确。

“环境保护法”包括了污染防治法和自然环境与资源保护法两方面。但环境法的任务并不只限于对环境的保护，还包括提高环境质量，即建设优美、舒适的环境。因此现在趋向于使用“环境法”这一名称。我国国家教委曾经制定的法律院系教学计划关于课程设置也采用了“环境法”这一名称。现在法学学科博士点设置又改为“环境与资源保护法”。

（二）环境法的定义

西方国家的环境法学著述中关于环境法的定义，往往比较狭窄和笼统。其普遍采用定义为：“环境法是控制污染的法律的总称。”美国环境法学者威廉·罗杰尔从生态学角度给环境法下的定义为：“环境法是保护地球上人类生存空间、防止地球及居住在其上的人类受到各种能扰乱其正常秩序的行为干扰的法律。”

我们认为，环境法是由国家制定或认可，并由国家强制保证执行的关于保护与改善环境合理开发利用与保护自然资源、防治污染和其他公害的法律规范的总称。

这个定义包括三点主要含义：

第一，环境法是由国家制定或认可并由国家强制力保证执行的法律规范。由国家制定或认可，具有国家强制力和具有规范性，这是构成法律属性的基本特征之一，这一特征使它同非国家机关，如社团、组织、企业等的规章区别开来；也同虽由国家机关制定但不具有规范性，或不具有国家强制力的非法律文件区别开来。

第二，环境法的目的是通过防止自然环境破坏和环境污染来保护人类的生存环境，维护生态平衡，协调人类同自然的关系。

第三，环境法所要调整的是社会关系的一个特定领域，即人们（包括组织）在生产、生活或其他活动中所产生的同保护和改善环境合理开发利用与保护自然资源有关的各种社会关系。这种社会关系包括两个主要方面：① 同保护、合理开发和利用自然环境与资源有关的各种社会关系；② 同防治各种公害有关的社会关系。强调指出环境法所调整的社会关系的特定领域，是为了说明它是环境法区别于其他部门法的最重要的特征。

二、环境法的性质和特点

（一）环境法的性质

环境法是法律的一个部门，毫无疑问，它具有法的一般属性；环境法又是一个特殊的法律部门，有许多不同于传统法律的特点。那么怎样看待环境法的性质，它的本质和一般法的本质有无不同，这些问题集中反映在环境法的阶级性问题上。

环境法的阶级性问题，是近年来法学界讨论法的本质时所集中讨论的问题之一，其理论探讨的实质是如何认识具有极强的社会性和技术性特征的环境法的性质和特点。大体有三类主张：

1．认为环境法没有阶级性

其理由是，从人与自然的关系来看，法的共同性因素将随着社会生产力和自然科学的发展，出现日益扩展的趋势。保护生态平衡，合理开发、综合利用自然资源，消除环境污染和各种公害等越来越引起重视，迫使国家不得不用法规的形式来调整。这些调整自然关系的法规，虽然会受到阶级利益的制约和影响，但也得承认，这些法规本身是没阶级性的，是可以为各种社会所共同认可的。

2．强调环境法的阶级性

认为否认环境法阶级性的观点是违背了马克思主义关于法的理论的基本点。资本主义国家的环境法，首先是为了现代生产的需要，以维护高额利润；其次是为了调节个别资本家同整个资产阶级和无产阶级的矛盾；最后是为了保护资产阶级自身的健康与生命安全。可见，资本主义国家环境保护法规，归根结底是为了维护资产阶级的利益的。

3. 不否认环境法具有阶级性

认为环境法具有阶级性，但阶级性不是环境法唯一的本质属性，应该全面地把握环境法产生的背景、任务、性质和特点，具体分析如下：

（1）一般政治职能较强的立法（例如，宪法、刑法、诉讼法等），从其发源来说同国家一样是阶级矛盾不可调和的产物和表现，其主要任务是维护有利于统治阶级的社会关系和社会秩序，因而具有鲜明的阶级性。甚至可以说，它们的本质属性是上升为“国家意志”的统治阶级的意志。而现代环境法的产生，不是因为阶级矛盾不可调和，而是因为生产力的发展严重危害了人类生存环境，也就是说，环境法产生的背景不是阶级矛盾，而是人同自然的矛盾。当然，这些矛盾也包含了某些政治和经济的因素。但是，起决定作用的，即决定事物本质的不是阶级矛盾而是人与自然的矛盾。

（2）环境法的保护对象是人类赖以生存的自然环境，环境法的任务是保护与改善环境质量，保护人类健康。这一任务的实现，将给全体社会成员普遍带来福利，不论富人还是穷人，是统治阶级还是被统治阶级。在这一点上，不表现阶级利益的根本对立和冲突。

（3）环境法同社会的政治、经济、文化有密切的联系，并体现执政阶级的政策和利益，因而也使环境法具有法的一般属性。但是，环境法的保护对象和任务的特殊性决定了它还有更重要的一个方面，即强烈的社会性、自然性和技术性。环境法的有效性是通过社会因素和自然因素的交错关系而起作用的。它在一定程度上受经济规律制约，但主要的、根本的是受自然规律、生态学规律的制约。当社会规律、经济规律同自然规律不一致的时候，最终起决定作用的是自然规律，而绝对不是阶级意志和阶级利益。例如，环境污染产生的危害，不会因社会制度不同而有所不同；防治环境污染应采取的措施，也不因社会制度不同而有根本差异。

认为环境法的性质同一般法律没有任何区别，简单化地套用传统公式，不作具体分析地把环境法也说成是阶级矛盾的产物，是统治阶级为维护本阶级利益而进行统治的工具，就把复杂的社会现象简单化了。这种片面的观点，不利于把握环境法的基本性质和特征，不利于充分发挥环境法的效能，不利于正确把握制定和实施环境法的指导思想，也不利于对各国环境法中的有益经验的借鉴与交流。

（二）环境法的特点

环境法区别于一般法律的主要特征，有以下几点：

1．综合性

保护对象的广泛性和保护方法的多样性，决定了环境法是一个极其综合化的法律部门。环境保护的范围和对象，从空间和地域上说，是比任何法律部门都更加广泛的。它所调整的社会关系也十分复杂，涉及生产、流通、生活各个领域，并同开发、利用、保护环境和资源的广泛社会活动有关。这就决定了需要多种法律规范、多种方法从各个方面对环境与资源保护法律关系进行综合调整。环境与资源保护的立法体系不仅包括大量的专门环境与资源法规，还包括宪法、民法、刑法、劳动法、行政法和经济法等多种法律部门中有关环境与资源保护的规范。环境法所采取的法律措施涉及经济、技术、行政、教育多种因素，也具有综合性。

2．技术性

从宏观上说，环境法不是单纯调整人与人之间的社会关系，而是通过调整一定领域的社会关系来协调人同自然的关系。这就决定了环境法必须体现自然规律特别是生态学规律的要求，因而具有很强的自然科学性的特征。

具体言之，环境保护需要采取各种工程的、技术的措施，环境与资源保护法必须把大量的技术规范、操作规程、环境标准、控制污染的各种工艺技术要求等包括在法律体系之中。这就使环境法成为一个技术性极强的法律部门。

3．社会性

如前面提到的从环境法的保护对象和任务来看，它不直接反映阶级利益的对立和冲突，而主要是解决人类同自然的矛盾。环境保护的利益同全社会的利益是一致的。从这个角度说，环境法具有广泛的社会性和公益性，最明显地体现了环境法的社会职能的一面。

4．共同性

当代的环境问题已不再局限于某个地区，许多都已经超越国界成为全球性问题。因此，环境问题是人类共同面临的问题，尤其是全球性环境问题的解决，需要各国的合作与交流。在环境法所调整的社会关系中，也较多地涉及经济发展、生产管理、资源利用和科学技术方面的问题。同其他法律相比，各国的环境法中都有较多可以相互借鉴的东西。

三、环境法的目的和任务

《中华人民共和国环境保护法》第1条规定："为保护和改善生活环境与生态环境，防治污染和其他公害，保障人体健康，促进社会主义现代化建设的发展，制定本法。"

由此可知，环境法的任务为：① 合理地利用环境与资源，防治环境污染和生态破坏；② 建设一个清洁适宜的环境，保护人民健康；③ 协调环境与经济的关系，促进现代化建设的发展。第一项任务——保护环境与资源，是环境法的直接目的；第二项任务——保护人民健康，是环境法的根本任务，是环境与资源保护立法的出发点和归宿；第三项任务——促进经济增长，是因为环境保护与经济发展有内在的相互制约和依存关系。立法上要完成环境保护的任务，就必须协调它同经济发展的关系。上述三项任务之间有着内在联系。

我们可以把人们的物质生活需要分成两大类：一类是衣、食、住、行等生活方面的基本需要；另一类是卫生、教育、环境条件等方面的需要。随着经济的发展和社会物资的丰富，人们会在要求提高物质文化生活水平的同时，要求进一步建设清洁、安静、优美、舒适的环境。当然，首先是社会生产水平决定人们的物质生活水平，并进而决定对环境质量的需求。在生存、发展、享受三个水平线上，如果生存的基本需要都不能满足，就很难顾及环境保护，当生活水平提高到一定程度时，就会需要相应的优美、舒适的环境。把发展经济同环境保护、维护人民健康三者联系起来作为环境法的三项任务，是社会发展与经济建设的客观规律的反映。

概括和比较世界各国可以从理论上把环境法的目的分为两种：一是基础的直接的目的，即协调人与环境的关系，保护和改善环境；二是最终的发展目的，又包括两个方面：① 保护人群健康；② 保障经济社会持续发展。

在保护和改善环境这一直接目的方面，世界各国并无不同；在最终目的方面，多数国家主张环境法的最终目的，首先是保护人的健康，其次是促进经济社会持续发展，即"目的二元论"。也有的国家（例如，日本、匈牙利等）法律规定，环境法的唯一目的是保护人群健康，即"目的一元论"。

主张环境与资源保护立法"目的二元论"，则是基于承认这样一个重要的事实：发展与环境的关系既相互制约，又相互依存。

首先，二者有互相制约和矛盾的一面。例如，发展经济就势必会带来资源消耗和环境污染等问题；环境保护又需要投入一定的财力和物力，在一国财力、物力不足的情况下，这种矛盾可能表现得十分尖锐。

其次，更重要的一方面是发展与环境有相互依存、相互促进的关系。这主要表现在：① 环境保护的任务就是保护自然资源，保护生产力，维持生态平衡，这就为经济健康发展提供了必要条件和物质基础；② 环境保护要求尽可能综合利用资源和能源，要求技术革新以减少污染，这样就促进了技术革新和资源的节约从而有利于经济发展；③ 环境质量的改善会获得直接的经济效益，并有助于现代经济特别是高科技经济的发展。

反过来，经济发展又会促进环境保护事业的发展。第一，它可以为环境保护提供雄厚的物质基础和污染防治资金；第二，为环境保护提供现代科学技术手段。

正确处理发展与环境的关系，必须衡量发展与环境互相制约的临界线，把发展带来的环境问题限制在一定限度内，在不降低环境质量的要求下使经济能够持续发展。环境与资源保护立法的“目的二元论”，就是建立在正确认识发展与环境关系的基础上的。我国环境法关于目的任务的规定，也体现了这种正确的思想。

四、环境法的产生和发展

（一）国外环境法的产生和发展

人类社会的不同发展阶段产生不同的环境问题。环境法的产生和发展同每一个社会发展阶段环境问题的性质、程度，环境保护在社会生活中的地位以及国家对环境问题采取的基本对策有密切的关系。

现代环境法产生于工业发达国家，大体经历了产生、发展、完善三个阶段。

1. 环境法的产生阶段（18 世纪 60 年代至 20 世纪初）

这个阶段是公害发生期，也是环境法的产生时期。产业革命标志着西方资本主义国家从农业和手工业经济向工业和制造业经济的转变。

工业经济的发展产生了第一代环境污染。蒸汽机和新机器的采用消耗大量的煤和水；矿冶、机器制造、制碱、纺织、造纸等工业的发展也对大气、水和土壤造成污染。工业经济造成的环境污染是人类历史上出现的空前规模的人为的环境污染。它比起农业经济造成的环境污染在范围上和程度上都要严重得多，有的已酿成公害事件。

在一些工业发展较快的国家，开始制定防止大气污染和河流污染的单行法规。英国制碱业很发达，为了防止制碱厂大量排放氯化氢造成大气污染，1863 年颁布了《制碱业管理法》。1876 年英国颁布了《河流污染防治法》。1913 年，英国又颁布了《煤烟防治法》，其控制对象是制碱业以外各种向大气排放烟尘的污染源，是防止大气污染的早期的主要立法。

美国在 1864 年颁布《煤烟法》；1899 年颁布《河流与港口法》，该法禁止将各种废弃物排入通航水域；1912 年颁布《公共卫生法案》，责成卫生署研究水污染对人体健康的影响和调查水污染事故；1924 年颁布《油污染法》，禁止向水域排放任何油类物质。

日本在 1896 年颁布了《矿业法》和《河川法》。“公害”一词最早就是在日本《河川法》里提出的。

西方国家早期的环境立法，主要针对当时的环境污染，即大气和水的污染，防治范围比较狭窄；立法措施主要是限制性的规定或采用治理技术，较少涉及国家对环境的管理。

2．环境法的发展阶段（20 世纪初至 20 世纪 60 年代）

这一阶段是西方工业化国家公害发展和泛滥的时期。世界上有名的公害事件大都发生在这一时期。大量公害事件的发生，引起了大规模的、反公害的群众运动，环境问题成了重大社会政治问题。公害严重的国家不得不采取各种措施，包括大量制定环境法规，从而使环境法得到了迅速发展。

美国在 1948 年颁布了《水污染控制法》，从 1952—1970 年经过五次修订，现称《清洁水法》。1965 年颁布《固体废物处置法》，经过 1968 年和 1970 年两次修订后改称为《资源回收法》。1963 年颁布《清洁空气法》，1965 年、1969 年、1970 年三次修订。

英国在 1956 年对原《公共卫生法（消烟法）》（1936 年）进行了修订并改称为《清洁大气法》；1960 年颁布了《清洁河流法》；1963 年颁布了《水资源法》；1960 年和 1967 年又分别颁布了《噪声控制法》和《生活环境舒适法》。

至 20 世纪 60 年代，苏联各加盟共和国先后通过了《自然保护法》。又在 1968 年、1970 年两年中制定了《苏联和各加盟共和国土地立法纲要》、《苏联和各加盟共和国水立法纲要》，1975 年制定了《苏联和各加盟共和国关于地下资源的立法纲要》和《苏联和各加盟共和国卫生立法纲要》。

联邦德国在 20 世纪 60 年代制定了《自然保护法》、《联邦河流净化法》、《空气污染控制法》、《建筑噪声管理法》、《公路交通法》、《内河危险品运输法》、《原子能法》、《狩猎法》、《海洋危险品运输法》、《合成洗涤剂法》等 30 多部环境法律和法规，把环境法扩大到工业、交通、城建和水域管理等许多部门。

这一阶段的环境立法有两个重要特点：

第一，由于环境问题严重化和国家加强环境管理的迫切需要，许多国家加快了环境立法的步伐，制定了大量环境保护的专门法规，从数量上说，远远超过其他的部门法。

第二，除水污染防治法和大气污染防治法外，又制定了一些新的环境法规（例如，噪声防治、固体废物处置、放射性物质、农药、有毒化学品的污染防治等），使环境法调整的对象和范围更加广泛。

3. 环境法的完备阶段（20 世纪 70 年代至现在）

进入 20 世纪 70 年代，世界很多国家以空前的规模和速度发展经济、开发资源；城市人口高度集中；农业向大型机械化方向发展；随着经济的腾飞，作为经济发展重要动力的科学技术也得到突飞猛进的发展，各种新工艺、新的合成产品不断出现。这样，一方面资源的需求量大大增加，另一方面生产与生活的废弃物也大大增加。虽然各国通过大量投资进行污染治理，明显的大气污染和水污染有所控制，但并没有根本解决环境问题。环境与发展的矛盾仍然是各国面临的重大问题。

在“环境危机”深刻化、全球化的背景下，很多国家对环境实行更加全面、严格的管理。环境立法趋向完备化，并形成独立的法律部门。

这一阶段的环境立法有以下特点：

第一，为了提高国家对环境管理的地位，很多国家在宪法里增加了环境保护的内容，有的国家把环境保护规定为国家的一项基本职能。

第二，20 世纪 60 年代末和 70 年代初，不少国家制定了综合性的环境保护基本法。1967 年日本颁布了《公害对策基本法》，保加利亚颁布了《自然保护法》；1969 年美国制定了《国家环境政策法》，瑞典制定了《环境保护法》；1973 年罗马尼亚制定了《环境保护法》。此后，还有不少国家在制定这种综合性的基本法。环境保护基本法在各国的出现，反映了环境立法从局部到整体、从个别到一般的发展趋势，也反映了各国从单项环境要素的保护和单项治理向全面环境管理及综合防治方向发展，这是环境法向完备阶段发展的重要标志。

第三，各国环境政策和环境立法的指导思想在总结历史经验的基础上发生了根本转变，采取了预防为主、综合防治的政策和措施。1992 年联合国环境与发展大会后，各国把“可持续发展”作为基本的环境政策和立法指导思想。在立法上引进了旨在贯彻可持续发展原则和预防为主方针的各种法律制度。例如，土地利用规划、环境影响评价制度、许可证制度以及鼓励采用低污染、无污染工艺设备的各种经济技术政策。

第四，把环境保护从污染防治扩大到对整个自然环境的保护，加强自然资源与自然环境保护的立法。

在日本，被称为公害立法史上里程碑的 1970 年第 64 届国会，制定和修订了 14 项环境法规，把环境保护的视野从污染控制扩大到保护环境和资源，防止生态破坏。1971 年又制定了《自然环境保全法》。1993 年制定的《环境基本法》把

“现在及将来世代之人们，可以享受健全而恩泽丰沛之环境”作为基本法的主要宗旨规定在总则第四条里。

第五，法律“生态化”的观点在国家立法中受到重视并向其他部门法渗透。在民法、刑法、经济法、诉讼法等部门法中也制定了符合环境保护要求的新的法律规范。

第六，环境立法的完备化和对环境保护这一社会关系的全面调整，使环境法从传统法律部门分离出来，形成了一个独立的法律部门。

（二）我国环境法的产生和发展（新中国成立后的环境立法）

新中国成立以后我国的环境立法经历了比较曲折的发展过程，但环境法制建设的总趋势是日益受到国家的重视而逐步发展和完善。

1. 环境法的产生时期

从新中国成立到 1973 年全国第一次环境保护会议的召开是我国环境保护事业兴起和我国环境法孕育和产生时期。

新中国成立初期，虽然工业生产带来的环境污染开始出现，但并不严重。1958 年开始的“大跃进”，由于盲目追求经济建设的高速度，我国的自然环境遭到了一次大规模的冲击，造成自然环境、矿产资源和生物资源的严重破坏。经过 3 年的调整，国民经济有所恢复，但“文革”的动乱年代，国民经济几近崩溃，环境污染和自然环境破坏也达到了相当严重的程度。

这一时期的环境立法，较多的是关于自然资源的保护，尤其是作为农业命脉的各种环境要素保护。1954 年颁布的《宪法》规定，“矿藏、水流，由法律规定为国有的森林、荒地和其他资源，都属于全民所有”。第一次把重要自然资源和环境要素规定为全民所有即国家所有，从所有权方面确立了全民所有的宪法原则。

1951 年颁布的《矿业暂行条例》，是我国第一部矿产资源保护法规，1953 年颁布《国家建设征用土地办法》，1957 年颁布《水土保持暂行纲要》。

这一时期对于工业生产引起的环境污染开始注意并颁布了一些与防治环境污染有关的法规和标准。1956 年的《矿产资源保护试行条例》，除规定了对矿产资源的保护和合理利用，要切实贯彻执行综合勘探、综合开发和综合利用的方针外，还第一次提出了应当对地下水水源进行水文地质勘探，制订合理的开采方案，防止地下水源遭受破坏；有关部门对于排出的工业、医疗和生活污水，必须采取有效措施，防止污染地下水。

1956 年颁布的《工厂安全卫生规程》，是以劳动保护为主要任务的，但也规定了工厂应对所产生的污水、废气、噪声、废弃物加以管理和控制，这是我国第一个防治工业污染的法规。1959 年颁布的《生活饮用水卫生规程》除规定了生活饮用水的水质标准外，还对水源选择和水源保护区的污染防治作了规定。

从以上主要立法可以看出：这一时期的环境立法最多的是关于自然资源的保护，其次是防止环境破坏，同时也注意到环境污染。但从总体上看，还没有形成完整的环境保护的概念，环境立法还比较零散。

2. 环境法的发展时期

自 1973 年 8 月我国召开第一次全国环境保护会议至 1978 年党的十一届三中全会止，是我国环境保护工作和环境法艰难发展阶段。

20 世纪 70 年代，我国已建立了比较完整的工业体系，环境污染也随之日趋严重。当时又正值动乱年代，我国的环境保护事业是在极不正常的政治、经济背景下艰苦进行的。在国际上，工业发达国家不断出现震惊世界的公害事件，联合国在 1972 年召开的第一次人类环境会议，对中国的环境保护工作起了警戒和促进的作用。在政治动乱的年代里，中国的环境保护工作仍然向前迈进了一步，在机构设置、环境立法、环境管理等方面打下了良好的基础。

这一阶段环境立法的发展过程为：

（1）官厅水库及北京西郊污染情况的调查和国务院关于防治城市大气污染和水污染的批示的发布。自 1971 年起，官厅水库水质明显恶化。1972 年 6 月，国家计委、建委向国务院提出了《关于官厅水库污染情况和解决意见的报告》，建议成立官厅水源保护小组，采取各种紧急治理措施。国务院批转了该报告，同意报告提出的建议，并强调随着我国工业的发展，必须更加重视防止污染，特别是对于关系到人民身体健康的水源和城市空气污染问题，各地应尽快组织力量，进行检查，作出规划，认真治理。这是国务院第一次向全国发出注意环境污染的警告，并提出要对区域性的水污染和空气污染进行规划和治理。

（2）1973 年国务院召开了第一次全国环境保护会议，把环境保护提上了国家管理的议事日程。会议研究、讨论了我国的环境污染和环境破坏问题，拟定了《关于保护和改善环境的若干规定（试行草案）》。这一法规是我国环境保护基本法的雏形。其中规定了环境保护工作方针，并就全面规划、工业的合理布局、改善老城市的环境、综合利用、土壤和植物的保护、水系和海域的管理、植树造林、环境监测、环境科学研究和宣传教育、环境保护投资和设备十个方面的问题，作了较全面的规定。

（3）1974 年，国务院颁布了《防治沿海水域污染暂行规定》。这是我国第一个防治沿海水域污染的法规。

（4）1978 年修订的《宪法》第一次对环境保护作了如下规定："国家保护环境和自然资源，防治污染和其他公害。"为我国的环境保护和环境立法提供了宪法基础。

（5）这一时期，我国制定和颁布了一批新的环境标准，使国家的环境管理有了定量指标。例如，《工业"三废"排放试行标准》，该标准是一个综合性的污染物排放标准，对工业污染源排出的废气、废水和废渣的容许排放量和排放浓度作了详细规定；《生活饮用水卫生标准》，规定了生活饮用水的水质标准，生活饮用水的水源选择原则，水源地的污染防治措施以及水质的检验方法；《食品卫生标准》，第一次对我国各种食品，包括粮食、油类、肉类、鱼类、乳制品、蛋类、酒类、冷饮、食品以及食品添加剂等规定了系统的卫生标准和卫生管理办法。

3. 环境法的初步完善时期

自 1978 年党的十一届三中全会以来，我国的政治、经济形势发生了重大变化，国家的环境保护事业和法制建设也进入了一个蓬勃发展的时期并初步建立了完整的环境法律体系。

第一，1979 年颁布了《环境保护法（试行）》。这部环境保护基本法的颁布，标志着我国的环境保护工作进入了法制阶段，也标志着我国的环境法体系开始建立。该法总结了我国环境保护的基本经验，参考了外国环境法中行之有效的管理制度，对环境保护的对象、任务、方针、政策，环境保护的基本原则和制度，保护自然环境、防治污染及其他公害的基本要求和措施，环境管理的机构和职责、科学研究和宣传教育、奖励和惩罚等作了全面的原则规定。该法还把环境影响评价、污染者的责任、征收排污费、对基本建设项目实行"三同时"等，作为强制性的法律制度确定下来，使其在国家环境管理中发挥了重要作用。

第二，为了解决经济发展与环境保护的严重比例失调，1982 年国务院颁发了《关于在国民经济调整时期加强环境保护工作的决定》，这是又一个环境保护的综合性法规，也是对 1979 年《环境保护法（试行）》的补充和具体化。这个决定对国民经济调整时期各种环境问题的解决，例如，防止新污染源的发展；解决突出的环境问题；重点解决位于生活居住区、水源保护区、风景游览区的工厂企业的严重污染问题；制止对自然环境的破坏，特别是水土资源和森林资源的破坏；重点搞好北京、杭州、苏州、桂林的环境保护；加强国家对环境保护的计划指导；加强环境监测、科研和人才培养；加强环境保护工作领导等都作了具体规定。

第三，20 世纪 90 年代，我国的环境立法发展十分迅速，环境立法成为中国法制建设中最为活跃的一个领域。在污染防治方面颁布了一系列单行法规。例如，《海洋环境保护法》（1982）、《防止船舶污染海域管理条例》（1983）、《海洋石油勘探开发环境保护管理条例》(1983)、《水污染防治法》(1984 年制定，1996 年修订)、《海洋倾废管理条例》(1985)、《关于加强防尘防毒工作的决定》(1984)、《关于防治煤烟型污染技术政策的规定》(1984)、《农药登记规定》(1982)、《大气污染防治法》(1987 年制定，1995 年修订)、《环境噪声污染防治条例》(1989 年制定，1996 年修订为《噪声污染防治法》)、《固体废物污染环境防治法》(1995) 等。

在保护自然环境和资源方面，颁布了《水产资源繁殖保护条例》(1981)、《水土保持工作条例》(1982)、《水土保持法》(1991 年修订)、《关于严格保护珍贵稀有野生动物的通令》(1983)、《森林法》(1984 年制定，1998 年修订)、《草原法》(1985)、《渔业法》(1986)、《矿产资源法》(1986)、《土地管理法》(1986 年制定，1998 年修订)、《水法》(1988)、《野生动物保护法》(1988)、《煤炭法》(1996) 等。

在环境管理方面，颁布了《征收排污费暂行办法》(1982)、《全国环境监测管理条例》(1983)、《环境保护标准管理办法》(1983)、《国务院关于加强乡镇、街道企业环境管理的规定》(1984)、《关于开展资源综合利用若干问题的暂行规定》(1985)、《工业企业环境保护考核制度实施办法（试行)》(1985)、《对外经济开放地区环境管理暂行规定》(1986)、《环境保护行政处罚办法》(1992)、《建设项目环境保护管理条例》(经过二次修订于 1998 年颁布)。

第四，为了加强环境的定量管理，20 世纪 80 年代至 90 年代先后颁布了一批具有规范性的环境质量标准、污染物排放标准和基础方法标准。

第五，在其他一些部门法的立法中，也注意到了环境保护的特点和管理的需要，作了相应的有关规定。例如，《民法通则》侵权的民事责任中关于危险作业和污染环境造成他人损害应承担民事责任的规定；《刑法》关于违反放射性、毒害性物品管理规定造成重大事故的处罚规定和关于保护森林、水产资源、野生动物资源的规定；1997 年颁布的新刑法专门设立了一节“破坏环境资源保护罪”，违法排放、倾倒或处置有毒有害物造成重大污染事故的应承担刑事责任；以及破坏水产资源、野生动物资源、土地资源、矿产资源和森林资源应承担刑事责任；《国营工业企业暂行条例》中关于严重污染环境无法治理或限期治理不见成效，应责令其关闭、停产、合并、转产或迁移的规定，以及企业必须依法作做好环境保护工作，安全、文明生产的规定等。

目前我国正在准备制定一批新的环境保护单行法规。例如，《有毒化学品污染环境防治法》、《放射性污染防治法》、《环境影响评价法》、《清洁生产法》等。准备研究修改的有《水法》、《草原法》、《野生动物保护法》、《水土保持法》、《环境保护法》等。到目前为止，我国的环境法体系已经建立起来。

五、环境法的体系

（一）环境法体系的概念

在各种部门法中，环境法成为独立的法律部门并建立起比较完备的体系，时间上比别的部门法要晚得多，但由于它调整的社会关系十分广泛，使其立法的数量远多于一般部门法，并且形成一个相当庞大的、居于国家法律体系的第二层次的部门法体系。

环境法体系是指由国家制定的开发利用自然资源、保护改善环境的各种法律规范所组成的相互联系、相互补充、内部协调一致的统一整体。

一个国家的环境立法，其法律形式可能多种多样，立法机关的级别及其法律效力也不相同，法律的内容和任务也有不同。但由于它们建立在同一经济基础之上，要完成保护和改善环境这一共同任务，从整体上看，必然具有内在的协调一致性，即形成一个相互联系、协调一致的完整体系。我国的环境法是以宪法关于环境保护规定为基础，并由环境保护基本法、保护自然资源和环境、防止污染和破坏的一系列单行法规和具有规范性的环境标准等所组成的完整的体系。

综合我国现行环境立法，环境法体系由下列各部分构成：

① 宪法关于环境保护的规定；② 环境保护基本法；③ 环境与资源保护单行法规；④ 环境标准；⑤ 其他部门法中的环境法律规范。

（二）宪法中关于环境保护的规定

随着环境问题的严重化和各国对环境保护的重视，很多国家在宪法里对环境保护作出规定，把保护人类环境和维护生态平衡规定为国家的基本职能和企业、团体、公民的义务；把环境保护的基本政策和原则规定在宪法里，作为国家环境保护活动的宪法基础。有的国家把公民有在良好环境下生活的权利，即“环境权”，作为公民基本权利之一规定在宪法里。

宪法关于环境保护的规定，是环境法的基础，是各种环境法律、法规和规章的立法依据。把环境保护作为一项国家职能和基本国策在宪法中予以确认，把环境保护的指导原则和主要任务在宪法中作出规定，就为国家和社会的环境保护活动奠定了基础，赋予了最高的法律效力和立法依据。

宪法的各项规定，为我国环境保护活动和环境立法提供了指导原则和立法依据。

（三）环境保护基本法

环境保护基本法在环境法体系中，除宪法之外占有核心的地位。它是一种综合性的实体法，即对环境保护方面的重大问题加以全面综合调整的立法，一般是对环境保护的目的、范围、方针政策、基本原则、重要措施、管理制度、组织机构、法律责任等作出原则规定。这种立法常常成为一个国家的其他单行环境法规的立法依据。

一般说来，环境保护基本法是在单行环境法规的基础上发展起来的。制定环境保护基本法是环境立法的一个发展趋势。它的出现表明人类的环境保护活动经历了一个从局部到总体的发展过程，从对局部或单个环境要素的保护发展到把人类环境作为一个整体来加以保护。20 世纪 60 年代末和 70 年代初，苏联、日本、美国、瑞士、罗马尼亚、匈牙利等国都制定了综合性环境与资源保护基本法。

1989 年 12 月颁布的《中华人民共和国环境保护法》是我国的环境保护基本法。该法是 1979 年《中华人民共和国环境保护法（试行）》经修订后重新颁布的。

我国环境保护基本法的颁布，对于促进我国环境法体系的完备化，加强我国的环境管理，起了重要作用。但是，《环境保护法》颁布已十多年，应尽快着手进行修改。

（四）环境与资源保护单行法规

环境与资源保护单行法规是针对特定的保护对象（如某种环境要素或特定的环境社会关系）而进行专门调整的立法。它以宪法和环境保护基本法为依据，又是宪法和环境保护基本法的具体化。因此，单行环境法规一般都比较具体详细，是进行环境管理、处理环境纠纷的直接依据。单行环境法规在环境法体系中数量最多，占有重要的地位。

由于单行环境法规名目多，内容广泛，在其归纳分类上，有的按法律、法规、行政规章分类，有的按其所调整的环境要素或环境问题分类，也有的按其所调整的社会关系分类。后者分类清楚，可以作出比较全面的归纳。大体分为如下几类：

1. 土地利用规划法

通过国土利用规划实现工业、农业、城镇和人口的合理布局与配置，是控制环境污染与破坏的根本途径，也是贯彻防重于治原则的有效措施。实现这一目的的土地利用规划法，在环境法体系中占有重要地位，是国家环境立法完备化的不可缺少的内容。土地利用规划法，包括国土整治、农业区域规划、城市规划、村镇规划等法规。

2. 环境污染防治法

环境污染是环境问题中最突出、最尖锐的部分。一般说，在工业发达国家，环境法是从污染控制法发展而来的。在环境与资源保护单行法规中，污染防治法占的比重最大。

污染防治法规包括大气污染防治、水质保护、噪声控制、废物处置、农药及其他有毒物品的控制与管理，也包括其他公害（例如，震动、恶臭、放射性、电磁辐射、热污染、地面沉降等）的防治法规。

3. 自然保护法

自然保护就是对人类赖以生存的自然环境和自然资源的保护。目的是为了保护自然环境，使自然资源免受破坏，以保持人类的生命维持系统，保存物种遗传的多样性，保证生物资源的永续利用。

从我国当前环境与资源保护的下列情况看，自然保护立法越来越显得重要。① 我国的自然环境复杂多样，很多地区自然生态系统脆弱，自然破坏如水土流失、森林锐减、草原退化、土壤沙漠化等在不断加剧。② 中国是一个以农业为基础的国家，农业生产的状况影响到国计民生和整个经济发展，农业生态环境的保护至关重要而且刻不容缓。③ 中国虽然幅员辽阔，资源丰富，但人均资源占有量远远低于世界平均水平，加之人口基数大，资源消耗不断增加，对环境的压力越来越大，这些情况都说明了加强自然保护立法的迫切性和重要性。

近几年，我国自然保护法的制定与修订步伐加快了，重要的自然环境要素和资源保护立法已基本完备。如《水法》、《森林法》、《草原法》、《土地管理法》、《矿产资源法》、《渔业法》、《野生动物保护法》、《水土保持法》等。环境法学界有一种值得重视的意见：应该制定综合性的自然保护法。

4. 环境管理行政法规

国家对环境的管理，通常表现为行政管理活动，并且通过制定法规的形式对环境管理机构的设置、职权、行政管理程序、行政管理制度，以及行政处罚程序等作出规定。这些法规属于环境行政管理法规，它们多数具有行政法规范的性质。当然在环境基本法、污染防治法、自然保护法中也有涉及环境行政管理的规定。

我国已颁布的较为重要的环境行政管理法规有：

（1）为了加强对环境标准、环境监测、工业企业环境保护考核的管理，分别颁布了《环境标准管理办法》（1983 年颁布，1999 年修订后重新颁布）、《全国环境监测管理条例》（1983）、《工业企业环境保护考核制度实施办法（试行）》（1985）。

（2）为了加强对各种建设项目的环境管理，颁布了《建设项目环境保护管理办法》（1986），1998 年修订为《建设项目环境保护管理条例》。这部法规对适用范围、环境影响评价环境保护设施建设、法律责任等都作了更详细的规定。

（3）随着乡镇企业的迅速发展，环境污染出现从城市向农村蔓延的趋势，为了加强乡镇企业的环境管理，国务院颁布了《关于加强乡镇、街道企业环境管理的规定》（1984），对调整企业发展方向、合理安排企业的布局、严格控制新的污染源、制止污染转嫁、加强对乡镇企业的环境管理等作了规定。

（4）1986 年，经国务院批准，国家环保局颁布了《对外经济开放地区环境管理暂行规定》，对经济开放地区的范围、开放地区环境保护的方针和重要措施、环境影响评价制度、排放标准、项目建设和排污的申报、审批程序、法律责任等作了规定。

（五）环境标准

在环境法体系中，特殊而又不可缺少的组成部分就是环境标准。这里介绍我国三类标准的制定。即：环境质量标准；污染物排放标准；基础标准和方法标准。

1．环境质量标准

我国环境质量标准的制定工作，开始于 20 世纪 50 年代。为控制工业集中地区出现的局部环境污染，首先制定了一些以保护人群健康为主的专业性环境质量标准。如 1956 年颁布了《工业企业设计暂行卫生标准》（1962 年修订为《工业企业设计卫生标准》），规定了居民区大气中 12 种有害物质的最高允许浓度。

1959 年颁布了《生活饮用水卫生规程》（1976 年修订为《生活饮用水卫生标准》），20 世纪 80 年代以后系统地加强了环境质量标准的制定与修订工作。如《大气环境质量标准》（1982 年制定，现已被 1996 年的《环境空气质量标准》取代）。《渔业水质标准》（1979）、《海水水质标准》（1982）、《地面水环境质量标准》（1983 年制定，1988 年修订）、《农田灌溉水质标准》（1985 年重颁）、《生活饮用水卫生标准》（1985 年修订）、《城市区域环境噪声标准》（1982 年制定，1993 年修订）、《核电厂环境辐射防护规定》（1986）、《工业企业厂界噪声标准》（1990）。

2．污染物排放标准

我国第一个综合性的国家排放标准是 1973 年制定的《工业“三废”排放试行标准》；该标准对各类工业排放的气、液、渣三大类污染物分别规定了允许浓度和数量。《工业“三废”排放试行标准》对 20 世纪 70 年代我国的污染控制起了一定作用。但这个标准有的指标规定过严，并有“一刀切”的缺陷。它实际上是一个过渡性标准，已逐步被综合性和各种专业性排放标准所取代。

20 世纪 80 年代至 90 年代我国全面开展了综合性和行业排放标准的制定工作，综合性排放标准有《大气污染物综合排放标准》（1996）、《污水综合排放标准》（1996），同时陆续制定了各种工业生产和产品的污染物排放标准。

3. 基础标准和方法标准

近年来，我国也在加紧进行基础标准和方法标准的制定工作。已经制定的监测方法标准和基础标准有 200 多项，是环境标准中数量最多的。截至 2007 年 6 月底，已颁布的环境保护国家标准 615 项，仅 2006 年，就发布各类环境标准 118 项，其中，国家污染物（控制）标准 2 项，国家环保行业标准 113 项，国家污染防治技术政策 3 项。

（六）其他部门法中关于环境保护的法律规范

由于环境保护的广泛性，专门环境立法尽管数量上十分庞大，但仍然不能把涉及环境保护的社会关系全部加以调整，在其他的部门法，如民法、刑法、经济法、劳动法、行政法中，也包含不少关于环境保护的法律规范，这些法律规范，也是环境法体系的组成部分。

1. 《中华人民共和国民法通则》中的有关规定

作为调整平等主体之间的财产关系和人身关系的《中华人民共和国民法通则》，其中不少涉及环境保护规范。如该法第 80 条、第 81 条关于国家和集体所有的土地、森林、山岭、草原、荒地、滩涂、水面、矿藏等自然资源，一方面规定了所有权、使用权、经营权、收益权受法律的保护，同时也规定了使用单位或个人有管理、保护和合理利用的义务。

第 83 条规定，不动产的相邻各方，应当按照有利生产、方便生活、团结互助、公平合理的精神，正确处理截水、排水、通行、通风、采光等方面的相邻关系。给相邻方造成妨碍或者损失的，应当停止侵害、排除妨碍、赔偿损失。

对公民人身权利的保护方面，第 98 条规定，公民享有生命健康权。由于污染环境而危害公民生命和健康的行为，应该属于民事侵权行为。

第 123 条和第 124 条进一步规定：从事高空、高压、易燃、易爆、剧毒、放射性、高速运输工具等对周围环境有高度危险的作业造成他人损害的，应当承担民事责任；违反国家保护环境防止污染的规定，污染环境造成他人损害的，应当依法承担民事责任。此外，第 119 条对侵害公民身体造成伤害，进行赔偿的范围作了规定；第135条和第137条规定，向人民法院请求保护民事权利的一般诉讼时效为2年，最长诉讼时效为20年。

2.《中华人民共和国刑法》中的有关规定

1997年经过修订的新《刑法》在第六章中，专门设立了的“破坏环境资源保护罪”，对各种严重污染环境和破坏自然资源的犯罪行为规定了相应的刑事责任。

3.《中华人民共和国治安管理处罚条例》中的有关规定

《治安管理处罚条例》是对扰乱社会秩序妨碍公共安全尚不构成犯罪的违法行为给予行政处罚的行政法规，其中有不少是关于环境与资源保护的规定。例如，第20条第2项规定，违反爆炸、剧毒、易燃、放射性等危险物品管理规定，生产、储存、运输、使用危险物品，尚未造成严重后果的，处15日以下拘留、200元以下罚款或者警告。第25条第1项规定，关于在地下、内水、领海及其他场所发现文物隐匿不报，不上交国家和故意污损国家保护的文物、名胜古迹，尚不够刑事处罚的，处200元以下罚款或者警告；该条第6项，第7项分别规定，破坏草坪、花卉、树木，在城镇使用音响器材，音量过大，影响周围居民工作或休息，不听制止的，处50元以下罚款或者警告。

4.经济法中的有关规定

环境问题就其主要方面来说，是在生产活动、经济活动中产生的，环境保护同经济发展有着密不可分的联系，因而环境法与经济法也有着十分密切的联系。在各种经济法规中，如工业企业法、农业法、交通运输法、涉外经济法、基本建设法中都或多或少包含环境与资源保护的法律规范。

1988年4月颁布的《中华人民共和国全民所有制工业企业法》第41条规定：“企业必须贯彻安全生产制度，改善劳动条件，做好劳动保护和环境保护工作，做到安全生产和文明生产。”《中华人民共和国对外合作开采海洋石油资源条例》(1982)，对环境保护作了专项规定。该条例第24条规定：作业者和承包者在实施石油作业中，应当遵守中华人民共和国有关环境保护和安全方面的法律规定，并参照国际惯例进行作业，保护渔业资源和其他自然资源，防止对大气、海洋、河流、湖泊和陆地等环境的污染的损害。《中华人民共和国中外合资经营企业法实施条例》(1983)第5条规定：申请设立合营企业，如有造成环境污染的情况，将不予批准。《技术引进和设备进口工作暂行条例》(1981)第15条规定：对技术引进和设备进口项目要进行可行性研究，其主要内容包括“厂址选择、生产工艺、设备造型、原材料来源、能源供应和环境保护”等问题的分析和安排。

[案例 6-2] 环境犯罪综述

《中华人民共和国刑法》于 1997 年 3 月 14 日经全国人民代表大会修改，并于当年 10 月 1 日生效。修改后的《刑法》在第 338 条首次明确规定了重大环境污染事故罪，第 408 条还针对环境监管人员规定了环境监管失职罪，其他条款还规定了走私固体废物等有关环境的犯罪。《刑法》施行以来，全国迄今共处理结案了 17 起环境犯罪案件，另有几起尚在司法机关处理过程之中。

环保部门对构成犯罪的环境违法行为，按照程序及时移送司法机关，并配合司法机关打击环境违法犯罪行为，取得了积极效果。各级环保部门应当熟悉案件移送程序规则，充分运用环境司法手段，更好地发挥《刑法》对违法和犯罪的威慑力，促进环境行政执法工作。

现将环境犯罪案件的基本情况，集中整理如下：

一、重大环境污染事故犯罪案（9 件）

1．山西省运城市天马文化用纸厂案

1997 年 10 月 14～15 日，杨军武独资开办的天马文化用纸厂含挥发酚的污水排入引黄干渠；16 日污水进入樊村水库，并致使供水系统被严重污染，运城市北城区供水中断 3 天，直接经济损失 35.881 5 万元。

1998 年 9 月 17 日，山西省运城市人民法院以重大环境污染事故罪判处杨军武有期徒刑两年，并处罚金 5 万元。人民法院同时判处杨军武赔偿附带民事诉讼原告人 35.881 5 万元。1998 年 12 月 7 日，运城地区中级人民法院裁定维持原判。

2．四川省名山县恒达化工厂案

1999 年 1 月 31 日，恒达化工厂日常工作管理负责人刘安华经独资私营业主林卿安同意，将含高浓度氟化物的废水直接排入排水沟，并陆续向厂外排放，致使饮用水源污染，造成多人出现中毒症状，303 人门诊治疗和 104 人住院治疗，共造成经济损失 33.981 6 万元。

1999 年 9 月 1 日，四川省名山县人民法院以重大环境污染事故罪判处恒达化工厂罚金 5 万元；林卿安有期徒刑 3 年，并处罚金两万元；刘安华有期徒刑 3 年，缓刑 3 年，并处罚金 2 000 元。人民法院同时判处赔偿经济损失 33.981 6 万元。

3．浙江省庆元县染料化工有限公司案

1998 年 5 月 5 日，庆元县染料化工有限公司的污水池排放管道阀门断裂，100t 废水流入竹口溪，导致松溪县自来水厂停止供水 504 h，建瓯东门水厂停止供水 38 h，南平市安丰水厂停止供水 395 h，蟹苗、鱼苗死亡，农禾蔬菜加工厂停产。

2000 年 3 月 17 日，浙江省庆元县人民法院以重大环境污染事故罪判处庆元县染料化工有限公司罚金 5 万元；庆元县染料化工有限公司董事长许涛有期徒刑 1 年零 6 个月。

4．江苏省吴自柱氯气泄漏案

1999 年 9 月，江苏省淮阴县北吴集乡李葛村八组农民吴自柱打开 3 只旧氯气罐阀门。11 月 19 日氯气散发，导致淮阴县果林场营西村小学 204 名师生中毒，医药费 86 113.98 元。并使 127.9 亩庄稼受损，1 头猪被毒死，计 1.2 万元。

2000 年 6 月 12 日，江苏省淮阴县人民法院以重大环境污染事故罪判处吴自柱有期徒刑 1 年零 6 个月，并处罚金 2 000 元；王启有期徒刑 8 个月，并处罚金 1 000 元；姜翠兰有期徒刑 6 个月，缓刑 1 年，并处罚金 1 000 元。

5．浙江省王益明倾倒化工废料案

王益明为义乌市华义精细化工有限公司处理一批化工废料。1998 年 8 月 11 日将 18 桶化工废料翻到磐安县境内大云线 9 km + 600 m 安文镇花街隧道附近公路下沟里。8 月 23 日将 15 桶化工废料倾倒在磐安县境内东仙线 66 km + 420 m 盘峰乡麻车峡地段的公路沿下，部分废料流入河道，致使现场大片草木枯死、溪鱼死亡，造成经济损失 68 817.30 元，且造成了水资源的损失。

2000 年 6 月 19 日，浙江省磐安县人民法院以重大环境污染事故罪判处王益明有期徒刑 1 年，缓刑 1 年；义乌市华义精细化工有限公司犯同罪，罚金 12 万元；华义精细化工有限公司总经理助理楼宏胜拘役 6 个月，缓刑 6 个月，并处罚金 6 万元。

6．湖南省郴州市砷制品公司案

郴州市砷制品公司擅自将两条未经验收的砒灰生产线投入生产，致使沉淀池发生废水泄漏，并人为地将沉淀池中大量废水废渣外排，导致数百人急性和亚急性砷中毒，由此发生善后费用 164 万元。

2000 年 12 月 4 日，湖南省郴州市苏仙区人民法院以重大环境污染事故罪判处该矿法定代表人张范宣有期徒刑 4 年，处罚金 1.5 万元；直接责任人张圣华有期徒刑 3 年，处罚金 1 万元。

7．浙江省杨国光、蒋巧林氯气泄漏案

2000 年 8 月 12 日，浙江省嘉善县天凝镇五星村冷却块厂杨国光、蒋巧林将 3 只工业用密封钢瓶内残留氯气放出。氯气飘向附近村民家及农田，约 140 名附近村民出现头晕、乏力、咳嗽、呕吐等不同程度的中毒症状，100 余人去医院治疗（其中 77 人住院），花去医疗费 7 万余元，部分良田受损减产。

2001 年 2 月 8 日，浙江省嘉善县人民法院以重大环境污染事故罪判处杨国光有期徒刑 1 年零 3 个月，并处罚金 1 万元；蒋巧林判有期徒刑 1 年零 3 个月，并处罚金 1 万元。

8．江苏省宜兴市洋溪东湖化工厂案

2000 年 6 月至 2001 年 6 月，江苏省宜兴市洋溪东湖化工厂向厂外直接排放严重超标的有毒有害化工废水。同时，该厂法定代表人张锡余放任吴小平在其厂内直接排放严重超标的有毒有害化工废水，造成水质严重污染，365.992 亩水稻田污染受损，直接经济损失 166 577 元。

2001 年 12 月 24 日，江苏省宜兴市人民法院以重大环境污染事故罪判处张锡余有期徒刑 1 年，并处罚金两万元；吴小平有期徒刑 1 年，缓刑 1 年零 6 个月，并处罚金两万元。

9．贵州省独山县中南选冶厂案

2001年3月28日，贵州省独山县中南选冶厂未经批准，擅自购买150余吨“碱泡渣”并随意堆放在厂区，雨水浸泡后形成的污水顺排污沟渗入五里村姚家寨村民的生活水井。此外，陆祖元指使工人将冶炼废渣倾倒于厂外一坑内，雨水冲刷后有毒物质渗透至北门村飞机场组村民生活水井中，造成334名群众砷中毒，水体和农业直接经济损失115 737.82元。

2002年2月28日，贵州省独山县人民法院以重大环境污染事故罪判处陆祖元有期徒刑5年，并处罚金10万元。

二、环境监管失职案（1件）

山西省阳城县环保局局长赵璋信、副局长赵余库环境监管失职案

山西省阳城县环保局局长赵璋信、副局长赵余库，不认真履行职责，对新联友化学工业有限公司项目的选址不当、执行“三同时”制度不严格、违法试生产、违规排放废水等违法违规情形未严格审批把关和依法及时处理，导致该公司含有大量硫氰酸盐有害物的废水未经任何处理，长期直接排放到史山河道，严重污染了东峪庄饮用水源，致使该村79人中毒，49人入院治疗，造成直接经济损失1 472 119.92元。

2002年4月9日，山西省晋城中级人民法院作出终审判决，赵余库犯环境监管失职罪，判处有期徒刑8个月；赵璋信犯环境监管失职罪，判处有期徒刑6个月，缓刑1年。

三、非法处置进口的固体废物犯罪案（1件）

北京市平谷县大华山镇西峪村造纸厂李肇运非法处置进口固体废物案

1995年9～10月，北京市平谷县大华山镇西峪村造纸厂承包人李肇运从中国远洋运输公司购买639.4 t进口废纸（实为生活垃圾）。李肇运未向有关部门报告，反而擅自销售100余吨，非法经营额10万余元。

1997年，平谷县人民法院一审以投机倒把罪判处李肇运有期徒刑5年，追缴违法所得102 495元。1998年9月17日，北京市第二中级人民法院二审改判，以非法处置进口的固体废物罪，判处李肇运有期徒刑3年，追缴违法所得102 495元。

四、造成环境污染的危险品肇事犯罪案（4件）

1．河北省沧州市吴洪军、贾建平硫酸二甲酯泄漏案

2000年1月8日，河北省沧州市个体雇佣司机吴洪军、贾建平在未按规定采取任何必要防护措施，未经公安部门出具准运证送二级剧毒品硫酸二甲酯。在运输途中发生交通事故导致硫酸二甲酯泄漏，且不及时报告，造成26人中毒，经济损失达66 256元。

2000年7月17日，河北省沧州市新华区人民法院以危险物品肇事罪，判处吴洪军、贾建平各有期徒刑1年。

2．陕西省丹凤县胡宝林氰化钠泄漏案

2000 年 9 月 27 日，湖北省枣阳市金牛化工有限责任公司未查验化学危险品准运证和化学危险品购买证原件即派胡宝林往陕西省丹凤县四方金矿公司运送氰化钠。胡宝林与平木镇上河村农民邓小琦（无道路危险货物运输操作证）未办理化学危险品准运证即从事氰化钠运输，于运输途中发生交通事故，10 余吨氰化钠渗漏入铁河，发生抢险和恢复治理费用 8 656 907.89 元。

2001 年 1 月 18 日，陕西省丹凤县人民法院以危险物品肇事罪，判处胡宝林有期徒刑 5 年零 6 个月；邓小琦有期徒刑 5 年；湖北省枣阳市金牛化工有限责任公司副经理张国井有期徒刑 5 年；丹凤县四方金矿有限责任公司供应科科长杨品生有期徒刑 3 年，缓刑 5 年。

3. 福建省上杭县鲁令琪氰化钠泄漏案

2000 年 10 月 24 日，安徽省曙光化工供销公司车队司机鲁令琪（未办理道路危险货物运输操作证）超载运输氰化钠途中发生交通事故，氰化钠大量泄漏，造成水源污染，导致 98 人中毒，经济损失 137 万元。

2001 年 5 月 22 日，福建省上杭县人民法院以危险物品肇事罪，判处安徽省曙光化工供销公司车队司机鲁令琪有期徒刑两年。2000 年 8 月 15 日，双方在法院调解下达成赔偿协议，曙光化工供销公司赔偿上杭县政府及村民 160 万元。

4. 河南省洛宁县郭生会氰化钠泄漏案

2001 年 11 月 1 日，河南省偃师市天元化工厂郭生会（无危险货物押运证）、郭延光（无道路危险货物运输操作证）、张正安、任朝峰违规超载运输氰化钠，导致该车翻至路基下山河中，氰化钠泄漏，导致兴华河、洛河流域严重污染，1 人中毒、15 头牲畜死亡，另有 10 头牲畜中毒。

2002 年 2 月 3 日，河南省洛宁县人民法院以危险物品肇事罪判处郭生会有期徒刑两年零 3 个月；郭延光有期徒刑两年零 3 个月；张正安有期徒刑 1 年零 6 个月，缓刑两年；任朝峰有期徒刑 1 年，缓刑 1 年零 6 个月。

五、伪造进口废物批准证书犯罪案（1 件）

广东省南海市谢伟峰伪造进口废物批准证书案

2001 年 6 月，谢伟峰将伪造的国家环境保护总局“进口废物批准书”（编号 12188）以 43 万元出售给谢道森，谢道森以 58 万元转售给赵国峰，赵国峰以 65 万元转售给潘伟光。同年 7 月 13 日，该证在南海市海关被查获。

2001 年 12 月 26 日，广东省南海市人民法院以非法经营罪判处谢道森有期徒刑 3 年零 6 个月，罚金 15 万元；赵国峰有期徒刑两年，缓刑 3 年，罚金 7 万元；没收二人非法所得。

资料来源：中国环境报 2002 年 10 月 29 日. 别涛、赵柯.

思考与练习

1. 什么是环境管理？环境管理的基本原则是什么？
2. 环境管理的主要手段有哪些？
3. 我国环境管理的基本制度有哪些？
4. 环境法的定义主要包含哪几点？
5. 简述环境法的目的、任务是什么？
6. 环境法的体系主要包括哪些内容？
7. 我国的主要环境法律制度有哪些？

参考文献

[1] 叶文虎. 环境管理学. 北京：高等教育出版社，2000.
[2] 朱庚申. 环境管理学. 北京：中国环境科学出版社，2002.
[3] 钱易，唐孝炎. 环境保护与可持续发展. 北京：高等教育出版社，2000.
[4] 金瑞林. 环境保护与资源法. 北京：高等教育出版社，1999.
[5] OECD. 环境管理中的经济手段. 北京：中国环境科学出版社，1996.
[6] 马桂新. 干部环境教育读本. 北京：科学出版社，2004.
[7] 刘天齐. 环境保护. 北京：高等教育出版社，2000.
[8] 刘培桐. 环境学概论. 北京：高等教育出版社，1995.
[9] 旷天化. 环境保护法制. 沈阳：东北大学出版社，1997.
[10] 杜秋根. 环境保护政策法规新编. 沈阳：白山出版社，2001.

第七章
城乡环境与保护

总体教学目标：

本章包括两部分内容，第一节主要介绍城市、城市生态系统，以及城市环境污染与城市可持续发展等内容；第二节着重介绍农业生态系统的概念、结构，即农业可持续发展。分析了我国农业所面临的问题，指出了我国农业可持续发展的基本途径。

要求重点掌握以下内容：

1. 城市生态系统的特点；
2. 城市环境污染的原因；
3. 城市大气污染物的种类及危害；
4. 城市可持续发展的基本途径；
5. 农业生态系统的概念、结构；
6. 我国农业可持续发展的基本途径。

第一节　城市环境与城市的可持续发展

一、城市环境概述

（一）城市与城市环境问题

城市是人类聚居的主要区域，是一个复杂的地域综合体。它是人类社会发展到一定历史阶段的产物，是人类为了政治、经济和军事目的而聚集的结果。

人类聚居在城市的历史已有 4 000 多年。古代的城市是随着生产力的发展、劳动分工的进一步细化及生产关系的改变，由乡村日益分化出来的人类集中活动的区域单元。如：公元前 2000 年时，世界上已出现了当时最大的城市罗马，当时的罗马城人口发展到了数万人，建筑风格已尽显雄伟之风。再如：3 000 多年前我国的商都，虽城市规模不大，但已有了道路网的配置以及各种功能分区。

早期的城市不论是人口还是规模都并不庞大。城市中污染物的排放量也相对较少，完全可以被自然界净化。但是，18 世纪出现的工业革命，蒸汽机的发明、燃料能源的发展等引起了生产力突飞猛进的发展，城市里具有了社会化、专业化的机器，城市工业化进程加快，大量人口从农村流入城市，引起了城市人口迅猛膨胀。生活在城市中的人们，需要进行呼吸、饮水、进食、居住、劳动、工作、娱乐活动等；同时也要进行新陈代谢并需排放废物到城市环境中。由于人口密度高，城市中污染物的排放量较大，这就对城市环境造成了一定的污染。随着资本主义工业革命的实现，生产力和生产关系的巨大发展与变革，工业生产不断集中，且规模越来越大，许多国家出现了“工业地带”现象。如：美国形成了以费城、巴尔的摩、纽约、波士顿等城市相连成片的“大工业地带”，面积达 53 500 km^2，人口达 3 700 万，此“大工业地带”规模之大占美国全部制造工业的 70%，人口数量占美国全国人口的 40%。再如：日本的东京、名古屋、大阪；德国的经济中枢鲁尔地区都形成了“大工业地带”。这些“大工业地带”的出现，虽然满足了许多国家生产和经济发展的需要，但是由于工业生产的集中，排放的大量工业污染物和废弃物很难通过生物小循环而净化和重复利用，势必对城市环境造成巨大危害，产生城市环境问题，从而影响城市居民的生活质量和健康水平，制约着社会经济的健康、有序发展。在局部地区自然资源的过度开采利用导致资源和能源危机，“三废”物质的大量排放和扩散导致环境污染加重，生态平衡破坏、生物物种灭绝，新的病原微生物产生与传染和全球变化等一系列的环境问题。如何有效地解决“大工业地带”所产生的城市环境问题及所引发的其他环境问题是当前环境科学研究的重中之重。

（二）城市生态系统

城市生态系统是以人类为中心的自然和社会结合的生态系统。一般是指：特定地域内的人口、资源、环境通过各种相生相克的关系建立起来的一个规模庞大、结构复杂、功能综合、因素众多、高于一般生态系统的复合体。

城市生态系统是建立在自然生态系统基础上的人工生态系统。但是，它本身又是一个独立而完整的体系，有着不同于自然生态系统的突出特点：

1. 城市生态系统是一个人工生态系统

城市生态系统是一个复合人工系统，人是城市生态系统的主体。城市人口集中、密度大这一特点与城市工农业生产发展密切相关。人工控制和人工作用对城市的存在和发展起着决定性作用，城市几乎完全取决于人类的意志和愿望，有计划、有步骤地按制定的规划实施城市建设，这就改变了城市的自然环境，而形成了以人为主体的城市生态系统即人工生态系统。城市建设导致人类把大量的生产和生活资料、物质能量和信息输入这个系统，从而造成大量的物质积累于城市中；城市的生产和生活废弃物、物质能量和信息大量的排放，超出了自然环境的净化能力，自然环境不断遭到破坏，城市环境问题随之产生。当前，城市环境污染已经成为环境污染最严重的地区。

2. 城市生态系统的开放性

城市生态系统不同于自然生态系统。自然生态系统是一个自律系统，它依靠系统内部的能量与物质传递来维持各种生物的生活。比如：绿色植物自己吸收阳光进行光合作用，再将光能转化成化学能，储存在所创造的有机物中，以维持自身的生活。城市生态系统则完全不同于自然生态系统，它对外部系统具有依赖性。城市生态系统自身不能提供本系统所需的大量能源和物质，比如人们生活所需的日常用品、农副产品等。城市生态系统必须从城市外部输入所需的能源物质，经过城市加工，将从外部系统中获得的物质和能源转变成城市人们生产、生活所需的产品形式供人们使用。另外，在人力、资金、技术、信息等方面，城市生态系统对外部生态系统也有一定依赖性。同时，城市生态系统缺乏分解者，对于城市中人们生产、生活所产生的大量废弃物，城市生态系统本身难以分解，必须将这些废弃物运送到农田、荒地、水域等其他生态系统中去，帮助自身进行分解。由此可见，城市生态系统不是一个自律、封闭的系统，从其物质与能量循环方面可见得城市生态系统是一个开放式的生态系统。

3. 城市生态系统的脆弱性

城市生态系统本身不能自给自足，它在各个方面对外部生态系统有着不同程度的依赖性，是一个靠外力才能维持的生态系统。同时，城市有限的空间集中了大量的能源、物质和人口，其单位面积上所含有的这些物质性要素是任何自然生态系统与外部生态系统都无法比拟的，城市生态系统具有高度集中性。加之人是城市生态系统中的主体，城市生态系统中的这些高度集中性以及人为因素，导致城市环境的污染，出现了“热岛效应”、“逆温差”、“干岛”、“湿岛”、“混浊岛”、“地形变化”等现象。这一切破坏了自然自身的调节功能，从而加剧了城市生态系统的脆弱性。

二、城市环境污染与城市可持续发展

（一）城市环境污染

城市的发展的确给人类自身创造了方便而舒适的生活条件，满足了人类自身生存、发展、享受的需求。但是，城市作为人类生产生活集中的场所，利用和消耗着大量的能源物质，随之产生了大量的废弃物。最初排放的废弃物不会使城市环境产生大规模、根本性的变化，这些废弃物能够通过自然界的物流、能流和信息流得以净化。但工业革命以后，生产力发生了质的飞跃，人类社会进入了大量生产和大量消费阶段，城市排出的废弃物剧增，远远超出了自然环境的净化能力，从而使城市环境遭到了严重的污染和破坏。城市环境污染和破坏主要体现在大气污染、水体污染、固体废物污染、噪声污染、城市居住环境问题等方面。

1. 城市大气污染

城市大气污染主要是由工业生产、交通运输和生活能源的利用所产生的。主要污染物有：烟尘、二氧化硫、一氧化碳及其他气体等。

（1）烟尘污染。城市大气污染的主要物质就是烟尘，烟尘主要是由燃煤引起的。就我国情况而言，一些北方城市在冬、春主要靠燃煤取暖，大量烟尘排放到城市上空，严重污染城市大气。同时，城市周边工厂林立，工厂锅炉排放的大量烟尘也是造成城市大气污染的主要因素之一。一般情况下，居民家庭炉灶每烧 1 t 煤约产生 35 kg 烟尘，工厂锅炉每烧 1 t 煤约产生 11 kg 烟尘。在全国烟尘的排放量中，由燃煤产生的占 70%。由此可见，在某一时间内烟尘大量聚于城市上空，远远超出自然净化能力从而造成城市大气污染。

（2）二氧化硫污染。二氧化硫也是影响城市环境相当严重的污染物质，它主要是燃烧煤和石油等含硫燃料所产生的。在全国二氧化硫的排放量中，由燃煤产生的占 90%。二氧化硫在城市大气中分布很广，污染更加突出，经济损失也更严重。

国家环保总局 2006 年统计：2005 年，全国二氧化硫排放总量高达 2 549 万 t，居世界第一，比 2000 年增加了 27%。有关研究表明，我国每排放 1 t 二氧化硫造成的经济损失约 2 万元。另外，依据对 17 个省（自治区、直辖市）有关数据的综合分析，上半年，化学需氧量、二氧化硫的排放量分别比 2004 年同期增长了 4.2%、5.8%。

硫氧化物排放到空气中，遇到大气中的水汽就会生成酸雨、酸雾。目前，我国因过量排放二氧化硫，导致区域性的环境酸化，酸雨区已超过国土面积的 40%。

酸雨、酸雾对城市环境破坏很大，严重危害到城市人民身体健康。此外，它对城市建筑物、名胜古迹具有极强的腐蚀性。

在我国，由于南方城市经济较为发达，人口更加集中，机动车使用数量较大，尾气排放出的大量二氧化硫严重影响着南方城市环境，使南方城市大气污染更加严重。

（3）一氧化碳污染。一氧化碳污染是随着煤、石油等燃料的不完全燃烧而产生的。城市工业的不断发展，汽车数量的增加对煤、石油等能源的需求量也不断增大，排放到大气中的一氧化碳量也随之日益增加。在发达国家中，汽车尾气已成为城市大气污染的主要因素，其城市大气中80%以上是汽车尾气排放出的一氧化碳。如：美国、日本等国家汽车排放出的一氧化碳对城市大气造成极其严重的污染，已成为城市大气中数量最大的污染气体。

（4）其他气体污染。城市大气污染除烟尘、二氧化硫、一氧化碳等主要污染物外，还有光化学烟雾、含氟和氯等废气的污染。

光化学烟雾主要是由汽车和工厂烟囱排放出的氮氧化物和碳氢化合物经紫外线照射而生成的一种有害气体。光化学烟雾污染对人体造成很大危害，主要表现为：眼睛红肿、喉咙疼痛、呼吸困难、视力减退、头晕目眩等不同程度的症状。美国的洛杉矶、日本的东京、中国的兰州都曾出现过不同程度的光化学烟雾污染。

氟、氯等气体的污染主要是来自工厂排放的废气。生产电解铝、磷肥、磷酸铝以及生产含氟有机物氟利昂的工厂对大气造成不同程度的氟污染；氯污染主要来自生产氯碱和盐的工厂。氟和氯对大气造成的污染，直接影响、危害着生物和人体的健康。

2. 城市水体污染

水是一切细胞和生命组织的主要成分，是构成自然界一切生命的重要物质基础。然而，由于人类大规模的生产活动，水体正遭受着可怕的污染。有资料统计表明，2000 年，我国有 73%的城市河段不适于作为饮用水，42%的城市地下水受到污染，全国七大水系近一半的河段污染严重，各大淡水湖泊和近海海域因富营养化而出现赤潮灾害。城市污水是水体污染的一个重要因素。

城市污水是指城市生产、生活所排放出的污水、污物进入城市污水管网的各种污水混合物的总和。

（1）城市生活污水。城市生活污水是指居住在城市的居民日常生活中所产生的各种污水混合物，大多数为日常炊事污水、洗涤污水和厕所排出的粪便污水等。这类生活污水组成复杂，其中多由糖、淀粉、纤维素、油脂、蛋白质、尿素等组成，是含氮、磷、硫较多的有机物，还有肥皂、洗衣粉、各种洗涤剂等所产生的对人体有一定危害的物质。此外，还有病毒、病菌、寄生虫等对人体健康有较大危害的各种生物病原体。

据一些发达国家所统计的资料显示，城市生活用水量大约是每人每天 150～420 L，特大城市大约是每人每天 440～800 L。不言而喻，生活中所排放出的大量污水对水体产生了严重的污染。

（2）工业废水。城市尤其是重工业城市各类工业生产中所排放出的各种废水、污水、废液统称为工业废水。工业废水未经加工处理直接排入水体就造成了水体污染。由于各种工业加工的原料不同、工艺过程不同，导致不同的工业所产生的工业废水所含的污染物成分也有很大的差异。

化学工业中产生的废水成分较为复杂，大多含砷、汞、酚等毒害物质，对人体、建筑设施、农作物都有危害。同时，化学工业中的氮、磷含量也很高，极易造成水体富营养化，对水体污染严重。

冶金工业所产生的废水中含有石灰、硫酸、锌、锡、镍、铬及油、铁的氧化物。这类工业废水尤其是含汞、砷、锡、铬等有色冶金工业所排出的废水是水体中重金属污染物质的重要来源，对水体污染极其严重。

总之，城市各种工业生产所排放出的废水，不仅量大而且成分复杂，对水体污染构成极大危害。

此外，城市地表径流污水、城郊污水、城郊农田灌溉污水等都是构成水体污染的源头。

3. 城市固体废物污染

城市固体废物主要是城市生活垃圾、工业废渣及城市建筑废物。城市生活垃圾主要是人们日常生活所产生的废物。如：厨房菜渣、瓜果皮、生活废纸及生活废物、炉灰渣等。国外还把废汽车、废电器、废家具等也列入生活垃圾范围中。近年来，随着城市居民消费水平的日益提高，城市生活垃圾的数量和种类增加很快。

工业废渣及城市建筑废物是污染城市环境的另一类主要固体废物。工业废渣主要来自冶金、煤炭、电力、化工、交通、食品、轻工、石油等工业的生产和加工过程的燃料渣、冶金渣、化工渣等；建筑废物主要是施工排出的废土砖石水泥等。

工业废渣量大且成分复杂，含有重金属和有毒物质，对城市水体、大气、土壤等都会构成较大威胁。

（1）工业废渣污染水体：不少国家在处理工业废渣时将它直接倒入湖泊、河流或海洋，其结果不仅会减少江湖面积，影响水资源的利用，而且会污染水体，影响水生生物的生存，甚至在一定海域内导致生物的死亡。

（2）工业废渣污染大气：工业废渣中的有害物质长期堆放会发生自燃，释放出大量的有害气体。如长期堆放的煤矸石中如果硫含量达 1.5%就会自燃，达 3%以上就会燃烧，散发大量的二氧化硫。目前，我国煤矸石综合利用率只有 40%，全国累计堆放的煤矸石总量约 38 亿 t，占地约 7 333 hm^2，而且每年仍以 2 亿 t 的速度增加。每年还产生近亿吨的粉煤灰，历年积存量已有 30 多亿吨。固体灰渣中的细粒粉灰经风吹日晒产生扬尘，污染周围大气环境。有资料统计：在 1996 年时我国主要大城市中的总悬浮颗粒物和二氧化碳含量已超过世界卫生组织推荐标准的 2 倍。

（3）工业废渣污染土壤：工业废渣中的有毒化学物质经雨水浸淋进入土壤，会使土壤遭受污染；在被污染的土壤上种植作物，人食用后会影响健康。平均每堆放 10 t 工业废渣，需占地 0.07 hm^2，受污染的土地面积是堆放面积的 1～2 倍。据不完全统计，我国历年堆渣达 53 亿多吨，已占地 5.6 万 hm^2，污染农田 1.67 万 hm^2。

另外，工业废渣还会影响环境卫生，处置不当会造成资源、人力、物力、财力的极大浪费。

总之，随着社会生产力的发展和人民生活水平的提高，城市固体废物的排放量大幅度增加，其中许多有害废物在一定条件下会发生化学的、物理的或生物的转化；如果处置不当，有害废物就会通过水、气、土壤、食物链等途径严重危害环境和人体健康。因此，从资源化和无害化入手，综合利用和处理城市固体废物，意义重大，刻不容缓。

4. 城市噪声污染

噪声是指生活中一些让人讨厌且妨害人们正常休息、工作，甚至影响人们身心健康的声音。城市噪声中 70%来自交通噪声，如：汽车、飞机、火车等交通工具产生的噪声。此外是工厂、建筑工地等在生产、施工时所产生的噪声。另外还有日常生活中所产生的噪声，如来自娱乐场所、商业区、人口密集地等活动区域的噪声。据统计，我国的北京、南京、广州、哈尔滨等大城市市区噪声达 80 分贝以上，有些地区夜间噪声仍达 70 分贝。城市噪声影响着人们正常的工作和生活，已经成为城市环境污染的重要因素之一。

5. 城市居住环境问题

人口密集是一些大城市及特大城市的普遍现象。城市人口稠密，交通、居住条件拥挤造成了城市有限空间内城市人民生活质量低劣。大部分城市区域被交通道路、住房、商业区挤用，造成城市绿地面积小。1993 年，我国重要城市的人均绿地面积为 4.2 m^2，和联合国的标准相差极远。近几年来，虽然城市绿地面积有所提高，但与其他国家相比仍有一定差距。加之城市大气、水体、固体废物、各种噪声的污染，城市居住环境处于低劣状态，直接影响着城市居民健康状况和平均寿命。

（二）城市的可持续发展

可持续发展是指经济、社会、人口与资源和环境的协调发展，既满足当代人不断增长的物质文化生活的需要，又不损害子孙后代的生存发展对大气、淡水、海洋、土地、森林、矿产等自然资源和环境需求的能力。可持续发展包括生态的持续性、经济的持续性、社会的持续性。对城市生态的持续性就是要维护生态环境的自然秩序，经济的持续性就是要保证经济的稳定增长，社会的持续性就是要长期满足社会的基本需要。可持续的本质意义，是强调人与自然的关系，维护人与自然的统一性和协调发展。

城市的可持续发展重在保证城市常规的规划与发展，同时必须考虑到城市发展资源与环境的问题。既保证城市的发展，有兼顾城市生态系统中环境容量与环境承载力的关系，使城市的经济增长、社会进步、资源环境保护相互促进、相互协调，实现城市健康、有序、和谐的发展，从而实现人类可持续发展的科学发展观。城市的可持续发展需要按照城市的生态规律、经济规律、社会规律办事，这样人与自然环境才能协调发展，否则就会发生矛盾和冲突，导致环境问题。

我国人口众多，许多资源相对短缺，经济建设进程中面临着沉重的资源环境压力。由于我国大中城市人口密集，社会经济活动高度集中，城市建设与管理的任务繁重，社会经济发展与资源环境之间的矛盾与西方国家相比更为突出。因此，在城市规划中贯彻可持续发展思想尤为重要。

1. 城市环境现状背离了可持续发展

城市生态系统即人工生态系统，以“人”为主体的特点决定了城市生态系统的脆弱性与依赖性。随着人类社会的发展与进步，城市化进程加快，城市规模也不断地扩张，工业加速，人口增长，工业废弃物和生产、生活垃圾排放量不断增大，加之综合利用不足，随之发生城市环境污染，生态恶化趋势也愈演愈烈，城市环境状况日益恶劣。

可持续发展，要求社会生产力和生产关系保持相互和谐，经济再生产和自然再生产、经济系统与生态系统相互和谐，实现在保持自然资源质量和持续供应能力前提下的经济持续发展，坚持经济建设和环境建设的同步发展，反对用牺牲环境的办法去发展经济，绝不走先发展后治理的老路。而目前，人类主观上片面追求经济的快速发展，超越了环境系统承载能力和更新能力，造成了资源和能源的大量浪费，给城市环境造成了很大的破坏。目前，城市环境状况与可持续发展相背离。

2. 建立和健全城市环境保护的政策和法律

（1）城市环境保护政策体系。面对日趋严重的城市环境问题，应采取积极的行之有效的对策，我国目前已建立起以下环境（包括城市环境）保护政策体系：

① 预防为主、防治结合的政策。这一政策的主要目的是在大规模经济建设的过程中同时预防环境污染的产生和蔓延。

② “谁污染、谁治理”的政策。这是国际上通行的污染者负担原则在中国的应用，主要目的是促使污染者承担治理其污染的责任和费用。

③ 污染防治与生态保护并重的方针。

④ 生态保护与生态建设并重的原则。

⑤ 强化环境管理的政策。

（2）城市环境保护法律体系（详见第六章第二节）。

3. 建立生态城市

快速的城市化是中国巨大变化的标志之一。有资料统计，1980 年，中国的城市化率不足 20%；1997 年已上升到 33%；而目前则达到 37%左右；到 2010 年，中国的城市化率将达 45%；到 2020 年，中国的一半人口将居住在城市。然而，快速的城市化已使许多城市面临着自身无法解决的难题。诸如水资源紧张、能源短缺、废弃物污染、大气环境质量恶化、中心区人口过密、基础设施特别是道路交通设施严重滞后等现代城市通病，这些问题一方面给城市居民的生产、生活带来了现实的负面影响，同时也给城市系统的正常运转和今后的长期发展埋下了不容忽视的隐患。如何有效地解决城市发展过程中存在的问题和矛盾，从可持续发展的观念出发，建立生态城市，实现城市社会、经济、人口、资源、环境的协调发展无疑具有十分重要的意义。

所谓生态城市是指按科学合理的方式建立起来的生产力与生产关系、经济再生产与自然再生产、经济系统与生态系统相协调发展，生态系统良性循环发展的人类聚居地。

关于生态城市的建设，国家环保总局已制定了一系列参考指标。经济指标如人均 GDP 值，包括与经济发展相关的环境保护指标，如平均每个 GDP 单位中能源和水资源的消费水平；环境指标，如城市空气质量、城市水环境质量、污水处理和城市绿地等。那么，如何建立生态城市呢？

（1）树立城市可持续发展观，使生态、社会和经济协调发展，这是建立生态城市的基本原则。

（2）发展城市文化，加强城市文明教育，提高市民素质。

（3）树立以人为本的意识，理顺体制，完善机制，依法行政，强化城市管理。

（4）加强城市环境综合整治，加强治理老污染，控制新污染。

（5）努力由“粗放型”经济模式向“节约型”经济模式转变，发展循环经济，推进清洁生产，实现产品废物的再生产利用和废物的“零排放”，为城市的可持续发展创造可能。

（6）改善环境卫生状况，加强环卫基础建设，有效清扫、收集、处理生活垃圾，创造良好的卫生环境。

（7）扩大城市绿地面积，扩展城市绿色空间，合理选择植物种类，优化植物配置，改善城市环境。

（8）注重完善城市功能，使城市自然环境和人造环境高度统一。

生态城市是 21 世纪城市建设的方向，也是科学发展观对城市发展的内在要求。随着我国城市化进程的不断加快，生态城市建设必将得到更加快速的发展。如何有效地利用城市资源建立生态城市，从而更好地发挥生态城市的经济效益、社会效益、生态效益，实现城市的可持续发展，已经引起全社会的高度关注。生态城市是城市可持续发展的必由之路。

[案例 7-1] 绿色城市的兴起

“绿色城市”（Green City）最早是由现代建筑运动大师勒·柯布西埃在 1930 年布鲁塞尔展出的“光明城”规划里提出的。他设计了一个有高层建筑的“绿色城市”，房屋底层透空，屋顶建花园，地下通地铁，距地面 5 m 高的空间布置汽车运输干道和停车场等。他主张“城市应该修建成垂直的花园城市”，这被后人认为是另一种极端的“城市集中主义”。绿色城市的理想模式在“二战”之后苏联与东欧等国家的城市重建中才开始大规模地付诸实现，其中比较典型的城市可属莫斯科、华沙和平壤。一些发达国家的绿色城市建设也很有成就。它们特别注意城市建设与自然环境的有机融合，特别是利用林地与河川来形成城市绿化的基础。例如，伦敦地区的绿带圈，德国科恩市利用森林和水边地形构成环状绿地系统，澳大利亚墨尔本市利用水系组织园林绿地系统等。不少城市被誉为“花园城市”，如华盛顿、巴黎、堪培拉、新加坡及巴西利亚等。

1972 年斯德哥尔摩联合国人类环境会议以后，全球环境保护运动日益扩大和深入，以追求人与自然和谐共存为目标的“绿色革命”，正在世界范围内蓬勃展开。在欧美等西方发达国家，再次掀起了“绿色城市”运动，把保护城市公园和绿地的活动扩大到保全自然生态环境的区域范围，并将生态学、社会学原理与城市规划、园林绿化工作相结合，形成了富有新意的理论。其中，希腊学者道萨迪亚斯（C. A.Doxiadis）所著的《生态学与人类聚居学》（Ecology and Ekistics）影响深远，进一步唤起了国际建筑与规划学术界的生态保护意识。

江西省宜春市是中国第一个规划、建设“生态城市”的试点。它是应用复合生态系统的理论、智力圈的学说、环境科学的知识、生态工程的方法和系统工程的手段，在市域范围内调控、设计一个复合生态系统，力求使其结构、功能最优化，达到能流、物流通畅，系统调控自如，城乡环境清洁、优美、舒适的目标。吉林省长春市提出了到 2000 年实现城市绿化覆盖率达到 41%、人均公共绿地面积达到 37 m^2 的“森林城”建设目标。江苏省张家港市也开始了生态城市的研究，决心建设成为生态平衡的“绿色港城”。

第二节 农业生态系统与农业可持续发展

一、农业生态系统

（一）农业生态系统的概念

农业生态系统是指在人类活动的干预下，利用农业生物和农业环境之间以及生物种群之间的相互关系，通过合理的生态结构和高效生态机能，进行能量转化、物质循环，并按照人类的理想进行物质生产的人工生态系统。它和自然生态系统相比，增加了特殊的成分——人类。所以，它是自然、经济、社会的一个复合生态系统，可称之为“农业生态经济系统”（图 7-1）。

人类生态系统的产生，第一阶段就是农业生态系统，它远远早于城市生态系统的出现。

农业生态系统与自然生态系统一样，其基本组成也包括生物组分与环境组分两大部分。由于受到人类的参与和调控，生物组分以人工驯化和选育的农业生物为主，如农作物、家畜、家禽、家鱼、家蚕等，以及与这些生物有密切联系的病虫害、杂草等，其中的大型消费者人是系统最重要的调控力量。环境组分除包括自然环境组分外，还有人工改造的环境，如温室、排灌渠、地膜、禽舍等。同时农业生态环境中的大气、水、土壤受到人类的不同程度的调节和影响。

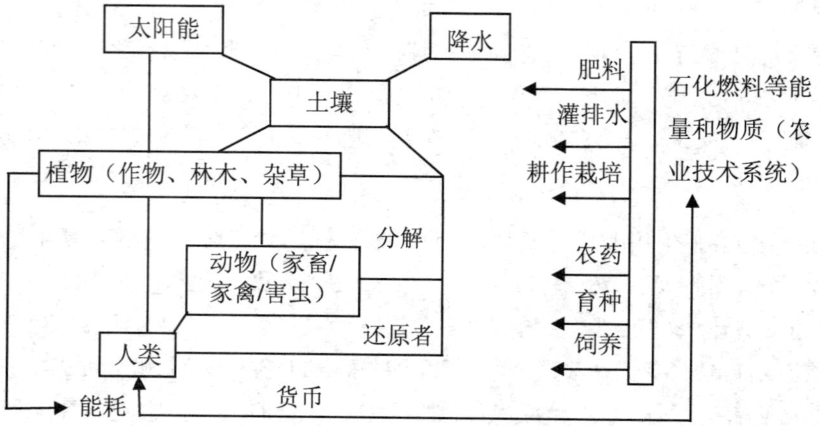

图 7-1 农业生态经济系统

（二）农业生态系统的特点

农业生态系统是在人类控制下发展起来的。由于其受人类社会活动的影响，它与自然生态系统相比具有许多不同的特点。

1．受人类调控

人既是系统的组成部分，参与能量的转化和物质循环，同时又是系统的组织者、调控者、决定系统的结构、功能及其发展。所以农业生态系统由自然、生物和人类的社会生产活动交织在一起。就种植和养殖业而言，它是生物体自身繁殖再生的过程受生物自身及诸多非生物因素（如光照、温度、土壤、气候、水等）的影响；同时，农业生态系统是朝着对人类有益的方向发展的，也就是说，农业生产是按照人类的经济目的进行的，受到经济、技术、交通、法律等多种社会条件的影响。因此，与其他自然生态系统相比较，在农业生态系统中人的作用非常突出。

2．农业生态系统是一个开放的系统

自然生态系统中生产者生产的有机物质全部留在系统内，许多化学元素在系统内循环平衡，是一个自给自足的系统；农业生态系统是人类强烈干预下的开放系统，它内部的生命有机体与外部环境之间存在着复杂的物质、能量与信息的交换关系。环境影响着生物，生物也影响着环境，二者在共同的相互作用中完成农

业生产的自然再生产过程。生物不断地利用和消耗环境资源，同时又对环境资源进行补偿，从而保持农业生态系统的平衡，保证生物的再生。农业生态系统的目的是为了更多地获取农畜产品以满足人类的需要，由于大量农畜产品的输出，使原先在系统循环的营养物质离开了系统，为了维持农业生态系统的养分平衡，提高系统的生产力。农业生态系统就必须从系统外投入较多的辅助能，如化肥、农药、机械、水分排灌、人畜力等。为了长期的增产与稳产，人类必须保护与增殖自然资源，保护与改造环境。

3．农业生态系统具有高产性

由于农业生态系统的生物物种是人工培育与选择的结果，经济价值较高，但抗逆性差。往往造成生物物种单一，结构简化，系统稳定性差，容易遭受自然灾害。需要通过一系列的农业管理技术的调控来维持和加强其稳定性，以满足自身的需要。因而，同自然生态系统下生物种群的自然演化不同，一些符合人类需要的生物种群可以提供远远高于自然条件下的产量。如自然条件下绿色植物对太阳光能的利用率全球平均约仅 0.1%，而在农田条件下，光能利用率平均约为 0.4%，每公顷 4 500～6 000 kg 的稻田或麦田光能利用率可达 0.7%～0.8%。至于干物质产量，自然草地为 5～15 t/（$hm^2 \cdot a$），而人工草地（如禾本科牧草）为 10～20 t/（$hm^2 \cdot a$），麦类-水稻多熟制为 18 t/（$hm^2 \cdot a$），麦类-甘薯多熟制可达 20.1 t/（$hm^2 \cdot a$）。可见农业生态系统比自然生态系统具有较大的高产性能。这种特性也决定了系统需要有物质和能量的不断补充投入，以保持投入与产出的基本平衡。

4．农业生态系统受自然生态规律和社会经济规律的双重制约

由于农业生态系统是受人类控制和影响的半自然生态系统，常采用人工调控和自然调控相结合的措施进行外部调控，如大量的农产品离开农业系统，源源不断地进入社会经济领域；而大量的农用物资包括化肥、农药、农业机械等又作为辅助能量，源源不断地从社会经济领域投入农业生态系统。这种物质、能量的投入和产出的数量因不同的物质技术水平和农业经营方式而异，归根到底受不同的社会经济条件的制约。由此决定了农业生态系统不仅受自然规律，而且受社会经济规律的支配。

5．农业生态系统自身的稳定性差

由于农业生态系统中的主要物种是经过人工选育的，对自然条件与栽培、饲养管理的措施要求越来越高，抗逆性较差；同时人们为了获得高的生产率，往往抑制其他物种，使系统内的物种种类大大减少，食物链简化、层次减少，致使系

统的自我稳定性明显降低，容易遭受不良因素的破坏。一旦环境条件发生剧烈变化，或管理措施不能及时得到满足，它们的生长发育就会由于失去了原有的适应性和抗逆性而受到影响，导致产量和品质下降。人类的选择还使生物种类减少，食物链简化，系统通过不同生物之间的相互制约和相互促进而进行自我调节能力削弱。所有这些都会导致农业生态系统的不稳定性或波动性。这也说明了必须采取各种技术措施，对系统进行调节、控制，以减少这种波动性。

（三）农业生态系统的演替

农业生态系统是人工培育下的人工生态系统。由于各国家或地区自然条件和社会经济条件的不同，农业发展的现状不同，对自然生态系统驯化的程度不同；农业发展的不同历史阶段对自然生态系统的驯化程度也不同。根据农业生态系统驯化的特征可将其分为原始农业生态系统、传统农业生态系统和现代农业生态系统。

1. 原始农业生态系统

是人类的生活完全依附于自然生态系统，对生态系统破坏较小。如“游垦农业”、“刀耕火种”可算是最古老的农业生态系统。它用火烧的方法清除地面上的植被，利用灰烬和自然肥力、使用木石农具、砍伐工具种植农作物。虽多数矿物元素在灰烬中进入土壤，但相当大的氮元素在燃烧时损失。农作物在种植第一年生长良好，但产量随养料的消耗迅速下降，二三年后不得不撂荒而另垦新地，这种农田生产方式尚未形成完整的系统，产量很低。

2. 传统农业生态系统

我国在公元前 2 000 多年前的夏朝进入阶级社会，黄河流域也就逐步从原始农业过渡到传统农业。传统农业生态同是依靠人、蓄力在一定范围的土地上连年种植物并通过轮作倒茬和有机能源投入维持农业生产的农业生态系统。主要农业生物为人工选育的作物、家禽、家畜，农业的基础种植业是依靠绿色植物吸收太阳光能转化为有机物质的，通过粪肥还田和豆科作物固氮补充土壤肥力，我国传统种植制度主要农业生物采取各种间作、套种、复种和轮作的方式进行生产。该系统立足于利用地方资源和系统内物质的能量，具有较大的生态合理性，但缺乏经济合理性，因技术手段落后，物质装备落后，劳动生产率低下，基本上还处于靠天吃饭的局面，所以人们满足于温饱，经济效益处于次要位置。

3. 现代农业生态系统

而现代农业是用现代物质技术武装起来的农业，科技在农业领域的广泛应用，不仅提高了劳动生产率，而且改变了落后的生产经营方式。其特点：机械化程度高，劳动生产率高，人力、物力投入量大，大量的自然生态系统被人工化，且现代农业则对生产者提出了较高的要求，需要的是新型农民，需要的是有文化、懂技术、会经营的农民。但产投效益较低；商品生产发达，生产的主要目的是获得较大的经济效益。

（四）农业生态系统结构

农业生态系统结构，指农业生态系统的构成要素以及这些要素在时间上、空间上的配置和能量、物质在各要素间的转移、循环途径。由此可见农业生态系统的结构包括三个方面，即系统的组成成分（物种结构），组分在系统空间和时间上的配置（时空结构），以及组分间的联系特点和方式（营养结构）。

农业生态系统的结构，直接影响系统的稳定性和系统的功能，转化效率与系统生产力。一般地说，生物种群结构复杂、营养层次多，食物链长并联系成网的农业生态系统，稳定性较强；反之，结构单一的农业生态系统，即使有较高的生产力，但稳定性差。因此在农业生态系统中必须保持耕地、森林、草地、水域有一定的适宜比例，从大的方面保持农业生态系统的稳定性。农业生态系统的基本结构概括起来可以分成以下四点：

1. 农业生物种群结构

一般的物种结构是指生态系统中的不同物种（植物、动物、微生物）的类型、品种以及它们之间的不同的量比关系所构成的系统结构。如江浙一带的稻—稻系统及油—稻系统，北部地区的麦—稻系统和丘陵地区的棉麦系统。

2. 农业生态系统的空间结构

这种空间结构包括了生物的配置与环境组分相互安排与搭配，因而形成了所谓的平面结构和垂直结构。农作物、人工林、果园、牧场、水面是农业生态系统平面结构的第一个层次，然后是在此基础上各业内部的平面结构，如农作物中的粮、棉、油、麻、糖等作物。农业生态系统的垂直结构是指在一个农业生态系统区域内，农业生物种群在立面上的组合状况，即将生物与环境组分合理地搭配利用，从而最大限度地利用光、热、水等自然资源，以提高生产力。

3. 农业生态系统的时间结构

其是指在生态区域与特定的环境条件下，各种生物种群生长发育及生物量的积累与当地自然资源协调吻合状况，时间结构是自然界中生物进化同环境因素协调一致的结果，即时间上发展演替的特征（轮作、间作）。所以在安排农业生产及品种的种养季节时，必须考虑如何使生物需要符合自然资源变化的规律，充分利用资源、发挥生物的优势，提高其生产力。使外界投入物质和能量与作物的生长发育紧密协调。这都是在时间结构调整与安排中要给予重视的。

4. 农业生态系统的营养结构

其是生物之间借助能量、物质流动通过营养关系而联结起来的结构。农业生态系统的营养结构，是指农业生态系统中的多种农业生物营养关系所联结成的多种链状和网状结构，主要是指食物链结构和食物网结构。它们是物质循环和能量转化的主要途径。废物资源化、多级利用的养殖模式如：鸡—鱼—田—蚕—猪—蚯蚓模式。即鸡粪和配合饲料养鱼—粪塘污泥肥桑田—桑叶养蚕—蚕叶梗屑加饲料养鸭、鱼、猪—猪粪养蚯蚓—蚯蚓加配合饲料养鸡（图 7-2）。

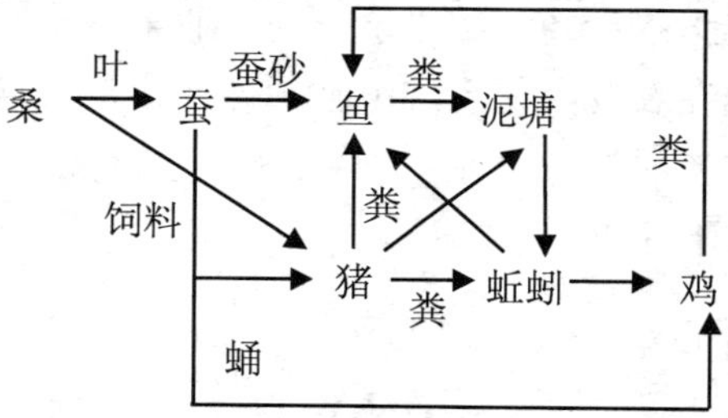

图 7-2 桑基鱼塘

食物链结构是农业生态系统中最主要营养结构之一，建立合理有效的食物链结构，可以减少营养物质的耗损，提高能量，物质的转化利用率，从而提高系统的生产力和经济效率。

二、农业可持续发展

（一）可持续农业概念的提出

可持续农业最初是由美国发起的，出现在 1985 年美国加州议会通过的“持续农业研究教育法”中，此概念一经提出，立即引起人们的极大关注。1987 年世界环境与发展委员会在一篇题为“我们共同的未来”的报告中，多次使用了“持续”和“持续发展”名词。1987 年世界环境与发展委员会提出“2000 年转向可持续农业的全球政策”，使可持续发展成为国际社会普遍接受的重要概念。1988 年，联合国粮农组织（FAO）在《可持续农业生产：对国际农业研究的要求》文件中明确指出：可持续发展农业是一种不造成环境恶化、技术上适当、经济上可行、社会上能接受的农业。

1991 年，联合国粮农组织（FAO）在荷兰的丹波斯（Denbosch）召开了围绕农业与环境的国际会议，会上发表了题为“持续农业和农村发展”（Sustainable Agriculture and Rural Development，SARD）的《丹波斯宣言》。宣言确定了以持续发展的观点来解决生存与发展所面临的资源与环境问题，要求做到以下三点：第一，农业系统要能满足人类对食品的需求，维护生态环境，保护自然资源；第二，农业系统要服务于子孙后代以及自然界一切生物的生存和长远发展；第三，农业系统要保证社会公平，使土地、财富和权利得到均衡分配。

1992 年在巴西的里约热内卢的“发展与环境”世界首脑会议上，通过了《21 世纪议程——可持续发展》宣言。这个宣言成为可持续发展的一个里程碑。它有力地推动可持续农业的发展，对世界农业发展具有重要意义。1993 年在北京召开了国际持续农业与农村发展学术讨论会。1994 年中国国务院通过《中国 21 世纪议程——人口、环境、发展》白皮书。明确指出了中国农业与农村经济可持续发展的战略目标：保持农业生产率稳定增长，提高食物生产和保障粮食安全，发展农村经济，增加农民收入，改变农村贫穷落后状况，保护和改善农业生态环境，合理永续地利用自然资源。1998 年 10 月 14 日中国共产党第十五届中央委员会第三次全体会议中通过《中共中央关于农业和农村工作若干重大问题的决定》中提出实现我国跨世纪发展的宏伟目标，必须保持农业和农村经济的持续稳定发展。

（二）可持续农业的含义

由于世界各国的国情对农业发展的要求不同而产生的农业可持续发展定义理解有差异，发达国家追求食品质量，而发展中国家追求的是数量上的增长，虽然对农业要求各有侧重，但共同的目标是要求保护资源和环境，使农业持续发展。面临着因发展而带来了一系列的环境问题，许多国家开始转向，生态农业、绿色农业、有机农业等所谓“持续农业”模式，力求发展和持续并重。关于农业可持续发展目前已被世界各国普遍接受的是“丹波斯宣言”中的农业可持续发展的定义就是“采取某种使用和维护自然资源的基础方式，以及实行技术变革和机制性改革，以确保当代人类及其后代对农产品需求得到满足。这种可持久的发展（包括农业、林业和渔业）要维持土地、水、动植物遗传资源，是一种环境不退化、技术上应用适当、经济上能生存下去以及社会能够接受的农业”。农业可持续发展战略强调农业发展同人口、资源、环境的关系，强调资源开发与资源保护的关系，强调经济效益、生态效益和社会效益的高度统一。

我国是一个农业大国，人均农业资源占有量较少，尤其是耕地很少，在13亿人口中有9亿多生活于农村直接靠农业及其相关产业获取收入。工业原料中的40%来自农业，全社会商品的43.2%销往农村，使得农业成为决定经济、社会发展的基础。所以我国农业必须走可持续发展之路，实现农业的可持续发展才能真正解决“三农”问题。根据我国农业生态经济系统的特征，我国农业可持续发展在吸取国外农业可持续发展技术精华的同时，摒弃不符合我国国情的做法，继承我国传统农业的技术精华，充分发挥现代科技的作用，创造出具有中国特色的农业可持续发展的模式和技术，建设具有中国特色的现代可持续农业。

（三）我国农业可持续发展的途径

为促进农业可持续发展，必须从我国的国情出发，实施农业可持续发展。我国人口多，而且仍在不断增加，人均农业资源占有量较少，农村人口占70%，就业形势严峻，农民收入仍较低；资源环境压力巨大，水土流失、土地沙化、水域污染、水资源紧缺等。所以，从国情出发，我们面对的不仅仅是环境问题，解决温饱和消除贫困是农业生产发展必须考虑的问题。继承和发扬我国传统农业的精华，并在实践中总结建立有中国特色的农业持续发展模式，从以下几个方面做起：

1．调整农业发展战略和方向，合理开发利用农业资源

研究制定有利于优化农村产业结构、合理开发利用资源的产业政策，通过农业的发展促进资源和环境有效保护，使资源与环境的开发、利用、保护有机的结合，既避免农业发展以破坏资源与环境为代价，又避免单纯强调保护而阻碍了开发、利用。

2．依靠科技，推广技术，加强信息交流和共享

中国现代农业科学技术无论技术开发，还是技术推广和应用水平都很低，这已经严重制约着农业生产的可持续发展。科学技术是第一生产力，发展农业和农村经济，大幅度提高农业生活的整体效益，必须依靠科学技术，尤其是高新技术及相关技术的应用，可以说成为了现代农业发展的直接动力和关键因素。应强化现代生物技术、信息技术、设施技术、节能技术对农业的应用。建立和完善相关制度，引导涉农企业开展技术创新活动，构建农科教、产学研一体化的新型农技推广体系，科研人员服务“三农”、推广科教成果提供更多优惠政策。

3. 因地制宜发展多种类型的可持续农业

发展可持续农业，必须因地制宜地做好农业发展规划，为农业发展确定总的框架和范围，以免盲目性。根据不同地域和自然资源状况发展多种类型的可持续农业。因地制宜的利用现代化科学技术与传统农业技术，应用生态学和生态经济学原理，最大限度地发挥不同地区的优势，全面规划、合理组织农业生产，对中低产地区进行综合治理，对高产地区进行生态功能强化，实现农业高产、优质、高效、持续发展，达到经济、生态、社会三大效益的统一。

4. 提高农村劳动力的素质

农民的素质是我国农业持续发展的重要制约因素，也是解决“三农”问题的关键。教育对农村人力资源的开发、科技水平的提高有着重要的作用。所以加大对农村教育的投入和支持。帮助广大农民树立科学发展观和现代意识，提高广大农民科学生产和生活能力，建立适应建设新农村和培养新型农民的要求，符合我国“三农”实际、具有时代特点地提高农民科学素质的体系和机制；搭建农民教育培训的社会化服务平台，整合、开发提高农民科学素质的公共服务资源并实现共享利用。

5. 实现农业的产业化

积极鼓励和扶持农业产业化发展，因地制宜地探索农业产业化组织形式，提高农业产出效益，是我国目前农业现代化发展的必然选择。农业产业化应当包含六个要素：一是生产的产品面向国际、国内两个市场；二是主要依托当地自然优势、产品优势和经济优势发展和生成农业产业；三是生产过程实行专业化分工；四是产业经营和发展要有一定规模：五是在生产环节采取农、工、商、产、供、销密切结合的方式；六是在经营管理上尽可能地采取现代化的企业经营管理方式（张红宇：《产业化成长与中部地区农村经济发展》，载《产业化：中国农业新趋势》，中国农业出版社）。

我国的现代化建设必须走人口、经济、社会、环境和资源相互协调、兼顾当代人与子孙后代利益的可持续发展道路，这是中国发展战略的必需选择，更是农业发展的必由之路。中国特色的农业可持续发展从国情出发继承和发扬我国传统农业的精华，并在实践中总结出具有中国特色的农业持续发展模式，以生态学的原理为指导发展生态农业；建立一套较为完整的农业可持续发展的建设方法、技术体系。

[案例 7-2] 内蒙古生态环境与农牧业可持续发展

一、内蒙古生态环境

内蒙古自治区位于祖国北部边疆，东西长 2 400 km，横跨东北、华北、西北，处于黄河、辽河、嫩江三大水系上游，这一特殊的地理位置，构成了我国北方的一道重要生态屏障。1998 年嫩江、松花江的特大洪水和内蒙古近几年的连续大旱，致使内蒙古 118.3 万 km^2 的国土面积中有 63.9 万 km^2 已经荒漠化。近些年虽然抓紧了生态环境的保护与建设，但建设速度赶不上退化速度，目前荒漠化面积仍以每年 66.7 万 hm^2 的速度扩展，沙进人退的局面尚未根本扭转。自然沙化面积占全区国土面积的一半左右，加上近年全球气候变暖，厄尔尼诺和拉尼娜现象等，导致旱涝灾害和森林、草原火灾以及沙尘暴等频繁发生，这些都是自然造成的退化因素。从历史因素看，历史上的人口迁徙、战火等，导致大量樵采、垦殖，局部毁林毁草由来已久。从人为因素看，主要有以下几方面：一是人口急剧增加，使内蒙古大地承载的负荷加大，加速了生态环境的退化和恶化。在工业不发达、生产力水平较低的情况下，大量人口滞留在农牧区，只有开发资源才能养活这么多人。全区耕地由建区之初的 400 万 hm^2 增至 820 万 hm^2，几十年内翻了一番，从一个侧面看出迫于生存的压力而人为垦殖的强度。二是经济发展模式偏重于种植和养殖。内蒙古自古以来以畜牧业经济为主体模式。后来，追求区内粮食基本自给和为了国家粮食安全，农业生产迅速发展起来，从而使农牧业在自治区经济中一直占据很大比重。内蒙古第一产业比重比全国平均水平高出 52.5%。农牧业经济的发展对耕地、草原等自然资源依赖性极强，对资源的消耗大，因此，对生态环境造成危害也大。三是农牧业生产经营方式粗放。畜牧业以放牧为主，靠增加头数求发展；种植业广种薄收，靠外延扩大再生产。有些地区过度垦殖，违背了自然规律和经济规律，如阴山北麓的一些旗县，人均耕地 2 hm^2 仍未解决温饱问题；部分牧区严重超载过牧，人畜失去生存条件。生态环境恶化使部分农牧民成为生态难民。四是政策导向上出现偏差。20 世纪 80 年代以来，自治区曾作出“念草木经，兴畜牧业”的决策，但当时政策不配套。那时，国家急于实现粮食自给，投资支持的是商品粮基地建设、农业综合开发等项目，自治区想退耕还草还林，没有补贴政策，“草木经”自然难以念下去，恢复植被改善生态环境的愿望也未能实现。近年来，国家把生态环境保护和建设提到重要日程，并将其作为西部大开发的根本和切入点，实行了一系列支持政策，内蒙古的生态环境保护和建设出现了转机。“九五”期间内蒙古生态环境保护建设以每年造林 33.3 万 hm^2、水土治理 33.3 万 hm^2、草原建设改良 133.3 万 hm^2 的速度推进，是资金投入最多、建设规模最大、成效最为显著的时期。

二、内蒙古农牧业可持续发展思路

今后一个时期内蒙古生态环境建设与保护，自治区党委、政府已确定了抓住“一个机遇”，实行“两个结合”，体现“三个为主”的基本思路。即抓住国家实施西部大开发战略这一历史机遇，把加强生态建设与转变农牧业生产经营方式紧密结合起来，把改善生态环境与增加农牧民收入紧密结合起来。在治理方针上坚持保护与建设并重，以保护为主；在治理方式上采取封育和人工种植相结合，以封育恢复植被为主；在治理内容上实行草灌乔相结合，以草灌为主。充分发挥重点工程项目的骨干和带动作用，建设祖国北疆绿色生态屏障，实现全区生态环境和经济社会的可持续发展。这一思路是从国家生态环境建设的总体部署和内蒙古实际出发，总结吸取了多年来生态环境保护与建设的实践经验和教训之后形成的，对指导全区今后生态环境建设工作将产生重大影响。

1. 抓住西部大开发的机遇

国家把加强生态环境保护和建设列为实施西部大开发战略的重要任务之一，实质是对西部生态环境资源超支的一种补救，也属于中央政府反哺边疆少数民族地区的重要举措。众所周知，新中国成立以来，我国一直靠工农业“剪刀差”积累资金建设现代化。中西部资源丰富，工农业产品多以原字号产品或粗加工品进入流通，参与交换，有时，为了国家整体利益，不得不牺牲局部的地方利益，为了经济的一时发展，不得不牺牲生态环境。如20世纪90年代中后期，美国人布朗提出“21世纪谁来养活中国人”的问题后，我国政府立即作出反应，决定在20世纪末争取实现全国粮食生产能力增加500亿kg的目标，基本实现全国粮食自给。当时给内蒙古安排了增产粮食15亿kg的任务，实际内蒙古短短几年就使粮食生产能力提高近百亿斤。为了国家粮食安全，内蒙古新开垦不少荒地，统计资料显示，“九五”期间比“八五”增加耕地面积近 200 万 hm^2。当然，这其中需要剔除原来没有统计的册外耕地进入统计的部分，但大面积开垦荒地毋庸置疑。

在国家需要粮食的时候，内蒙古不惜牺牲生态环境去发展粮食生产，作出了贡献。现在国家粮食总量自给，丰年有余，有力量治理生态环境了，作为作出过牺牲和贡献的地区，我们应抓住西部大开发的机遇，积极主动争取国家的支持，补救生态环境，把我们当地的生态环境保护和社会、经济建设搞好，实际上也是对国家作出新的贡献。

2. 关于生态建设与转变农牧业生产经营方式

对农牧业生产经营方式的战略性转变，自治区有关部门都提出了各自的思路。农业部门指出，过去广种薄收、投入分散的粗放经营方式，既不符合自然规律，更不符合市场规律，如果内蒙古农业长期背着粗放经营的包袱，绝不可能从根本上提高抵御自然和市场双重风险的能力。必须积极推进我区农业生产经营方式从广种薄收、投入分散的粗放型经营转变到依靠科学、合理利用资源的集约化经营。实行少种精种、高产高效与多种多收相结合，基础建设与退耕还林还草相结合，逐步走出一条以精种高产高效田以及旱作基本田为主，多种多收的一般田为辅，以加强农业基础建设和改善生态环境为前提的可持续发展之路。重点是加大高产高效田的建设和退耕还林还草力度，大力推广机械化保护性耕作技术。切实推动农业增长方式由依靠自资资源优势向发挥比较优势和后发优势转变。要把自然资源开发和保护结合起来；把开发丰富多样的农产品资源与发展具有民族特色和区域特点的农副产品加工结合起来，把农业环境保护与发展绿色农业结合起来；把资源利用与人才、技术、资金、信息开发利用结合起来。

加快畜牧业生产方式由数量增长型向质量效益型的根本转变，加快传统畜牧业向生态畜牧业的转变。发展生态畜牧业的核心是要实现生态环境改善与畜牧业发展的有机统一，实现增草、增效、增收的有机结合。要转变重畜轻草、重头数轻质量、重畜牧业发展轻生态建设的传统观念，树立以生态环境为本、资源永续利用和以建设求发展的新观念；从以增畜为中心向以增草为中心转变，解决草畜矛盾，坚决实行草畜平衡；加快畜种改良和结构调整，促进畜牧业由数量外延型增长向质量内涵型增长转变，逐步实现畜牧业生产经营方式的根本性转变。发展生态畜牧业的关键是加强草原的保护和建设，当前重点是要解决草原超载过牧问题，加快牧区建设养畜步伐，发展生态型家庭牧场。要以草原生态建设、棚圈建设为主要内容，重点抓好围栏封育、打草场轮刈、人工种草、划区轮牧、舍饲圈养、羔羊当年育肥出栏等工作，使草原畜牧业逐步由定居放牧转向半放牧半舍饲。以草定畜，严格控制草原载畜量，通过畜种改良、结构调整实现减畜增效。个别草原沙化退化严重地区，应“围封转移、舍饲圈养、集约经营”，实行退牧还草。从游牧到定居放牧，是草原畜牧业由传统向现代迈进的第一个里程碑，现在又要由定居放牧再转变为放牧与舍饲相结合，这是传统草原畜牧业向现代草原畜牧业发展的第二个里程碑，也是发展生态畜牧业的必由之路。可以相信，随着建设养畜、以草定畜、退牧还草等措施的落实，内蒙古的草原生态恢复和治理将出现新的转机。

3．关于推行保护性耕作

据专家分析，沙尘暴的沙尘主要来源于秋冬季翻耕后裸露的农田，改革耕作方式，对农田实施机械化保护性耕作，可以减少农田起沙 70%左右。保护性耕作，是一种利用秸秆覆盖，减少耕翻和化学除草为特征的新型耕作技术，又称“免耕法”。它可以保护农田地表残茬覆盖，减少对土壤的搅动，降低土壤风蚀、水蚀，蓄水保墒，培肥地力，保护耕地品质，保护农业生态环境，达到高产、高效、低耗和可持续发展的目的。河北省 2001 年在全省 18 个县 125 万 hm^2 耕地上实施保护性耕作，成效显著，特别是春天保护性耕种，有根茬固土，秸秆覆盖，减少农田起沙 70%，减少经流 60%，减轻水蚀 80%（《农民日报》2001 年 9 月 5 日报道）。近年来，内蒙古自治区就如何开展保护性耕作进行了必要的技术准备，并在全区不同类型区进行了试验，通过典型引路，逐步推广留茬过冬、地表覆盖、免耕少耕等保护性耕作技术，建立具有自治区特点的保护性耕作模式，这是从根本上扭转农业生态环境恶化，实现可持续发展的重要措施。大力普及推广机械保护性耕作技术，既是治土，也是防沙，因此，有必要将机械化保护性耕作列入生态建设的重要内容。由于推行免耕法需要新机具、新技术作为支撑，让农民单独承担设备更新的投资难度很大，建议国家在生态建设资金中安排专项，予以重点支持。

4．关于利用资源优势和后发优势发展绿色产业

内蒙古以无污染的大草原著称于世，有人形象地说，草原上的牲畜吃的是中药材，喝的是矿泉水，来自无污染大草原的畜产品正是人们崇尚的绿色食品，而且在加入 WTO 之后，畜产品又是很有价格竞争优势的产品，应加快发展。自治区工业开发晚，农村地广人稀，栽培作物绝大部分远离大城市和工业区，由于气候干燥寒冷，农作物病虫害较轻，许多农产品在生产过程中不用或较少用化肥和农药，空气、水质、土壤基本上保持良好的洁净水平，是全国乃至世界发展绿色产业少有的一方“净土”。过去农业生产投入水平低，产量也不高，是劣势。现在看，劣势变成了后发优势，因为农业化学品投入少，残留也少，污染较轻，有利于生产无污染、无公害农畜产品。加上自治区地域辽阔，地形地貌复杂多样，气候类型各异，蕴藏着极其丰富、各具地域特色的名优稀农畜产品生产潜力，有着强劲的资源优势和广阔的开发前景。发展绿色产业、生产绿色食品，是内蒙古得天独厚的后发优势。目前我区绿色食品已达 20 多种 180 多个产品，在全国名列前茅。充分发挥后发优势和资源优势，加快开发具有内蒙古独特优势的绿色产业和绿色农畜产品，是适应市场需求、参与市场竞争的现实需要，也是实现经济、社会、环境、资源相互协调，走可持续发展道路的正确选择。

5．关于大力发展农区畜牧业

内蒙古的农业经济布局，大致为南粮北牧，宜于北繁南育，发展农区畜牧业。在农业经济内部结构中，畜牧业占农业的比重和人均占有畜产品的水平，是衡量一个地区农业发达程度的标志。我区农村具有大力发展畜牧业的有利条件。广大农民群众历来有饲养畜禽的传统和技术，农村有广阔的草场和大量的粮食、秸秆可供饲养牲畜。农区、半农半牧区拥有草场 2 000 万 hm^2，占全区可利用草场的 1/3 左右。近年，每年都有上百亿斤粮食需要调出或转化。因为粮价低，粮食市场疲软，调出十分困难，就地转化或加工就成了当务之急。内蒙古农村不仅人均占有粮食多、秸秆多，荒山荒坡和草地也多，可以说内蒙古自治区发展农区畜牧业的地区优势和资源优势比其他地区强，只要充分发挥好这些优势，农区畜牧业的大发展是有条件的。超载过牧，也是造成草原沙化退化的重要原因。今后应适当控制草原载畜量，通过北繁南育、围封转移、退牧还草等措施，把部分牲畜从草原转移到农区、半农半牧区，加快发展农区畜牧业，通过发展农区畜牧业这个中轴产业，转化种植业，促进加工业，减轻草原畜牧业的压力。

生态严重恶化地区的植被恢复，要提倡人工种植。现在有些地方对生态灾民采取一乡一村整体移民的办法，想通过封育自然恢复植被，这在降雨量较多的地区可行，在严重干旱少雨地区，自然恢复植被极不容易，当地居民移出后，以后再想派人去搞植被建设基本是不可能的事。人为破坏了的生态植被，应该由人参与建设才能尽快把它恢复起来。在那些农牧民已失去生存条件的生态灾区，可以考虑移出部分灾民，留下部分灾民，建设生物经济圈。科尔沁沙地农牧民创造的沙地生物圈建设经验，曾在国际防治荒漠化会议上获过奖，受到沙区群众普遍欢迎，值得大力推广。可考虑把移民资金和退耕还林（草）补助一起投入生物经济圈建设，鼓励生态灾民艰苦奋斗，重建家园。一家一户建设 4～10 hm^2 的生物经济圈，沙、水、林、田、路综合治理，农、林、牧、副业协调发展，生态、社会、经济效益相结合，众多的生物经济圈连接起来，就是一道道绿色的万里长城。

资料来源：摘自内蒙古生物资源网，谭昭华. 内蒙古农业生态保护建设与农业可持续发展.

思考与练习

1. 造成城市大气污染的主要原因有哪些？应采取什么措施进行治理？
2. 简述城市生态系统的特点及可持续发展对策。
3. 城市水体污染源主要有哪几种？主要污染物有哪些？应采取哪些治理措施？
4. 固体废物的污染途径与水、气污染有什么不同？
5. 什么是农业生态系统？农业生态系统的特点是什么？
6. 简述农业可持续发展产生的背景？
7. 我国农业可持续发展的重要途径有哪些？

参考文献

[1] 钱易，唐孝炎. 环境保护与可持续发展. 北京：高等教育出版社，2000.
[2] 魏智勇. 生态文明新概念.长沙：湖南教育出版社，2006.
[3] 于志熙. 城市生态学. 北京：中国林业出版社，1992.
[4] 杨晓波. 城市生态学. 北京：科学出版社，2000.
[5] 刘天齐. 环境保护. 北京：高等教育出版社，2000.
[6] 刘培桐. 环境学概论. 北京：高等教育出版社，1995.
[7] 唐延林，等. 试论我国农业可持续发展及其对策. 贵州农业科学，2002.

第八章
清洁生产与循环经济

总体教学目标：

通过对本章内容的学习，主要了解清洁生产的基本内涵及清洁生产的实施目标、具体内容、意义等理论；掌握清洁生产的步骤和途径；了解发展循环经济的特征、意义与社会发展的关系。

要求重点掌握以下内容：

1. 清洁生产的基本内涵、意义；
2. 实施清洁生产的具体目标和内容；
3. 实施清洁生产的途径、方法和步骤；
4. 循环经济的基本特征、意义；
5. 国内外发展循环经济的基本情况。

第一节　清洁生产概述

清洁生产是 20 世纪 80 年代以来发展起来的一种新的、创造性的保护环境的战略措施，美国首先提出其初期思想，这一思想一经出现，便被越来越多的国家接受和实施。美国国会于 1990 年 10 月通过了“污染预防法”，把污染预防作为美国的国家政策，取代了长期采用的末端处理的污染控制政策，要求工业企业源削减，包括：设备与技术改造、工艺流程改造、产品重新设计、原材料替代，以及促进生产各环节的内部管理，减少污染物的排放，并在组织、技术、宏观政策和资金方面作了具体的安排。

一、清洁生产概念

自 1989 年联合国环境署首次规范提出清洁生产的概念以后，这个概念作为鼓励各国政府和工业界采取预防战略控制污染的新定义，写入了 1992 年联合国环发大会通过的重要文件——《21 世纪议程》。目前，世界上越来越多的国家接受了这个概念。联合国环境署对清洁生产的定义是：清洁生产是指将综合预防的环境策略持续应用于生产过程和产品之中，以期减少对人类和环境的风险。对生产过程，清洁生产包括节约原材料和能源，淘汰有毒原材料并在全部排放物和废物离开生产过程以前，减少它们的数量和毒性。对产品而言，清洁生产策略旨在减少产品的整个生命周期，从原料的提炼到产品的最终处置对人类和环境的影响。

1996 年联合国环境署对清洁生产的概念进行了重新定义如下：清洁生产是指将整体预防的环境战略持续应用于生产过程、产品和服务中，以期增加生态效率并减少对人类和环境的风险。对生产，清洁生产包括节约原材料，淘汰有毒原材料，减降所有废物的数量和毒性。对于产品，清洁生产战略旨在减少从原材料的提炼到产品的最终处置的全生命周期的不利影响。对服务，要求将环境因素纳入设计和所提供的服务中。

《中国 21 世纪议程》对清洁生产的定义是：清洁生产是指既可满足人们的需要，又可合理使用自然资源和能源并保护环境的实用生产方法和措施，其实质是一种物料和能耗最少的人类生产活动的规划和管理，将废物减量化、资源化和无害化，或消灭于生产过程之中。清洁生产的定义涉及两个过程控制，即生产过程和产品整个生命周期循环过程。

二、清洁生产的意义

工业是经济的主导力量，从一定意义上说，国家的现代化进程就是工业化进程。工业的结构、规模和水平，在相当大的程度上决定着这个国家的经济面貌。因此，经济的持续发展首先是工业的持续发展，而资源和环境的永续利用是工业持续发展的保障。

实践证明，沿用以大量消耗资源和粗放经营为特征的传统模式，经济发展正越来越深地陷入资源短缺和环境污染的两大困境：一是传统的发展模式不仅造成了环境的极大破坏，而且浪费了大量资源，加速了自然资源的耗竭，使发展难以持久；二是以末端治理为主的工业污染控制政策忽视了全过程污染控制，不能从根本上消除污染。而清洁生产恰能较好地解决这两方面的问题，具有以下显著优点：

（1）清洁生产一方面用节能、降耗、减污和降低生产成本，改善产品质量，提高企业的经济效益，增强企业的市场竞争力。另一方面，可大大减少末端处理的污染负荷，节省大量环保投入（一次性投资和设施运行费），提高企业防止污染的积极性和自觉性。

（2）清洁生产可以最大限度地利用资源和能源，通过循环或重复利用，使原材料最大限度地转化为产品，把污染消灭在生产过程之中。通过改进设备或改变燃烧方式，进一步提高能源的利用率，即可减少污染物的产生量与排放量，又可节约资源与能源，用较少的投入获得较大的收益，具有显著的经济效益。

（3）清洁生产可以避免和减少末端治理的不彻底而造成的二次污染。因为清洁生产采用了大量的源头削减措施，既可减少含有毒成分原料的使用量，又可提高原材料的转化率，减少物料流失和污染物的产生量及排放量，因而能有效地控制二次污染的机会。

（4）清洁生产可最大限度地替代有毒的产品、有毒的原材料和能源，替代排污量大的工艺和设备，改进操作技术和管理方式，从而改善工人的劳动条件和工作环境，提高工人的劳动积极性和工作效率。

（5）清洁生产可改善工业企业与环境管理部门之间的关系，解决环境与经济相割裂的矛盾。我们可以将清洁生产与末端治理进行比较，详见表 8-1：

表 8-1 清洁生产与末端治理的比较

比较项目	清洁生产系统	末端治理（不含综合利用）
思考方法	污染物消除在生产过程中	污染物产生后再处理
产生时代	20 世纪 80 年代末期	20 世纪七八十年代
控制过程	生产全过程控制，产品生命周期全过程控制	污染物达标排放控制
控制效果	比较稳定，产污量明显减少	间接可推动减少
排污量	减少	减少
资源利用率	增加	无显著变化
资源耗用	减少	增加（治理污染消耗）
产品产量	增加	无显著变化
产品成本	降低	增加（治理污染费用）
经济效益	增加	减少（用于治理污染）
治理污染费用	减少	随排放标准严格，费用增加
污染转移	无	有可能
目标对象	全社会	企业及周围环境

三、清洁生产的目标

清洁生产是关于产品生产过程中的一种新的创造性的思维及其实施措施，意味着对生产过程和持续运用整体预防的环境战略，以期减降对人类和环境的风险。

对于产品，清洁生产意味着减降产品从原材料使用到最终处置的全生命周期有不利影响的能源，取消使用有毒原材料，在生产过程中排放废物之减降废物的数量和毒性。因此，企业实施清洁生产，就是使用清洁的原材料、辅材料，通过清洁的工艺过程，生产出清洁的产品，清洁生产谋求达到两个目标。

（1）通过资源的综合利用、短缺资源的代用、二次能源的利用，以及各种节能、降耗、节水措施，合理利用自然资源，减缓资源的耗竭。

（2）减少废料与污染物的生成和排放，促进工业产品的生成、消费过程与环境相容，降低整个工业活动对人类和环境的风险。

清洁生产是国内外 20 多年环境保护的经验总结，着眼于在工业生产全过程中减少污染物的产生量，并要求污染物最大限度地资源化；清洁生产不仅考虑工业产品的生产工艺，而且对产品结构、原料和能源替代、生产运营、现场管理技术操作、产品消费，直至产品报废后的资源循环等诸多环节进行统筹考虑，其目的在于使人类社会和自然和谐发展。清洁生产同时具有经济和环境双重目标，通过实施清洁生产，企业在经济上要能盈利，环境也能得到改善，从而达到环境保护和经济发展协调的目的。清洁生产是手段，目标是实现经济与环境协调发展。

四、清洁生产的内容

根据清洁生产的概念，清洁生产主要应包括以下三个方面的内容：

（一）清洁的能源

1．常规能源的清洁利用，如采用洁净煤技术，逐步提高液体燃料、天然气的使用比例。

2．可再生资源的利用，如水利资源的充分开发和利用。

3．新能源的开发，如太阳能、生物能、风能、潮汐能、地热能的开发利用。

4．各种节能技术和措施等，如在能耗大的化工行业采用热电联产技术，提高能源利用率，降低生产成本等。

（二）清洁的生产过程

1．尽量少用、不用有毒有害的原料，这就需要在工艺设计中充分考虑。

2．无毒、无害的中间产品。

3．减少或消除生产过程的各种危险性因素，如高温、高压、低温、低压、易燃、易爆、强噪声、强震动等。

4．少废、无废的工艺。

5．高效的设备。

6．物料的再循环（厂内、厂外）。

7．简便、可靠的操作和控制。

8．完善的管理等。

（三）清洁的产品

1．节约原料和能源，少用昂贵和稀缺原料，利用二次能源做原料。

2．产品在使用过程中以及使用后不含有危害人体健康和生态环境的因素。

3．易于回收、复用和再生，如各种包装材料的回收加工和重复使用等。

4．合理包装。

5．合理的使用功能（以及具有节能、节水、降低噪声的功能）和合理的使用寿命。

6．产品报废后易处理、易降解等。

推行清洁生产在于实现两个全过程控制：

1．在宏观层次上组织工业生产的全过程控制，包括资源和地域的评价、规划、组织、实施、运营管理和效益评价等环节。

2．在微观层次上的物料转化生产全过程的控制，包括原料的采集、储运、预处理、加工、成型、包装、产品和储存等环节。

在清洁生产的概念中不但含有技术上的可行性，还包括经济上的可营利性，体现经济效益、环境效益和社会效益的统一。

五、清洁生产的理论

根据国内外清洁生产的理论研究和实践证明，可持续发展是清洁生产的理论基础，而清洁生产是可持续发展理论的实践。其理论具体可表现为以下三个方面的内容：

（一）废物与资源转化理论

废物与资源转化理论也可称为“物质平衡理论”。在生产过程中，产生的废物越多，则原料（资源）消耗越大，废物是由原料转化而来。清洁生产使废物最小化，其实质在于原料（资源）得到了最有效利用。生产中的废物具有多功能特性，一种生产过程中产生的废物可作为另一种生产过程中的原料（资源），资源和废物是一个相对的概念。清洁生产最好地体现了资源利用最大化，废物产生最小化，环境污染无害化。

（二）最优化理论

清洁生产实际上是求解满足生产特定条件下使物料消耗最少，而使产品产出率最高的问题。这个问题的理论基础是数学的最优化理论。很多情况下，废物最小化可表示为目标函数，而清洁生产则是求它在约束条件下的最优解。

（三）社会化大生产理论

马克思主义认为，用最少的劳动消耗，生产出最多的满足社会需要的产品，是社会主义建设的最高准则。马克思曾预言：机械的改良，使那些在原有形式上本来不能利用的物质获得一种在新的生产中可以利用的形式，科学的进步，特别是化学的进步，发现了那些废物的利用性。当今社会化大生产和科学进步，为清洁生产提供了必要的条件。

[案例 8-1] 《中华人民共和国清洁生产促进法》

为了促进清洁生产，提高资源利用效率，减少和避免污染物的产生，保护和改善环境，保障人体健康，促进经济与社会可持续发展，我国九届全国人大第二十八次会议审议通过《中华人民共和国清洁生产促进法》（以下简称《清洁生产促进法》），并决定于 2003 年 1 月 1 日起实施。《清洁生产促进法》是我国第一部以污染预防为主要内容的专门法律，标志着我国污染治理模式的重大变革，是我国全面推行清洁生产的新的里程碑，是我国走新型工业化道路，实施可持续战略的必然选择。

1.《清洁生产促进法》的主要内容

《清洁生产促进法》共 6 章 42 条。

第一章：总则。主要是立法目的、清洁生产定义、适用范围以及管理体系等，强调依靠有关部门共同推行清洁生产。

第二章：清洁生产的推行。规定了政府及有关部门支持促进清洁生产的具体要求，如制定有利于清洁生产的政策规划、为企业提供技术信息和支持、组织技术示范和技术研究、开展宣传培训、优先采购清洁产品等。

第三章：对生产经营者的要求。分为指导性要求、强制性要求和自愿性规定三种类型。对此，企业界非常关心。

（1）指导性的要求是不附带法律责任的。属于此类要求的法律规定包括：有关建设和设计活动优先考虑采用清洁生产方式；按照清洁生产要求进行技术改造；普通企业的清洁生产审核等。

（2）强制性的要求规定了生产经营者必须履行的义务。其中包括：对部分产品和包装物要进行标识和强制回收；部分企业要进行强制性的清洁生产审核；对污染严重的企业要按照国家环境保护总局的规定公布主要污染物排放情况等。

（3）自愿性的规定主要是鼓励企业自愿实施清洁生产，改善企业及其产品的形象，相应可以依照有关规定得到奖励和享受政策优惠。属于此类的规定包括：企业自愿申请环境管理体系认证等。

第四章：鼓励措施。规定从资金资助、减免税、优惠贷款等方面对清洁生产给予多方面的支持。

第五章：法律责任。对企业、生产者、产品等违反清洁生产促进法的行为，规定了相应的制裁措施，包括行政、经济、民事、刑事等，为清洁生产的顺利实施提供重要保障。

第六章：附则。说明该法从2003年1月1日起施行。

2.《清洁生产促进法》的性质

《清洁生产促进法》是以对清洁生产进行引导、鼓励和支持保障的法律规范为主要内容，不侧重直接行政控制和制裁，这也是其称为《清洁生产促进法》的原因。如在第三章对生产经营者要求的三种类型中，指导性的要求比重较大，强制性规范比重较小，突出了“促进法”的特点，淡化了行政强制性色彩，以利于引导、规范生产经营者实施清洁生产。虽然该法是促进法不是强制性法律，但企业在生产经营活动中如果有污染排放不达标，食品安全不达标等行为发生，可依据相关的环境法、食品卫生安全法律追究有关人员责任。

《清洁生产促进法》的适用范围，包含了全部生产和服务领域。考虑到法律的可操作性，着重对工业生产领域的清洁生产推行和实施作了具体规定，对农业、服务业等领域实施清洁生产，只提了原则性要求。对于公民个人在生活领域如何清洁地消费产品的问题没有涉及。

3.《清洁生产促进法》的贯彻原则

《清洁生产促进法》实施中应贯彻4个原则：一是推进清洁生产与结构调整相结合。通过结构调整，实施清洁生产，实现节能、减污、降耗、增效，促进工业经济增长方式从“粗放型”向“集约型”转变。二是推进清洁生产与企业技术进步相结合。通过技术进步和技术改造，提高设备的先进性，最大限度地提高资源利用效率，减少污染物的排放。三是推进清洁生产与加强企业管理相结合。通过企业建立自我约束机制，建立强有力的管理机构，明确目标，制订规划，将清洁生产作为企业自主自愿的自觉行动，才能保证污染预防的方针和目标得以贯彻落实。四是推进清洁生产与环境监督、环境管理相结合。通过严格的环境执法，加大环境监督力度，对促进企业控制污染排放也极有意义。

总之，《清洁生产促进法》是一部旨在动员各级政府、有关部门、生产和服务企业推行和实施清洁生产的专门法律。该法对涉及推行清洁生产的组织管理、规划、财政税收政策、资金支持和鼓励措施等方面的内容做出了具体规定，内容丰富，针对性强，为各地区、有关部门全面推行清洁生产提供了法律依据，对转变经济增长方式，提高企业竞争力，特别是在应对与环境相关的非关税贸易壁垒，在国际贸易中维护自己的合法权益，使企业在激烈的国际市场竞争中立于不败之地，促进经济社会可持续发展等方面具有重要的意义。

第二节 清洁生产与可持续发展

一、清洁生产与可持续发展

持续发展的理论使工业发达国家逐渐认识到人类应该适应增长和发展的需要，改变对资源和进行掠夺式的传统发展模式，向不超出资源和环境承载能力的可持续发展模式转变。

目前，人口、工业化和消费的趋势是，废物与污染物的释放速度超过地球的吸收能力，自然资源的消耗不能得以恢复。因此，生产工艺、产品、服务以及消费需求的取向是可持续发展议程的关键。

工业产品在生产消费过程中生成的废品和废料是造成工业环境污染的主要来源，也是引起资源消耗最主要原因。原料在生产过程中，一部分变成产品，另一部分变成了废料，这一部分废料是由于生产过程中各种原因而未加以利用或未尽利用的原料。改变这种生产发展模式的基本出发点如下：

（1）减缓资源消耗和减轻环境污染的核心问题是减少乃至消除废料，使原料得到充分合理的利用。

（2）强调工业生产和环境保护一体化，将工业生产的环境保护纳入可持续发展的战略之中。

在上述背景下，清洁生产应运而生。清洁生产给人们以全新的概念，即把工业生产污染预防纳入可持续发展战略的高度；可持续发展理论成为清洁生产的理论基础，清洁生产是可持续发展的实践，以保证环境和经济协调发展。

人们的基本需要必须得到满足，这意味着人们必须找到从资源开发，经过制造与分配到使用和最终处置，全面改进产品和工艺的途径。清洁生产谋求在工业生产过程中和产品设计过程中，防止污染空气、水和土壤，减少废弃物，以减少对人类的危害。清洁生产也是一种认识世界的哲学思想，一般认为伴随经济增长必然产生污染，但必须将污染控制在一种相对能接受的水平。经济发展要考虑到自然生态环境的长期承载能力，使环境和资源既能满足经济发展目标的需要又能满足人民生活的需要，既满足当代人的需要，又足以支持后代人的潜在需求。与此同时，对环境保护要充分考虑到一定经济发展水平下的经济支持能力，采取积极可行的环境保护政策，配合和推进经济发展。因此，清洁生产是可持续发展的必然方案。

二、实施清洁生产的途径、方法与步骤

清洁生产包括清洁的能源、清洁的生产过程和清洁产品，是可持续发展的重大战略行动，是一项复杂的系统工程。

（一）可持续的发展

实施清洁生产不仅是工业领域的责任，也是国民经济的整体战略部署与规划管理，需要各行各业共同努力；需要各部门（包括工业管理部门、环境保护部门、科技计划部门、金融财税部门等）通力合作；同时，也需要全国人民的积极参与，转变传统的发展概念，改变传统的生产与消费方式，实施可持续发展的生产与消费，进行一次新的工业革命。

1. 可持续发展的概念

环境问题受到广泛重视之前，存在着两种生产理论，即物质资料的生产理论与人口生产理论。环境资源被视为“取之不尽，用之不竭”的生产条件。北京大学陆文虎提出了包含环境生产的三种生产理论，从而明确了可持续生产的概念。

三种生产理论是物质资料的生产、人类自身的生产和环境的生产相互适应的理论。

物质资料的生产、人类自身的生产和环境的生产相互适应的理论对于指导我国这样一个人口众多、生态、环境破坏严重的国家实施可持续发展战略具有重要的理论意义。

物质资料的生产是指人类从环境中索取自然资源并接受人类自身再生产过程产生的各种消费再生物，通过人类的劳动将其转化为生活资料的总过程。在这个过程中生产出来的生活资料用于满足人类的物质需求，同时生产过程中的废弃物返回环境。物质生产环节的基本参量是社会生产力和资源利用率。

人类自身的生产是指人类生存和繁衍的总过程。在这个过程中，人类消费物质生产提供的生活资料和环境生产提供的生活资料，产生人力资源以支持物质生产和环境生产，同时产生消费废弃物返回环境，产生消费再生物返回物质生产环节。人的生产环节，其基本参量是人口数量、人口素质和消费方式。

2. 可持续生产与可持续发展的关系

三种生产的协调是实现区域可持续发展的一个重要前提。协调需要具体的操作，协调操作就需要有能正确操作的理论、准则、方法和技术。要使三种生产的运行关系从不和谐转变为和谐，关键在于协调三种生产之间的联系方式和内容，

以确保整个系统的和谐运行，要协调这个生产环节内部运行的目标和机制，以保证三种生产的发展和三种生产之间的正确联系。

（1）加强环境管理。深化环境影响评价制度是加强环境管理的重要方面。环境影响评价是对人类社会行为通过三种生产可能对环境造成的影响进行预测，然后在此基础上去评价它们对三种生产和谐运行的贡献（正负，大小），并据此对人类的社会行为进行调整。

（2）开展环境建设。在工业文明时代，区域复合系统运行的一个最基本的矛盾，就是环境生产的输入输出不平衡。这一本质性矛盾，可以靠人类努力推行清洁生产和资源回收等办法而有所缓解，但在传统发展模式内是不可能从根本上得到解决的。根据三种生产理论，解决的途径显然应该是开展环境建设。具体来说，就是调配人力资源和资金的投向，保证环境建设的投入。环境建设不同于传统的第一、第二、第三产业，它的根本任务不是为人的生产这个环节提供生活资料，而是协调三种生产之间的关系，保证环境能源源不断地提供生活资料和生产资料，进而从根本上去解决人类社会发展不可持续性的一个重大的基本措施。

（3）协同社会行为。人类的社会行为由政府行为、市场行为和公众行为组成，其中政府行为处于主导地位。政府可以把属于自己的各种手段结合成一个系统的整体行为，去提高公众的可持续发展意识，从而去调控人口的增长，改变单纯追求物质享受的消费观念和消费方式，并在注意向物质生产投放人力资源的同时，注意向环境生产投放人力资源等。当然，政府也可能因为认识滞后或者短期利益的驱使，不顾环境生产的承受能力，去迎合物质资料生产单纯追求经济利益最大化的倾向，去刺激公众追求高消费的倾向。这就需要具有自觉可持续发展意识的公众去约束政府的行为。

（二）资源的合理开发与持续利用

资源的合理开发与持续利用是可持续发展的前提。为了实现资源的综合利用，首先要正确鉴别原材料，列出目前和将来能用的组成部分，制订将其转变为产品的方案。

1．实行跨行业协作

清洁生产思路强调，为了实现原料综合利用，必须统筹考虑，指定统一的开发利用规划，最大限度地实现原料的综合利用。为此，必须组织跨行业的协作，组织企业间的横向联合，使一个企业生产过程中的废料成为另一个企业的生产原料，使工业废物资源化，充分合理利用资源，从而降低产品的生产成本，防止环境污染。

2．减少环境污染

回收利用二次资源不仅节省原材料和能源，对减少环境污染也至关重要。

3．二次资源综合利用

资源的综合利用率在一定程度上反映了资源合理利用的程度，反映了资源流失损耗的状况。有效地提高二次资源综合利用率是实现可持续生产的重要手段。

（三）清洁生产的意识形成与技术推广

目前，清洁生产的思想和重要性已逐步为公众认识，为进一步有效推动清洁生产，加强清洁生产的宣传教育，特别是意识培育和技术扩散尤显重要。

1．清洁生产意识培育

要深入有效地推行清洁生产，使不同层次的管理者，特别是企业的高层管理者了解清洁生产，认识到清洁生产对于企业节约成本、提高企业在市场上的竞争力，树立良好环境保护形象的重要作用至关重要。

2．清洁生产技术推广

清洁生产是一种思想，是高层次的、覆盖面非常广的，体现在工业布局、国民经济计划，经济发展方针和产业政策等诸多方面。为了对清洁生产提供强有力的技术支持，加强清洁生产技术的研发，促进清洁生产技术的扩散非常重要。企业是清洁生产的主体，像环境保护一样，要真正把清洁生产从一种战略作为企业的实践，必须要各方面的通力合作，广大企业的积极参与，甚至是全民的自觉行动。

（四）实施清洁生产的政策体系

综观国内外推行清洁生产的实践，无论工业发达国家，还是发展中国家，为有效地推行清洁生产相关法律、法规、政策和制度建设都必须跟上。将推行清洁生产纳入法制轨道，建立完善的政策体系是推行清洁生产的有力保障。

1．明确机构组织和实施主题

清洁生产是一种战略，是高层次的、全方位的。要真正有效地推行清洁生产，必须明确组织机构和实施主题。

2. 建立完善的政策体系

建立完善的政策体系对推行清洁生产非常重要。政策体系涉及的内容主要有以下几点：

（1）支持企业推行清洁生产，财政给予必要的资金保障和倾斜。

（2）对于推行清洁生产的企业，在税收减免方面给予优惠。

（3）对于推行清洁生产的企业，实行加速折旧制度，刺激企业的技术改造和运用新技术、新设备向清洁生产发展，促进企业推行清洁生产。

（4）创建清洁生产的市场机制，培育清洁生产的需求市场。

3. 将清洁生产纳入法制轨道

要长期持续有效地推行清洁生产，必须把握清洁生产纳入法制轨道。

（五）工业生产过程的清洁生产

清洁生产是工业发展的一种模式，贯穿产品生产和消费的全过程中。它不单纯是一个清洁生产技术问题，而是一个复杂的系统工程，因此，要实现清洁生产，必须首先转变观念，从揭示传统生产技术的主要问题入手，从生产—环境保护一体化的原则出发，具体问题具体分析，逐个解决产品生产、储运、使用和消费全过程中存在的问题。

1. 源削减

源削减是指通过预先指定的措施预防污染，使污染物产生之前就被削减消灭于生产过程中。其实质是避免污染的产生，它在经济上和环境上要比净化污染和控制污染更为可取。具体包括以下几个方面：

（1）改进产品设计、调整产品结构。

（2）用无害或少害的物料，不产生或少产生污染物。

（3）改革工艺设计，开发全新流程。

（4）加强管理。

2. 废物循环利用，建立生产闭合圈

工业生产中物料的转化不可能达 100%。生产过程中工件的传递、物料的输送，加热反应中物料的挥发、沉淀，加之操作的不当，设备的泄漏等原因，总会造成物料的流失。工业生产中的“三废”实质上是生产过程中流失的原料、中间体和副产品及废品废料。实现清洁生产要求流失的物料必须加以回收，返回流程

中或经过适当处理后作为原料或副产品回用。建立从原料投入到废物循环回收利用的生产闭合圈，使工业生产不对环境构成任何危害。

（1）将流失的物料回收后作为原料返回流程。

（2）将生产过程中产生的废料经适当处理后作为原料或替代物返回生产流程。

（3）将生产过程中生成的废料经适当处理后作为其他生产过程的原料回用或作为副产品回收。

3．发展环保技术，搞好末端治理

为了实现清洁生产，在全过程控制中还须包括必要的末端治理，使之成为一种在采取其他措施之后的防治污染最终手段。这种厂内末端处理，往往是作为集中处理前的预处理措施。在这种情况下，它的目标不再是达标排放，而只需处理到集中处理设施可接纳的程度。因此，对生产过程也需提出一些新的要求。

（1）必须清浊分流，减少处理量，有利于组织再循环。

（2）必须开展综合利用，从排放物中回收有用物质。

（3）必须进行适当的预处理和减量化处理，如脱水、浓缩、包装、焚烧等。

[案例 8-2]　清洁生产实例：阜阳化工总厂

安徽阜阳化工总厂的中加清洁生产合作示范项目是一个成功实例。阜阳化工总厂通过实施清洁生产，提高了其产品的产量，降低了生产成本，提高了能量利用率，减少了对环境的污染物排放量。本项目能够取得成功的因素包括：良好的管理，雇员的参与和支持；实施无须花费或花费不多且能取得很大效益的无费或低费方案；培训和分享信息，和政府机构与其他组织的合作。

1．项目描述和参与方

在阜阳化工总厂实施的清洁生产项目是中加清洁生产合作项目中的两个示范项目之一。整个中加清洁生产合作项目的人员构成，包括加方环境政策法规专家、与之合作的中方政府机构、清洁生产中心以及阜阳化工总厂的人员。在本项目中，来自加拿大蒙特利尔的 SNC-Lavalin 环境工程公司和中国北京化工研究院环境保护研究所的工程师，对阜阳化工总厂的管理人员和技术人员提供工艺和工程上的帮助，使其更快和更成功地实施清洁生产。而项目的最终目标是通过加强管理和提高效率，增加化肥厂在市场上的竞争力，同时能更好地达到要求其达到的排放标准。

2．清洁生产项目使用的方法——清洁生产审计

主要内容如下：

（1）准备工艺流程图。工艺流程图是找出清洁生产解决办法的关键，是进行清洁生产审计的基本步骤。作为阜阳化工总厂清洁生产审计的一部分，一共绘出了 28 幅阜阳化工总厂的工艺流程图，各自描述一个特定的工艺流程，包括所有主要的工艺设备（压力容器、反应器、清洗塔、冷却器、泵等）和工艺流体。利用来自工艺流程图的技术信息，系统地评估从每个装置可能排放的污染物（废水、废气和固体废弃物），并在此基础上，准备一份详细的污染物排放清单，指示出污染源（设备号）、性质（流体号）、排放点、组成和排放频率（如连续或间歇、排污、维修期间等）。

（2）采样和流量测量。首先要从合成氨/尿素生产工艺中找出排放的污染物，其次是选择在采样计划中将包含的主要流体。采样点选择是基于工艺流程图，包括在源头的采样（工艺设备）和下水道管网的各个点的采样。除了采样，在各个采样点也进行流量测量。在实验室或利用便携式仪器对样品进行分析。

（3）水和物料平衡。在得到工艺流程图和采样分析结果后，进入清洁生产审计第三阶段，也就是水平衡和污染负荷分析。此阶段清洁生产审计的目标是确定实施清洁生产解决办法的重点区域、污染物产生的重点生产工艺，找出解决清洁生产的办法。

通过对阜阳化工总厂的清洁生产审计，找出了两个重点生产工序和 7 股流体。这 7 股流体中的氨污染负荷包括了排放到大气或下水道的氨污染负荷总量的 60%以上。氨作为工业生产的主要最终产品，其通过大气和下水道的流失，不仅意味着严重的环境污染问题，同时也意味着工厂的经济损失。从清洁生产审计中确定的由重点区域流失到下水道的氨所造成的经济损失有数百万人民币。因此这两个重点生产工序和 7 股流体成为制订清洁生产方案的基础。

3．清洁生产方案清单

在清楚地确定造成 60%氨损失的 7 股液体（污染源）后，SNC-Lavalin 环境工程公司、北京化工研究院和阜阳化工总厂的工程师再次利用工艺流程图，研究循环和/或回收这些流体的可能性。在评估清洁生产解决办法的技术可行性时，中国、加拿大双方工程师采用了计算机工艺模拟程序。具体的清洁生产解决办法见表 8-2。这些清洁生产解决办法都是针对所确定的优先氨流失到环境的污染源（占氨总损失的 60%以上）而提出的。另外，阜阳化工总厂在工厂各生产工序，找出并实施了 6 个无费、低费方案。

（1）消除储存区的化肥包装袋的破损。此措施减少了大量的氮通过雨水对环境的污染。

（2）从废物中增加收入。在电厂新建了一个沉淀池，以移走从烟囱喷淋液中的固体悬浮物。此措施通过外卖沉淀的固体作为各种建筑材料而增加收入。

（3）最大限度地回收油以循环利用和重新利用。增加了新设备以回收工艺气通过压缩工序的油。

（4）阻止从储槽和滤布的铜液泄漏。此措施在消除水环境污染的同时，节省了化学品的费用。

（5）环境美化。清除了垃圾场，代之以一个花园。

（6）通过回收水中的油，最大限度地减少水中油的排放。

表 8-2 阜阳化工总厂中加清洁生产合作项目实施的清洁生产措施清单

编号	流体描述	清洁生产措施	目标	费用
1	母液槽气体中氨的排放	收集废气，送到洗气塔	减少废气排放 提高职业健康 从气体中回收氨	低费
2	从包装工序中气体的排放	通风，收集废气，送到洗气塔	少废气排放 提高职业健康 从气体中回收氨	低费
3	清洗液	在其他工艺中循环	禁止排入下水道	低费
4	综合塔排放液	在其他工艺中循环	禁止排入下水道	低费
5	精炼排放液	在其他工艺中循环	禁止排入下水道	低费
6	等压吸收塔排放液	在其他工艺中循环	禁止排入下水道	中费
7	脱硫工序中的硫泡沫	安装新设备回收硫，提取和循环利用稀氨水	变硫废物为可销售的产品 减少氨排入到大气中 阻止氨排入下水道	中费
8	在包装工序中收集的被污染了的气体的氨冷凝液	在其进入下水道前，手工收集冷凝液后送去回收	阻止排入下水道 回收和重新利用氨	无费

4．中费清洁生产方案的实施

中加清洁生产合作项目为两个中费清洁生产方案的实施提供财政支持。这两个方案是表 8-2 所列的第 6 个和第 7 个方案，它们的实施按下述步骤进行：中加技术小组共同确定工程和设备规格。中方技术小组负责估算设备、土建、结构和电气费用；设备的制造准备和提出招标文件以及选标和购买设备。阜阳化工总厂负责土建、结构和电气的施工以及设备安装。

5．完成及效益评估

表 8-2 中 1—6 项清洁生产方案的目标都是在源头上削减污染物的产生，因此未做评估。事实上，这些清洁生产解决办法实施后的效益如下：

（1）减少氨排入到环境中（大气或水）的量为 4 500 t/a；

（2）估计从回收流失的氨的收入为人民币 300 万元/a。

表 8-2 所列第 7 个清洁生产方案的潜在效益：

（1）减少氨排入到环境中（大气或水）的量为 250 t/a；

（2）估计从回收流失的氨和销售硫黄的收入为人民币 40 万元/a。

6．管理和雇员参与

只有当工厂的操作正常并得到很好地维护，并在运行中做到节省能源，减少原料的使用量和废物的产生量，清洁生产才能很好地实施。因此，良好的管理队伍和员工队伍是成功的关键。阜阳化工总厂如何从管理入手，成为项目成功的关键。具体做法如下：

（1）政策和指南制定。加方专家在提供加拿大国内如何通过制定政策和法规以鼓励加拿大的工业部门成功地实施清洁生产，并同时减少污染物排放的经验时，也总结了中国清洁生产方面（包括实施清洁生产的障碍）的环境法规和政策，并推荐鼓励清洁生产推行的措施。同时，中加清洁生产合作项目的结果本身，就会形成一个合成氨/尿素工业的清洁生产指南。此指南为中国氮肥工业进行清洁生产审计和找出清洁生产实施方案提供了一个实际工具。

（2）信息技术的应用。中加清洁生产合作项目的另外任务是在阜阳安装一套计算机信息系统和项目的网页连接。这一点可保证工厂和化工清洁生产中心、中国和世界清洁生产专业中心相连。此计算机也将用于储存数据和分析数据，这些数据是通过此项目提供给工厂的测量与分析设备得到的。

（3）人员培训。工厂的管理和技术人员受到过程改进培训和由加方专家进行的在职培训。此外几位工厂的高级管理人员也前往加拿大进行实地的技术考察。

第三节　循环经济的意义及其发展

面对着经济发展如影随形的高消耗、高污染和资源环境等约束问题，我国开始寻求经济增长模式的全面转变，走节约型发展道路。循环经济是一种以资源的高效利用和循环利用为核心，以“减量化、再利用、资源化”为原则，以低消耗、低排放、高效率为基本特征，符合可持续发展理念的经济增长模式，是对“大量生产、大量消费、大量废弃”的传统增长模式的根本变革。2004 年中央经济工作会议提出大力发展循环经济。这说明，缓解我国资源全面紧张的状况刻不容缓；同时，如同“知识经济”一样，“循环经济”已经融入中国主流经济概念当中，将对中国未来经济发展产生深远的影响。

一、什么是循环经济

所谓循环经济，本质上是一种生态经济，它要求运用生态学规律而不是机械论规律来指导人类社会的经济活动。与传统经济相比，循环经济的不同之处在于：传统经济是一种由“资源—产品—污染排放”单向流动的线性经济，其特征是高开采、低利用、高排放。在这种经济中，人们高强度地把地球上的物质和能源提取出来，然后又把污染和废物大量地排放到水系、空气和土壤中，对资源的利用是粗放的和一次性的，通过把资源持续不断地变成为废物来实现经济的数量型增长。与此不同，循环经济倡导的是一种与环境和谐的经济发展模式。它要求把经济活动组织成一个“资源—产品—再生资源”的反馈式流程，其特征是低开采、高利用、低排放。所有的物质和能源要能在这个不断进行的经济循环中得到合理和持久的利用，以把经济活动对自然环境的影响降低到尽可能小的程度。循环经济为工业化以来的传统经济转向可持续发展的经济提供了战略性的理论范式，从而从根本上消解长期以来环境与发展之间的尖锐冲突。因此，“减量化、再利用、再循环”是循环经济最重要的实际操作原则。

自从 20 世纪 90 年代可持续发展战略以来，发达国家正在把发展循环经济、建立循环型社会看做是实施可持续发展战略的重要途径和实现方式。

（一）循环经济的起源与发展

循环经济的思想萌芽可以追溯到环境保护兴起的 20 世纪 60 年代。1962 年美国生态学家卡尔逊发表了《寂静的春天》，指出生物界以及人类所面临的危险。“循环经济”一词，首先由美国经济学家 K.波尔丁提出，主要指在人、自然资源和科学技术的大系统内，在资源投入、企业生产、产品消费及其废弃的全过程中，把传统的依赖资源消耗的线形增长经济，转变为依靠生态型资源循环来发展的经济。其“宇宙飞船理论”可以作为循环经济的早期代表。大致内容是：地球就像在太空中飞行的宇宙飞船，要靠不断消耗自身有限的资源而生存，如果不合理开发资源、破坏环境，就会像宇宙飞船那样走向毁灭。因此，宇宙飞船经济要求一种新的发展观：第一，必须改变过去那种“增长型”经济为“储备型”经济；第二，要改变传统的“消耗型”经济，而代之以休养生息的经济；第三，实行福利量的经济，摒弃只着重于生产量的经济；第四，建立既不会使资源枯竭，又不会造成环境污染和生态破坏、能循环使用各种物资的“循环式”经济，以代替过去的“单程式”经济。

20 世纪 90 年代之后，发展知识经济和循环经济成为国际社会的两大趋势。我国从 20 世纪 90 年代起引入了关于循环经济的思想。此后对于循环经济的理论研究和实践不断地深入。

1998 年引入德国循环经济概念，确立“3R”原理的中心地位；1999 年从可持续生产的角度对循环经济发展模式进行整合；2002 年从新兴工业化的角度认识循环经济的发展意义；2003 年将循环经济纳入科学发展观，确立物质减量化的发展战略；2004 年，提出从不同的空间规模、城市、区域、国家层面大力发展循环经济。

（二）循环经济的主要特征

循环经济作为一种科学的发展观，一种全新的经济发展模式，具有自身的独立特征，专家认为其特征主要体现在以下几个方面：

1．新的系统观

循环是指在一定系统内的运动过程，循环经济的系统是由人、自然资源和科学技术等要素构成的大系统。循环经济观要求人在考虑生产和消费时不再置身于这一大系统之外，而是将自己作为这个大系统的一部分来研究符合客观规律的经济原则，将“退田还湖”、“退耕还林”、“退牧还草”等生态系统建设作为维持大系统可持续发展的基础性工作来抓。

2．新的经济观

在传统工业经济的各要素中，资本在循环，劳动力在循环，而唯独自然资源没有形成循环。循环经济观要求运用生态学规律，而不是仅仅沿用 19 世纪以来机械工程学的规律来指导经济活动。不仅要考虑工程承载能力，还要考虑生态承载能力。在生态系统中，经济活动超过资源承载能力的循环是恶性循环，会造成生态系统退化；只有在资源承载能力之内的良性循环，才能使生态系统平衡地发展。

3．新的价值观

循环经济观在考虑自然时，不再像传统工业经济那样将其作为“取料场”和“垃圾场”，也不仅仅视其为可利用的资源，而是将其作为人类赖以生存的基础，是需要维持良性循环的生态系统；在考虑科学技术时，不仅考虑其对自然的开发能力，而且要充分考虑到它对生态系统的修复能力，使之成为有益于环境的技术；在考虑人自身的发展时，不仅考虑人对自然的征服能力，而且更重视人与自然和谐相处的能力，促进人的全面发展。

4．新的生产观

传统工业经济的生产观念是最大限度地开发利用自然资源，最大限度地创造社会财富，最大限度地获取利润。而循环经济的生产观念是要充分考虑自然生态系统的承载能力，尽可能地节约自然资源，不断提高自然资源的利用效率，循环使用资源，创造良性的社会财富。在生产过程中，循环经济观要求遵循“3R”原则：资源利用的减量化（Reduce）原则，即在生产的投入端尽可能少地输入自然资源；产品的再使用（Reuse）原则，即尽可能延长产品的使用周期，并在多种场合使用；废弃物的再循环（Recycle）原则，即最大限度地减少废弃物排放，力争做到排放的无害化，实现资源再循环。同时，在生产中还要求尽可能地利用可循环再生的资源替代不可再生资源，如利用太阳能、风能和农家肥等，使生产合理地依托在自然生态循环之上；尽可能地利用高科技，尽可能地以知识投入来替代物质投入，以达到经济、社会与生态的和谐统一，使人类在良好的环境中生产生活，真正全面提高人民生活质量。

5．新的消费观

循环经济观要求走出传统工业经济“拼命生产、拼命消费”的误区，提倡物质的适度消费、层次消费，在消费的同时就考虑到废弃物的资源化，建立循环生产和消费的观念。同时，循环经济观要求通过税收和行政等手段，限制以不可再生资源为原料的一次性产品的生产与消费，如宾馆的一次性用品、餐馆的一次性餐具和豪华包装等。

二、循环经济的行动原则

“减量化、再利用、再循环”是循环经济的三大原则。由于其英文字头都是R，又称为“3R”原则。

（一）减量化原则

减少进入生产和消费流程的物质量，预防废弃物产生。

（1）在生产中，制造商通过重新设计制造工艺，减少每个产品的物质使用量，节约资源和减少排放。如轻型轿车和光纤通信技术的普遍应用。当然，由于大量的资源浪费和废弃物排放都源于不适当的包装。因此，减量化法则否定过度包装和一次性消费物。

（2）在消费中，减少对物品的需求。适当地按需求成批购买、选择包装物数量少和可循环的物品、购买耐用的高质量物品，会有效地减少垃圾排放量，减少对自然资源的压力、减少对垃圾填埋场的压力。

（二）再利用原则

尽可能多次以及尽可能多种方式使用所购买的物品，防止过早生成垃圾。

（1）在生产中，制造商使用标准通用尺寸进行产品尺寸和零部件设计，提高物品的兼容性，便于拆解，修理和组装用过的或破碎的物品。

（2）在生活中，居民对物品经常修复使用而非频繁更换，将可用的或可维修的物品返回市场体系供他人使用，捐献自己不需要的有用物品。

（三）再循环原则

尽可能多地再生利用废弃物，使之资源化。减少对垃圾填埋场和焚烧场的压力。

（1）原级资源化。将消费者遗弃的废物资源化后形成与原产品性能相同的新产品，这是较为理想的方式，可以减少20%～90%的原生材料使用量。

（2）次级资源化。将废弃物变成不同类型的新产品，鼓励消费者和生产者使用再生资源制造的产品，使循环经济的整个过程实现闭合。

（四）“3R”原则在循环经济中的综合运用

循环经济的根本目标是要求在经济流程中系统地避免和减少废弃物，而废物再利用，使之资源化是减少废物最终处理量的方式之一。1996 年生效的德国《循环经济与废物管理法》规定了对待废物问题的优先顺序为：避免产生—循环利用—最终处置。其意义首先是减少经济源头的污染产生量，制造商在生产阶段、消费者在使用阶段就要避免各种废物的排放，其次是对于源头不能削减的污染物和经过消费者使用的包装废物、旧货等要加以回收利用，进行环境无害化的处置。

众所周知，废弃物的再生利用相对于末端治理虽然是重大的进步，但再生利用的过程要耗费物质和能源，并伴生新的污染，在目前的技术水平上，很难说再生利用本身是最优的环境友好的处理活动。而在经济层面上。只有高含量的再生物质资源才有利可图，自然存在着利用限度。所以。综合运用“3R”原则才是资源利用的最优方式，强调避免废物优先的低排放甚至“零排放”方式，能够从根本上减少自然资源的耗竭，减少由线性经济引起的环境退化。

三、循环经济的发展概况

（一）国外发展循环经济的概况

美国：美国是个生产大国，也是个消费大国。在一般人的印象中，美国人大手大脚，不重视节约。其实不然。美国人在个人生活中很节俭，在国家政策层面则一向重视发展循环经济。

美国早在 20 世纪 70 年代末起就制定了一系列以循环为目标的能源政策。此后虽不断调整，但其核心内容一直围绕三点：一是促进可再生能源的开发利用，二是充分合理利用现有资源，三是鼓励节能。

多年来，美国政府主要通过财政手段鼓励可再生能源的开发和利用。美国不仅拨款资助可再生能源的科研项目，还为可再生能源的发电项目提供抵税优惠。2003年，美国将抵税优惠额度再次提高，受惠的可再生能源范围也从原来的两种，扩大到风能、生物质能、地热能、太阳能、小型水利灌溉发电工程等更多领域。

为扩大可再生能源市场，美国采取了由政府部门带头使用这一新能源方式的办法。美国已经要求其联邦机构使用可再生能源的比例，在2011年达到总能耗的7.5%。2004年美国根据《能源政策法》拨款3亿美元，用于实施太阳能工程项目，其目的是在2010年前在联邦机构的屋顶安装2万套太阳能系统。

在不影响环境的前提下，充分合理利用现有资源也是美国政府的一贯方针。水电目前占美国能源产量的10%，也是其最大的传统可再生能源。美国现有约7.5万处堤坝，但只有约1/3得到利用。美国联邦政府继续加大投入提高现有水电站的生产能力，进一步提高水电站发电量。煤是美国最丰富的传统资源之一，近年该国提出了“让煤更干净”的口号，联邦政府准备在2004—2012年期间，每年拨款2亿美元，用于减少煤电环境污染等技术的开发和相关工程建设。美国政府近期还承诺为建设更安全、更高效的新核电站提供贷款担保。

节能是美国能源政策的另一大重要内容，也是循环经济的一个重要方面。在2004年以来，美国政府加大资金投入给地方州政府，用于旧家电回收和鼓励购买节能新产品。美国还在法律中对一些耗能型商用和消费者产品设定了新的节能标准。这些产品包括变压器、电风扇、自动售货机、商用冷柜和冰箱等。另外，美国还为生产节能型家电的厂家提供抵税优惠。同时，消费者购买节能设备也将获得抵税优惠。

石油是战略性资源。为节约石油资源，减少对石油的依赖，使能源来源多样化，美国从石油消费大户——汽车下手，鼓励研发和使用新型可再生能源车辆。美国规定，购买燃料电池车等新型车辆的消费者可享受抵税优惠。美国还鼓励乙醇和氢电池的研发和生产，以便为车辆提供新的燃料。

日本：日本的“循环型社会”起源于废弃物问题，旨在改变社会经济发展模式。与德国相似，由生产和消费产生的废弃物成为日本当前面临的主要国内环境问题之一。日本每年产生大量的废弃物，由于其受到可用土地的限制，面临最终填埋场严重不足的挑战。为此，日本在1996年的《环境基本法》之下，于2000年颁布了《循环型社会形成推进基本法》。与德国的《循环经济和废弃物管理法》相比，日本的《循环型社会形成推进基本法》在目标和内容上更为深入和丰富，其宗旨是改变传统社会经济发展模式，建立“循环型社会”。日本的循环经济（循环型社会）也是以解决废物问题为起点，旨在改变整个社会经济的传统发展模式。

其他发达国家虽没有循环经济的说法，但废物减量化、再利用及再循环是其目前环境保护和可持续发展实践的一个重点。美国早在1976年就颁布实施了《资源保护回收法》，目前，有半数以上的州制定了不同形式的再生循环法规。法国、英国、比利时和澳大利亚等发达国家在20世纪90年代相继颁布和实施了有关废弃物减量化、再利用和安全处置的法律。丹麦通过实施《废弃物处理和回收法》（1990年），2002年的废弃物再利用率提高到65%。

发展清洁生产和建设生态工业园是发达国家促进工业可持续发展的重要做法。在中国开始推进清洁生产之前，清洁生产在发达国家已有10多年的实践历史。可以认为，在当前的技术经济水平下，发达国家工业企业环境保护的源头与过程控制措施基本到位。与清洁生产同步发展的另一个趋势是建设生态工业园区。自20世纪70年代丹麦卡伦堡“工业共生体”进入自发形成过程后，美国、日本、加拿大和西欧等发达国家和地区先后建成或正在建设的生态工业园区有数十个。

面对环境污染日趋严重、资源日趋短缺的局面，工业发达国家在对其经济发展过程进行反思的基础上，认识到不改变长期沿用的大量消耗资源和能源来推动经济增长的传统模式。美国国会1990年10月通过了《污染预防法》，要求工业企业通过源削减，包括：设备与技术改造、工艺流程改进、产品重新设计、原材料替代以及促进生产各环节的内部管理、减少污染物的排放，并在组织、技术、宏观政策和资金做了具体的安排。

欧共体：欧洲许多国家把清洁生产作为一项基本国策。例如，欧共体委员会1977年4月就制定了关于“清洁工艺”的政策。1984年、1987年又制定了欧共体促进开发“清洁生产”的两个法规，明确对清洁工艺生产工业示范工程提供财政支持。1984年有12项、1987年有24项已得到财政资助。欧共体还建立了信息情报交流网络，其成员国可由该网络得到有关环保技术及市场信息情报。

法国：法国政府为防治或减少废物的产生制定了采用“清洁工艺”生产生态产品及回收利用和综合利用废物等一系列政策。法国环境部还设立了专门机构从事这一工作，每年给清洁生产示范工程补贴10%的投资，给科研的资助高达50%。法国从1980年起还设立了无污染工厂的奥斯卡奖金，奖励在采用无废工艺方面做出成绩的企业。法国环境部还对100多项无废工艺的技术经济情况进行了调查研究，其中无废工艺设备运行费低于原工艺设备运行费的占68%，对超过原工艺设备运行费的给予财政补贴和资助。

荷兰：荷兰在经济部和环境部的大力支持下，实行了“污染项目”，取得了令人瞩目的结果。1988年秋，荷兰技术评价组织对荷兰公司进行了防止废物产生和排放的大规模清查研究，制定了防止废物产生和排放的政策所采用的技术和方法。并在十个公司中进行了预防污染的实践，取得了良好的效果。荷兰政府为促进少废无废（清洁生产）技术的开展和利用，可给工厂提供占新设备费用15%～

40%的补贴。

丹麦：丹麦于1991年6月颁布了新的丹麦环境保护法（污染预防法），这一法案在清洁工艺和回收一节中，规定了：① 对通过采用清洁工艺和回收利用而大幅度减少对环境影响的研究和开发项目提供资助，并对清洁工艺和回收利用方面的信息活动给予资助。② 对某些会对公共行业或社会整体带来效益的项目可提供高达100%的资助。③ 对其结果属于应用性的项目和研究提供不超过75%的资助。④ 对工厂中回收研究项目提供25%的资助。⑤ 对用于收集所有类型废物设备进行的研究可提供高达75%的资助。

加拿大：加拿大政府为废物管理确定了新的方向，他们制定了资源和能源保护技术的开发和示范规则，其目的是促进开展减少废物和循环利用及回收利用废物的工作，以促进清洁生产工作的开展。近年来，加拿大开展了“3R”运动，“3R”为“Reduce，Reuse，Recycle”三词的字头，加拿大不列颠哥伦比亚省在全省动员开展“3R”运动，这个运动的范围相当广泛，从省制定大的计划到民间组织自发的活动，形式多种多样。

联合国环境规划署：联合国环境规划署极为重视发达国家这一工业污染防治战略的转移，决定在世界范围内推行清洁生产。1992年10月召开了巴黎清洁生产部长级会议和高级研讨会议，指出目前工业不但面临着环境的挑战，同时也正获得新的市场机遇。清洁生产是实现持续发展的关键因素，它既能避免排放废物带来的风险和处理、处置费用的增长，还会因提高资源利用率、降低产品成本而获得巨大的经济效益。会议还制定了推行清洁生产的计划与行动措施。

联合国工业发展组织：联合国工业发展组织在20世纪80年代初就提出了将环境保护纳入该组织工作内容，而后成立了国际清洁工艺协会，鼓励采用清洁工艺，提高资源、能源的转化率，减少使用有毒、有害原材料，少排或不排废物。在90年代，逐渐形成了在工业发展中实施综合环境预防战略，推行清洁生产的政策。联合国环境规划署和工业发展组织的一系列活动，有力地在全世界范围内推行清洁生产，对我国推行清洁生产也是极大的促进。

（二）中外对循环经济在认识上的差别

“循环经济”是国际社会在追求从工业可持续发展、到社会经济可持续发展过程中出现的一种关于发展模式的理念。由于所处的社会经济发展阶段不同，面临的环境与可持续发展问题不一，所以我国与世界一些发达国家在循环经济的认识与实践方面，有较大差异。总体上，中国特色的循环经济的认识特征主要表现在两个方面：

第一，产生的背景方面。发达国家在逐步解决了工业污染和部分生活型污染后，由后工业化或消费型社会结构引起的大量废弃物逐渐成为其环境保护和可持续发展的重要问题。在这一背景下，产生了以提高生态效率和废物的减量化、再利用及再循环（“3R”原则）为核心的循环经济理念与实践。我国是在压缩型工业化和城市化过程中，在较低发展阶段，为寻求综合性和根本性的战略措施来解决复合型生态环境问题的情况下，借鉴国际经验，发展了自己的循环经济理念与实践。

第二，内涵方面。发达国家的循环经济首先是从解决消费领域的废弃物问题入手，向生产领域延伸，最终旨在改变“大量生产、大量消费、大量废弃”的社会经济发展模式。从我国目前对循环经济的理解和探索实践看，发展循环经济的直接目的是改变“高消耗”“高污染”“低效益”的传统经济增长模式，走出新型工业化道路，解决复合型环境污染问题，保障全面建设小康社会目标的顺利实现。所以，我国循环经济实践最先从工业领域开始，其内涵和外延逐渐拓展到包括清洁生产（小循环）、生态工业园区（中循环）和循环型社会（大循环）三个层面。

（三）中外发展循环经济实践上的差别

从目前的实践看，中国特色循环经济的内涵可以概括为是对生产活动和消费活动中物质能量流动方式的管理经济。具体讲，是通过实施减量化、再利用和再循环“3R”原则，依靠技术和政策手段调控生产和消费过程中的资源能源流程，将传统经济发展中的“资源—产品—废物排放”这一线性物流模式改造为“资源—产品—再生资源”的物质循环模式，提高资源能源效率，拉长资源能源利用链条，减少废物排放，同时获得经济效益、环境效益和社会效益，实现“三赢”发展。

相比之下国外，如德国的循环经济起源于或者说实质是垃圾经济。在工业和部分生活型污染问题基本得到解决后，由消费带来的日益增加的垃圾（包括工业和消费领域的废弃物）成为德国面临的最大国内环境问题之一。20 世纪 70 年代末，德国有 5 万个垃圾堆放场，由于管理不善，大部分堆放场引起二次污染。所以 1972 年德国颁布了《废弃物管理法》。石油危机后，德国开始从垃圾焚烧中获取电能和热能。到 20 世纪中后期，德国意识到，简单的垃圾末端处理，并不能从根本上解决问题。在 1996 年制定了《循环经济和废弃物管理法》，目的是彻底改造垃圾处理体系，建立产品责任（延伸）制度。可见德国的循环经济是由垃圾问题而起，重点是“垃圾经济”（“3R”和最终安全处置），并向生产体系（企业）中的资源循环利用延伸。

四、我国发展循环经济的意义及重点

（一）我国发展循环经济的意义

1. 我国实现可持续发展战略的重要途径和方式

我国是一个人口密度高、人均资源贫乏的国家，人均土地占有量和水资源占有量只有世界人均占有量的1/3和1/4，人均矿产资源不足世界平均水平的1/2。与此同时，环境污染非常严重。如果仍以传统粗放型高消耗、低产出、高污染的生产方式来维持经济的高速增长，将会使环境状况进一步恶化，也会使有限的资源加速耗竭。环境和资源所承受的压力反过来对社会经济的发展会产生严重的制约作用。所以必须转变传统的发展模式，以发展循环经济来保证水土资源和矿产资源对经济发展的持续支撑。

2. 生态环境和人民健康与安全的重要保障

传统粗放型生产方式所造成的环境污染和生态破坏已造成很多疾病和自然灾害。如1997年和1998年，我国长江、嫩江、松花江流域的特大洪水，20世纪八九十年代以来的沙尘暴和一系列严重的环境污染问题已经给我们敲响了警钟，实施循环经济势在必行。

3. 符合我国建立现代企业与世界经济接轨的要求

在西方国家，循环经济已经成为趋势和潮流，有的国家甚至以立法的方式加以推进。绿色食品、绿色消费、绿色环境不但是当今的时尚，而且是企业长期、牢固地占领市场并向国际市场拓展的有力措施和发展战略目标。在我国加入WTO后，市场的国际化要求我们在考虑经济效益的同时，还要重视社会效益和生态效益。我们的企业只有顺应世界经济发展潮流，发展循环经济，才能立于不败之地。

4. 我国城市生态化、实现城市可持续发展的有效途径

自然生态化、经济生态化和社会生态化的平衡发展和良性循环是城市生态化，实现城市可持续发展的重要原则，但经济生态化是前提。循环经济正是经济生态化的转向，它突破了传统经济对建设生态型城市的最大壁垒。

（二）构筑循环经济的政策体系

从长远来讲，循环经济是人类生存和发展的唯一选择，然而，由于循环经济

思想的前瞻性和长远性，并不是每个企业和消费者都具有能够理解并主动地实施它的理念。因此，国家和政府在建立循环经济战略的任务上负有不可推卸的责任。政府应该制定一系列有效的政策来引导和促进企业和消费者实施这项战略。

1. 经济政策：明晰环境产权，调整资源价格体系，建立绿色国民账户

环境问题很大程度上根源在环境资源的滥用。如果能够建立完整的环境资源价格体系，使环境价值得到相对完整的体现，环境滥用的现象就可以得到有效地缓解。因此，经济政策的重点就在于利用市场机制，明晰环境产权，使资源和其他物品一样走入市场，使其价格正确地反映它的全部社会成本。

在宏观层次上，现行的国民经济核算体系也不适应循环经济的需要，人类生产和消费活动中使用环境和自然资源的真实成本得不到反映，而环境质量的退化等环境债务也在国民账户的资产负债表上缺乏反映。同时，环境污染导致环境质量的下降，不仅没有从最终附加值中扣除，环境治理的费用还被列入了国民收入。因此，应当采用符合循环经济的绿色国民经济核算方法，使其准确地反映发展中资源的代价和环境污染的程度。

2. 产业政策："绿化"现有产业，发展环保产业

对工业而言，应该大力发展生态工业，也就是运用工业生态学的观念来改造现行的工业系统。就微观层次而言，就是按照清洁生产的理念来组织工业生产，促进原料和能源的循环利用；就宏观层次而言，就是要大力发展工业生态链和兴建工业生态园，在产业、地区、国家甚至世界范围内实施循环经济法则，使微观企业之间形成共生系统，尽量消除废弃物的产生。与工业类似，循环经济的农业也应该是可持续的，它包括有机农业、生态农业等形式。目前欧盟已有包括德国在内的 6 个国家正在推广一种"作物综合管理"的持续农业计划，以减少对环境有害的化肥和农药的用量，同时增加有机肥的投入。

大力发展环保产业是改善现有环境的重要手段。从广义来讲，资源回收产业也是环保产业的一个组成部分。资源回收和下面讲述的绿色消费和绿色生产相互衔接起来，就会形成一个全社会范围内的"自然资源—产品和用品—再生资源"的完整的循环经济环路。

3. 技术政策：发展高新技术和环境无害化技术

循环经济的技术政策中应该包括大力发展高新技术，包括信息技术、生物技术等。此外还应包括环境无害化技术，替代技术、再利用技术、系统化技术等。

循环经济的支撑技术体系是构筑循环性经济的物质基础，它已经成为当今技术发展的主要潮流。一旦在这些技术上取得突破，必将加速促进循环经济的建立，人类也会早日重建与地球的和谐关系。

4．消费政策：引导绿色消费

消费在经济中占有重要的地位，产品或服务只有在被最终消费之后才能真正实现其价值。因此，倡导绿色的消费政策是构建循环经济最重要的环节。绿色消费的概念是广义的，它有三层含义：一是倡导消费未被污染或者有助于公众健康的绿色产品；二是在消费过程中注重对垃圾的处置，不造成环境污染；三是引导消费者转变消费观念，注重环保，节约资源和能源，改变公众对环境不宜的消费方式。在目前消费疲软的情况下，倡导绿色消费不仅可以创造新的消费热点，拉动消费，更重要的是处于买方市场的消费需求会更有效地引导绿色生产。

5．教育政策：开展绿色教育

为了提高循环经济政策的实施效果，需要加强对公众环境意识的培养，建立循环经济最终要落脚于公众环境意识的提高。绿色教育政策包括：逐步建立和完善环境保护工作制度，带动民众广泛参与环保实践；经常举办环境污染案例听证会，加强环境案件的社会影响；加强舆论宣传，强化环境意识。新闻媒体对绿色产品类的广告予以优惠，政府部门应该带头使用绿色产品；增加环保投入，加快信息自动化建设，并定期公布环境质量状况等。

6．法律保障：完善环保法律体系

为了防治污染，保护环境，我国自20世纪80年代以后，制定了4部环境法律、8部资源管理法律、20多项环境资源管理行政法规、260多项环境标准，初步形成了环境资源保护的法律体系框架。然而，现行环保法律的立法观念还局限于“污染治理”的思维模式上，对于废物的回收利用认识含糊，执行上居于从属次要位置，这和循环经济的理念是背道而驰的。循环经济将对废弃物进行被动的“末端处理”代之以在生产和消费的源头控制废物产生的“管端预防”为主，配合废物回收再利用和减量化的方法，从而形成一整套系统的以避免废物产生为特征的机制。所以，应该尽快对现行的环保法律进行系统的修改，以“减量化”、“再利用”和“再循环”原则为指导，促使环保法律成为循环经济建立的有力保障。

（三）构筑循环经济的产业体系

循环经济理论对于区域经济发展具有指导意义，根据循环经济的原则，即“3R”原则（减量化、再使用、再循环），统筹规划区域经济建设，可以在源头上节约资源，提高资源利用率，使区域经济和谐快速发展。所以在区域经济建设与规划过程中，要符合循环经济的原理。

首先，在区域内建立企业的物质循环体系。在资源利用过程中尽可能做到“闭路循环，吃干榨尽”。如钢铁企业可以回收生产过程中的煤气，加大煤气燃用力度，利用煤气发电、加热，使厂内的废气资源逐步开发成为生产资源。又如，对转炉污染的处理，原来是污染严重的废弃物，现在经过加工处理后，作为制造剂、冷却剂直接返回转炉炼钢，既减少了萤石、石灰的用量，又降低了转炉的钢铁量消耗，改善了炼钢条件，提高了炉龄。转炉污染的企业内循环利用对于优化冶炼工艺，节约资源，保护环境等均具有重要意义。

其次，是建立区域内企业间的物质循环体系。这主要通过大力发展生态工业园来实现。生态工业园是根据循环经济理论和工业生态学原理来建立的一种与生态环境和谐共存的新兴工业园区。它用工业生态学的理论与方法来研究工业生产，把工业体系当做一个封闭的自然生态系统。对想进入园区的生产企业根据原料、产品、排放物等方面进行考察，把能够构成循环的企业放在同一园区内。使园区内某一企业生产的“废物”或副产品成为另一个企业的原料，实现变废为宝、价值增值、减少最终废料排放，保护环境的目的。

最后，还要构建区域内生产和消费循环利用体系。产品在设计阶段就要考虑采用、使用便于循环利用的原材料，利用过程中产生污染较少的原材料，从源头堵住对环境的污染。随着我国经济的快速发展和人民生活水平的提高，生产和生活中产生的能够被回收利用的再生资源日益增多，必须进一步扩大再生资源的回收加工体系，及时回收各种再生资源。提高群众的资源意识和环保意识，要树立自觉利用再生产品，自觉承担废弃物处理成本的意识。再生资源利用企业要提高分类和回收加工技术。中央政府和地方政府要借鉴国外经验，制定相关的法律法规，实施依法管理。

（四）发展第三产业循环经济的思考

所谓第三产业循环经济，主要是指第三产业服务产品与设施的设计与开发的经济。在其整个服务周期过程中，都要考虑和进行减少服务主体、服务对象和服务途径的直接环境影响与间接环境影响，并通过翔实资料和创造有效途径让服务对象积极参与，从而实现第三产业的可持续发展。第三产业具有服务主要特征。如宾馆酒店旅游业的“绿色酒店”、“绿色服务”、“绿色餐饮”，教育行业的“绿色校园”等，尤其第三产业循环经济策略和具体措施、实施方法和程序。其循环经济实施过程中按照自服务主体（如风景区、酒店、高校、文化、物管、物流、信息等行业）、服务途径（提供的各种愉悦和享受服务）、服务客体（如游客、住客、师生、消费者、公众受体群等）的顺序，围绕节能、降耗、减污、增效和企业形象等方面，对循环经济产生的潜在的经济效益和环境效益进行评估，通过第三产业的实际应用，总结经验，提升循环经济的内涵。

第三产业循环经济的主要内容涉及旅游、宾馆、餐饮、娱乐、环卫、物管、物流、信息、金融、教育、文化等行业。定位第三产业各分支行业的循环经济，从层次上划分四个部分：根据生态效率理念，尽量做到清洁生产；按照生态工业理论，要建立良好的再生资源的输入和输出关系；在废弃物处理上，尽量实现无害化、减量化和资源化；在服务对象上，鼓励广大的公众参与，建立有奖举报和有效预防制度。建立第三产业循环经济框架体系，在输入端、过程中和输出端均要实现良性的经济循环。

首先，要明确第三产业循环经济领域，并分清第三产业之间的共性与差别。由于第三产业的行业繁杂，涉及的譬如文化教育和体育、物流与物业管理、信息服务和金融服务、旅游与餐饮服务等诸多行业可能有共同的特点，但更多是各行各业特有的属性和运行机制，因此要考虑其共性，同时由于各省地方的区域经济结构和实力差异，南北或东西区域的分布有不同，规模和服务的对象有差距，所以第三产业循环经济的规划也要正视这个问题，做到既涵盖全面又突出重点。

其次，要将第三产业从服务主体、服务途径、服务对象三方面和每一方面的全过程，在软件和硬件上，都始终将循环经济思路自始至终贯彻，建立良好的规划。在进行产业设计的过程中，预期方案的目标应该包括广大不同地区差价优势的未来互动、衔接的第三产业行业群落，尤其是饮食业、物流业、金融保险业、旅游业等强势行业群落。制订循环经济在第三产业的试点方案，应该将物流、交通流、技术流、资金流等很好地规划。最终形成区域第三产业行业中具有特色的旅游型、教育型、金融型、分区域实施的循环经济规划方案。

再次，是要制定发展第三产业循环经济的相关优惠政策，提高全民绿色消费意识，建立政府绿色采购制度和社会绿色消费体系。要鼓励使用再生产品和环境友好型产品，建立绿色文明和完善绿色课程建设，创造绿色文化，在广泛的第三产业行业建立相应规划方案，并反馈给政府管理部门和现场企业。

最后，要结合区域现有的条件和国际国内大量的循环经济背景，确定第三产业循环经济指导方针、总体定位和具体实施的途径。

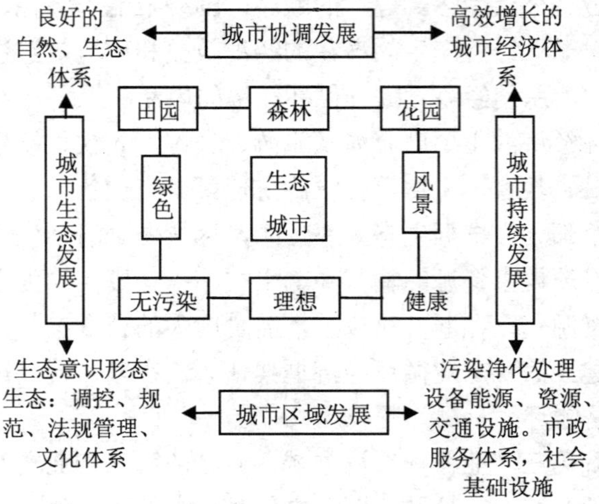

图 8-1　生态城市概念示意图

[案例 8-3]　包头国家生态工业（铝业）示范园区

一、概述

由于历史原因，包头市东河区有很多工业企业零散分布在居民生活区和商业繁华地区，工商业相互交织、区域功能不够明确的问题对经济发展产生的制约和障碍日趋明显。进一步明确城区内各区域功能，合理调整城区的经济布局迫在眉睫。

为了实现东河区“退二进三”的经济结构调整的战略，用生态工业思想改造现有的高耗能、高污染产业，开发高技术、高附加值的产品，盘活传统冶金、机械、电力等产业，从而带动配套产业的发展，为包头市经济发展注入新的活力，在包头市委、市政府的高度重视下，在东河区、包铝、东恒热电公司的努力下，于 2002 年 4 月创建了包头国家生态工业（铝业）示范园区。

二、包头国家生态工业（铝业）示范园区规划设计

（一）园区的规划、设计

包头国家生态工业（铝业）示范园区以铝电联营为核心，以铝业为龙头，以电厂为基础，通过各系统之间中间产品、产品或废弃物的相互交换而形成工业生态链（网），使园区内资源得到最佳配置、废弃物得到有效利用、环境污染降低到最低水平、经济效益大幅度提高，进而拉动地区经济的发展。园区的结构分为核心区、拓展区和辐射区。

（1）核心区：以铝电联营为基础，发展电力、电解铝、铝深加工、铝合金铸造、稀土高新和建材等相关产业。

（2）拓展区：主要是核心区的延伸。近期配合东河旧城改造，吸纳东河区实施“退二进三”战略中搬迁的部分铸造行业企业和高载能企业入区。

（3）辐射区：充分发挥园区的生态工业功能和辐射作用，利用园区的发展拉动其他产业和地区的发展，促进包头和内蒙古自治区的产业结构调整和提升。

园区总体框架见图8-2：

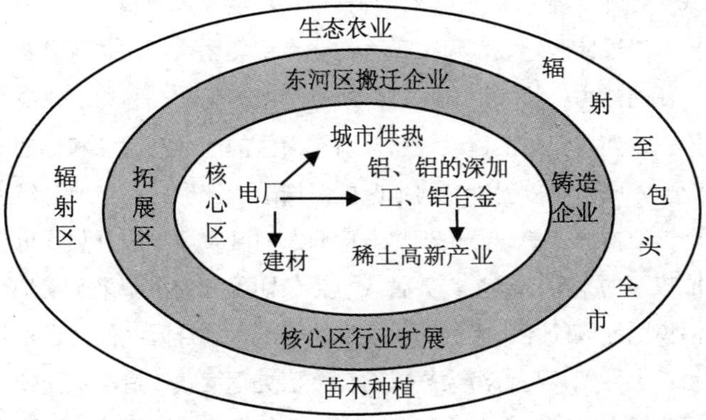

图8-2 园区总体框架图

（二）园区的主要的工业生态链

（1）煤—发电—电解铝—铝的深加工—铝的再生—铝的深加工。

利用包头周边地区丰富的煤资源，进行发电，电厂产生的电力用于电解铝的生产。以原铝为原料，进行铝的深加工，铝产品使用过程中产生的废铝返回铝的深加工系统。

（2）煤—发电—高附加值建材生产。

电厂发电过程产生的粉煤灰，用作生产高附加值的建材的原料。

（3）煤—发电—供暖供热。

电厂热电联产产生的热水、蒸汽，用于工业、农业和居民供暖和供汽。

（4）煤—发电—稀土铝合金生产。

利用电能和包头市丰富的稀土材料，将稀土材料掺入铝中，生产稀土铝合金。

（三）园区的工业代谢特点

园区的物料循环、能量利用充分体现了生态工业的以下三个特点：

1．横向耦合

在包头国家生态工业（铝业）示范园区中，主要有发电和铝两大产业系统。在发电系统中，延伸出粉煤灰制建材、居民供热、电厂蒸汽用于加气混凝土的高压蒸汽养护等产业系统。在铝系统中，主要有碳素、电解铝、铝的深加工、铝合金铸造、精铝等上、下游的产业系统，形成铝的产业链。两大系统之间通过电力和废水（中水回用）形成了横向耦合关系，使园区形成了以铝电联营系统为中心的网状结构。由于铝电之间形成的横向耦合，电厂有了自己的稳定用户，输电成本和电力损耗降低；铝厂解决了电价过高的问题，为铝业的持续发展奠定了基础，从而实现了“双赢”。

2．区域整合

园区的区域整合性主要表现在区域经济整合和环境综合、整治两个方面。在区域经济发展方面，第一，通过园区建设，可以做大做强包铝集团这样的传统龙头企业，为包头市的经济发展注入新的活力；第二，利用电厂产生的废弃物——粉煤灰来制水泥和砖块，可以变废为宝；第三，随着园区的建设，将吸引东河区的部分高载能和铝的下游产品制造企业（如铸造企业）入园，可以促进东河地区的旧城改造，也有利于地方经济结构的调整。

在环境综合整治方面，第一，由于热电厂向东河区实施集中供热，可全部拆除东河区 10 t/h 及 10 t/h 以下的采暖小锅炉，并替代包铝集团现有的小型采暖锅炉，从而根本改善东河旧城和包铝集团地区的冬季大气环境状况。第二，结合园区的建设，包铝集团也将更有能力对目前物耗大、能耗高、污染严重的自焙槽进行彻底改造，从而使当地已经恶化的大气环境质量得到根本改变。第三，按照生态工业的思路，园区的生活污水和部分工业废水经过集中污水处理厂处理后回用于电厂，作为冷却水使用，不但可大量节水，而且能降低区域的水环境污染。

3．区域的柔韧性结构

在园区内，热电联产、铝电联营使得电厂具有稳定的热、电用户。同时，同种资源用来生产不同的产品，多种铝制品可使园区的产品能够适应市场的变化，对市场需求以及外界环境波动可以随时做出反映，及时调整生产结构。园区内的生态工业链形成网状结构，这种结构使园区产品的种类、生产规模等对资源供应、市场需求以及外界环境的随机波动具有较大的弹性，整体上抵御市场风险的能力大大加强，从而使园区表现出较强的柔韧性。

三、主要做法

包头国家生态工业（铝业）示范园区创建以来，通过产业链和废弃物链的构建与完善、资源和废弃物的减量化措施，大力发展生态工业，在园区主导体系——铝行业、电力行业及建设行业，建立完善的行业内部和行业间的产品链和产业链，减少生产过程中的资源消耗，提高能源效率，降低水污染物、大气污染物和固体废弃物的产生和排放。同时，从优化产业结构、合理调整生产力布局和提升传统产业技术水平入手，用高新技术改造提升能源、冶金、建材等传统产业积极培育高新技术产业，实现了资源的合理开发和永续利用，创造了良好的生产环境和生活环境。

该园区的建设，盘活了包头市的地方传统企业（包铝集团和东恒热电公司）和面临困境的建材企业（长征建材厂），优化城市经济结构、空间布局，实现区域环境的综合整治，提升了包铝集团等大型国有企业的技术水平和竞争实力。近年来，园区龙头企业——包铝集团已成为国内最大的合金铝生产企业。同时，该园区在区内企业间资源有机配置的基础上，向园区外适度扩张，从而形成了包头市新的经济增长点。

四、包头国家生态工业（铝业）示范园区发展循环经济的启示

包头模式将循环经济的理念注入到传统产业经济结构调整中，盘活地方传统企业，以结构调整带动周边环境与资源保护，对于我国西部不发达和生态敏感地区实现环境与资源保护与经济发展的“双赢”有借鉴和推广的意义。

包头发展循环经济和生态工业目前仍存在着经济、法律政策、意识等方面的问题。例如入园企业一旦使用其他企业的废弃物，如工业废渣、粉煤灰等，原来的废弃物产生者不仅不付费，而且还要向使用者收费，使资源综合利用企业无利可图，严重挫伤其积极性等。这需要政府介入干预，否则，循环经济将毁于无信用的机会主义文化。

思考与练习

1. 什么是清洁生产？为什么要推行清洁生产？
2. 清洁生产的内容有哪些？有哪些理论依据？
3. 比较分析清洁生产与末端治理的差别。
4. 根据你所熟悉的工作环境、社会活动和日常生活细节说明清洁生产与可持续发展的关系。
5. 举例说明实行跨行业协作对清洁生产和可持续发展的作用。
6. 什么是循环经济？分析循环经济的特征。
7. 论述发展循环经济与社会发展的关系。
8. 论述我国发展循环经济的意义。
9. 针对现在市场上的各种商品，其包装成本几乎高于商品本身的成本，对此你有何看法？你认为应该如何转变因包装而产生的资源浪费状况？

参考文献

[1] 中国环境保护网. 2005.
[2] 中华互联网. 清洁生产、可持续发展.
[3] 魏智勇. 生态文明新理念. 长沙：湖南教育出版社，2006.
[4] 周光召. 中国可持续发展战略. 领导干部读本. 北京：西苑出版社，2000.
[5] 施礼明，汪星明. 现代生产管理. 北京：企业管理出版社，2001.
[6] 人民网. 钱易：“循环经济与可持续发展”，2006（5）.

第九章

环境伦理与可持续发展教育

总体教学目标：

本章包括三部分内容：第一节主要介绍环境伦理的发展演化历史，全面认识人与自然的关系；第二节着重介绍可持续发展教育的发展历程、基本思想以及可持续发展教育的对象和内容；第三节主要讨论公众参与可持续发展的意义和途径。

要求重点掌握以下内容：

1. 环境伦理的概念；
2. 人类中心主义、生命中心伦理、生态中心伦理、可持续发展环境伦理观的核心内容；
3. 可持续发展教育的基本思想；
4. 公众参与可持续发展的主要途径。

第一节 环境伦理

人类社会正面临着有史以来最严重的生态危机、资源浪费、环境污染、生态破坏等无不威胁到人类的生存问题。人们试图以科技来解决这些问题，反而又衍生更多的问题，因为挑战并不局限于科学技术层面，更涉及人类的价值观、人与自然的关系、人如何看待万物等问题。换言之，环境伦理的道德观和价值观是环境保护和可持续发展的前提和保证。

国际社会已经认识到环境伦理及其教育的重要性。1977 年 10 月联合国在苏联的第比利斯（Tbilisi）召开国际政府环境教育会议，会议制定的环境教育目标之一就是为每个人提供机会去获得保护环境和改进环境所需要的知识、价值、态度、承诺和技能。会议形成决议：在发展环境教育计划时，必须考虑伦理的价值，环境教育应以产生认知和价值为目的，借以改进生活质量。1991 年国际环境教育计划发行的通讯《连结》（Connect），以“全球环境伦理—环境教育的终极目标”（A Universal Environmental Ethic-The Ultimate Goal of Environmental Education）为主题，论述环境伦理的重要性。文中指称环境教育的终极目标在培养具有环境伦理信念的人，他具备正确的环境态度和价值观，并能做出理想的环境行为。

那么，什么是环境伦理呢？所谓环境伦理是人类与自然环境间的道德关系，也可以说是人类与自然环境的伦理责任，包括了人与自然的道德关系和受人与自然关系影响的人与人之间的道德关系两个方面。

在漫长的人类发展史中，人类就人与自然的关系进行的探讨和反思，与人类社会的生态方式和生活方式、与人类社会赖以生存的环境是息息相关的。

一、人类中心主义

人类中心主义亦称人文主义或人本主义，认为人类是万物主宰，所有价值的来源和万物的尺度，由于自然万物与人类之间缺乏伦理关系，人类给予它们道德关切是不合逻辑的，也是行不通的。

人类中心主义被许多历史学家、哲学家、知识分子等批评为“生态危机的历史根源”。史学家怀特（L. White）认为犹太基督教是最富有人类中心主义思想的宗教。在圣经旧约的《创世纪》中有下列一段文字：“上帝照自己的形象创造了人。上帝赐福他们说：你们要生养许多儿女，使你们后代遍满全世界，控制大地。我要你们管理鱼类、鸟类和所有动物。”正如当代西方批评家赫胥黎（A.Huxley）所说：比起中国道教和佛教，基督教对自然的态度，一直是感觉迟钝得令人惊奇，并且表现出专横和残暴的态度。他们把《创世纪》中不幸的说法当做暗示，因而将动物只看成东西，认为人类可以为了自己的目的，任意剥削动物而无愧。

除宗教外，世俗哲学在人类中心主义的发展中也起着不可低估的推波助澜的作用。中世纪的哲学家和神学家阿奎纳认为理性是决定一切事物的卓越性，智力越高者越具卓越性。他认为地球上只有人类具有智力，因此地球上所有上帝的创造物，必须接受具有卓越性的人类所支配。现代哲学之父笛卡儿认为人类具有思考和语言等能力，故超越自然万物，对于动物和自然世界没有任何责任。被认为人类史上最伟大的思想家之一康德（Immanuel Kant）也确信，只有理性生物对理性世界的实现有直接贡献，值得人类的道德关怀；而非理性生物则不然，它们只能作为实现理性世界的工具。

数千年来，人类沉醉于傲慢的人类中心主义，认为人是万物的主宰和万物的尺度，自然屈从于人类，为人类所有，人类有权利使用自然。人定胜天，超越自然的意念充斥于人类的哲学、文学、宗教、文化与社会生活的各个层面，激起人类最大的剥削性和破坏性的本能。人类肆意的驱使与使用自然，造成了今日严重的生态浩劫与环境危机。

二、生命中心伦理

以辛格（Peter Singer）、黎根（Tom Regan）、史怀哲（Albert Schweitzer）、泰勒（Paul W. Taylor）等为代表的生命中心伦理发端于天赋权利的信念，与人道主义（Humanitarianism）、功利主义（Utilitarianism）和动物解放运动（Animal Liberation Movement）汇成汹涌的浪潮推动伦理信念跨越人类中心伦理所构筑的伦理分割线，使人类伦理信念进入生命中心领域，对非人类的生物尤其是动物赋予道德地位及法律权利。

生命中心伦理主张个体利益平等，要尊重生命个体，并给予道德考虑，并认为只有生命本身具有价值，物种和生态系统则无。

动物解放运动的领导者黎根提出生命主体（Subject of a life）的概念，认为人们之所以要保护动物，是由于动物和人一样，拥有不可侵犯的权利，例如多数成长的哺乳类，都是生命主体。生命主体都具有传承的或天赋的价值（inherent value），值得人类尊重，因此所有动物都应给予道德考虑。

泰勒的尊重自然伦理学说是当代生命中心伦理学说中最完整的理论。它包含三个部分：① 道德者能把尊重自然作为自己的终极道德态度，须先了解生物有自身好处和天赋价值；② 以生命中心自然观解说和辩护尊重自然的态度；③ 伦理体系包含行为的基本法则、优先原理和美德的基本标准。该学说的核心成分就是行动正确、品行良好，并表达尊重自然为终极的道德态度，其行为法则就是对生命个体不伤害、不干扰、诚信和补偿性公正等法则。

总之，生命中心伦理认为基于人类种族平等的原理，应将其扩展至具有生命的生物个体，加上生命个体具有传承的价值，更应给予道德上的尊重。族群因不具意识和传承价值，故不包含在生命中心的伦理对象内。当人类和非人类间发生利益冲突时应遵守生命个体不伤害、不干扰、诚信、补偿性公正等原则。

三、生态中心伦理

现代环保运动和生态哲学在其发展过程中，一方面深刻反省西方传统的世界观和自然观；另一方面则吸收东方宗教中人与自然和谐的精神，将人类的角色从大地的征服者、操纵者转变为其中的一个成员，从生态系统整体的角度讨论人与自然环境的伦理关系，并认为自然生态具有内在的价值，应接受我们人类的尊重与道德考虑，今日环境的危机起源于现代人的信念、态度和价值观，要解决环境危机必须改变人类的信念、态度和价值观。其极具影响的学说主要有以下几种：

（一）李奥波（Aldo Leopold）的大地伦理（Land Ethics）

李奥波是美国森林学家、哲学家，是生态研究方面的先驱和拓荒者。他在诠释伦理关系时，用了一个很关键的字，即“社区”（community），他认为以前的伦理范围只限于“人类社区”（human community），也就是说只重人与人，和人与社会的关系，但是“环境伦理”把它扩展到包含无情世界的草木、山水、动物等的“生物社区”（biotic community），所以他说：“一切伦理演变到现在都基于一个大前提——个人是某个社区相互依存的一个成员，他的本能促使他争取在此社区中的地位，但他的道德也促使他去合作。而大地伦理（land ethics）则是扩大此社区的领域，以包括土壤、水、植物、动物，即通称为大地。”自然环境中其他种类的生命也有健康生存的权利是他的中心思想。

大地伦理理论以达尔文的进化论、生态学和哥白尼的地球学说为理论基础，将社区的范围扩大，包含土壤、水、植物、动物，改变了传统西方文明中人类的角色，将人类从大地的征服者、操纵者一变而为其中的一个成员，也宣示人类应对其他共同生存的一切成员给予应有的尊重。如果说李奥波将大地视为“生物社区”中最重要的一分子，是生态学的基本观念，那么大地是应该受到爱惜和尊重，则是道德观念的扩大，是一种“生态的良心”（ecocomical conscience），唯有在这个基础上，才能导引出具体的生态保育行为。“凡是能够保护生物社区的完整性、稳定性和美好性的行为，才是对的，反之，就是错的行为。”

（二）奈斯（Arne Naess）与深层生态学（Deep Ecology）

“深层生态学”是继李奥波、卡生（Rachel Carson）等学者提倡的环境伦理学之后由挪威哲学家、生态学家奈斯博士首创，德维（Bill Devall）、雷森（Gecome Sessions）、斯尼德（Gary Snyder）等许多学者相继推动的生态学。深层生态学承认自然界的生物及生态系具有内在价值，独立于人类的工具性价值之外，认为人类正如其他生物一样是存在于复杂的“互动网”之中并有互依关系，如果我们要为所有物种保护环境，就必须改变我们人类在自然界地位的信念与态度。

1. 深层生态学的两大特质

（1）自我实现。“自我实现”是一个自我了解、自我觉醒的过程，在此过程中人们渐渐了解自己与其他自然界的万物必须相互依存。德维和雷森二人对此有很好的说明“当我们不再将自己视为孤立、狭隘、好争的自我个体，并且开始与其他人产生认同时，我们的心灵才能开始成长。但是深层生态学所讲的自我则要求更进一步的成熟和成长，那就是这种认同必须超越人类以包含非情世界”。这种以生命的尊严、内在的价值、独立的灵性对待万物的人类自我觉醒是引发生态意识的先决条件，就如美国学者怀特所说的“人类对待瓦石，是否有伦理的责任呢？对那些受到基督教传统影响的美国人来说，会认为这是个毫无意义的问题。但是若有一天，这个问题不再看来荒谬，那我们才能觉醒到应该改变价值观，以解决日渐严重的生态危机”。

怀特所要强调的是人的价值观必须从以人为中心，扩大到包括瓦石的万物为中心，只有当人类能对瓦石也负起伦理责任，才能在精神上达到自我实现，在物质界上做到生态的维护。

（2）生命中心平等。生命中心平等是指生物圈中所有实体都具有同等的生存与繁荣的权利。深受佛教影响的生态学家斯尼德的下列这段话，最能表现万物平等的精神“一种最终极的民主已经实现，它把所有植物和动物都视同人类……因而都应在人类政治权利的讨论中，有一席之地和声音代表”。

从“自我觉醒”和“万物平等”这两个思想基础，奈斯博士归结出 8 项深层生态学基本原则。

2. 深层生态学的基本原理

（1）地球生生不息的生命，包含人类及其他生物，都具有自身的价值，这些价值不能以人类实用的观点去衡量。

（2）生命的丰富性和多样性，均有其自身存在的意义。

（3）人类没有权力去抹煞大自然的丰富性和多样性，除非它威胁到人类本身的基本需要。

（4）人类生命和文化的繁衍，必须配合人口压力的减少，其他生命的衍生也是如此。

（5）目前人类对其他生命干扰过度，而且急剧恶化。

（6）政策必须作必要修改，因为旧的政策一直影响目前的经济、科技，及其他的意识形态。

（7）意识形态的改变，并非指物质生活水准的提高，而是生活品质的提升。

（8）凡是接受上述说法的人，有责任不论直接或间接，促进现状的进步和改善。

奈斯认为这些可作为解决生态和环保争议的原则，例如在面对雨林被破坏的问题时，上述的前三条原则即可作基本的指引。

生态中心伦理将伦理对象推展至整个自然界，包含全部的动、植物及生态系，不再局限于人类本身或具生命和传承价值的个体，这是环境伦理的一大跃进。它使人类对环境的思维不再是一种掠夺、满足需求的心态，取而代之的是永续经营、共存共荣的概念。

3. 世界伦理

UNEP，IUCN 和 WWF 等机构于 1991 年出版《关怀地球——一个永续生存的策略》一书。书中建议建立以人为中心，保育为基础的世界伦理（World Ethic）。此世界伦理之要素如下：

每个人都是生命小区的一部分，这个小区是由所有生物所组成。这小区将人类社会和自然连成一体。

每个人都有基本的平等的权利，这权利包括个人生存、自由和安全、自由思想、宗教、集会和结社、参与公务、教育等。没有人有权利剥夺他人的谋生方法。每个人和每个社会必须尊重这些权利；并负责保护这些权利。

保证每个生物获得人类的尊重，不论它对人类有何价值。人类的发展不应威胁自然的完整，或其他物种的生存。人类应该适当地对待所有生物，并保护它们免予残暴、受苦和不必要的杀害。

每个人应负起他对自然影响的责任，人类应保育生态过程及自然的多样性，并节俭、有效率地使用资源，并保证再生性资源的永续利用。

每个人应公平地分享资源使用的利益与成本。每个世代所遗留的世界，应像他传承的一样，多样的和具生产力的。一个社会或世代不应该限制其他社会或世代的机会。

保护人类的权利和自然的权利是全世界的责任，它超越文化、意识形态和地理。

四、可持续发展环境伦理观

可持续发展环境伦理观，是学术界研究可持续发展和环境伦理学过程中形成的一种新型的环境伦理理论。环境伦理学是在 20 世纪 40 年代提出，70 年代获得定位的一门新兴学科。与环境伦理学产生与发展的时期基本相同，可持续发展战略酝酿于 20 世纪 60 年代的第一次环境革命，成熟于 20 世纪 80 年代末 90 年代初的第二次环境革命。这种重合并不是时间上的巧合，而是因为环境伦理学和可持续发展战略是从不同的理论层面，在相同的历史背景下，为解决人类社会所共同面临的环境问题而相继产生的。二者在理论和实践上都具有高度的一致性和互补性。

（一）人与自然和谐统一的整体价值观

可持续发展环境伦理观在强调人与自然和谐统一的基础上，更承认人类对自然的保护作用和道德代理人的责任，以及对一定社会中人类行为的环境道德规范。可持续发展环境伦理观一方面汲取了生命中心论、生态中心论等非人类中心主义关于“生物/生态具有内在价值”的思想，承认自然不仅具有工具价值，也具有内在价值，但又不把内在价值仅归于自然自身，而提高为人与自然和谐统一的整体性质。这样，由于人类和自然是一个和谐统一的整体，那么，不仅是人类，还有自然都应该得到道德关怀。另一方面，可持续发展环境伦理观在人与自然和谐统一整体价值观的基础之上，承认现代人类中心主义关于人类所特有的“能动作用”，承认人类在这个统一整体中占有的“道德代理人”和环境管理者的地位。这样，就避免了非人类中心主义在实践中所带来的困难，使之更具有适用性。

在共同承认自然的固有价值和人类的实践能动作用的基础上，所形成的人与自然和谐统一的整体价值观是可持续发展环境伦理观的理论基础。现代生态学和系统科学研究表明，自然界（包括人类社会在内）是一个有机整体，生命系统表现为网络格局。自然界的组成部分，从物种层次、生态系统层次到生物圈层次都是相互联系、相互作用和相互依赖的。任何生物都有内在目的性，都以其各自的方式在整体生态关系中实现其自然的善。因此，任何生物和自然都拥有其自身的固有价值（固有价值是一种实体为获得自身的善而独立于人类评价者目的的价值）。生物和自然所拥有的固有价值应当使它们享有道德地位并获得道德关怀，成为道德顾客。可持续发展环境伦理观把道德共同体从人扩大到“人—自然”系统，把道德对象的范围从人类扩大到生物和自然。与此同时，由于只有人类才具有实践的能动性，具有自觉的道德意识，进行道德选择和做出道德决定，所以只有人是道德的主体。作为道德代理人的人类，应当珍惜和爱护生物和自然，承认它们在一种自然状态中持续存在的价值。因而，人类具有自觉维护生物和自然的责任。

（二）可持续发展的环境含义

作为一种评价社会制度的道德评价标准，可持续发展的环境正义关注人类的合理需要、社会的文明和进步。其主要含义：一是要求建立可持续发展的环境公正原则，实现人类在环境利益上的公正；二是要求确立公民的环境权。

1．环境公正原则

可持续发展环境公正应当包括国际环境公正、国内环境公正和代际环境公正。

（1）国际环境公正。国际环境公正意味着各地区、各国家享有平等的自然资源的使用权利和可持续发展的权利。建立国际环境公正原则必须考虑到满足世界上贫困人口的基本需要；限制发达国家对自然资源的滥用；世界各国对保护地球负有共同的责任但又有所区别，工业发达国家应承担治理环境污染的主要责任；建立公平的国际政治经济和国际贸易关系以及全球共享资源的公平管理原则。

（2）国内环境公正。一国国内的环境不公正现象同样会加剧环境的恶化，造成生态危机。在建立国内环境公平原则的过程中，应该考虑的主要因素包括：消除贫困；自然资源的公平分配；个人和组织环境责任的公平承担；在环境公共政策的制定中重视环境公正和公共资源的公平共享等。

（3）代际环境公正。代际公正原则就是要保证当代人与后代人具有平等的发展机会，它集中表现为资源（社会资源、政治资源、自然资源、资金，以及卫生、营养、文化、教育和科技等的人力资源）的合理储存问题。在如何建立代际环境公平储备问题上，学术界提出了诸如建立自然资本的公平储备，实现维持生态的可持续性，实行代际补偿等方法。建立代际环境公正的原则应当考虑到的因素主要有：代际公正的代内解决；当代人对后代人的道德责任；满足代际公正的条件；实现代际公正的基本要求等。

2. 确立保护人类的环境权

确立保护人类的环境权是可持续环境伦理观中另一个社会道德原则。所谓环境权，主要是指人类享有的在健康、舒适的环境中生存的权利。公民的环境权不是一般的生存权，它侧重于人类的持续发展和人与自然的和谐发展。确立保护人类的环境权是社会正义的需要。环境权作为一种道德理念和法律理念已经得到人们的广泛认同，并且在一些国家的宪法中确立成一项人的基本权利。但是由于它的一些不确定性以及与传统法律权利的交叉和冲突，因此在实际操作中还存在着很大的争议。

可持续发展理论以一种跨时空的恢弘视角，深刻揭示了人与人、人与社会、人与自然之间的利益关系与道德评价。如果说环境伦理学界的“人类中心主义”与“非人类中心主义”之争主要是学术意义上的话，那么提倡可持续发展的环境伦理则更具有实践意义。由于可持续发展是在现有国际关系原则框架内达成的共识，它的基本思想不仅为世界各国政府所采纳，而且也被世界广大公众所接受。所以，在当前环境伦理体系尚未获得统一的情况下，可持续发展环境伦理观可以提供较大的空间，容纳不同的环境伦理学说，在不同层面上起到指导人类保护环境实践活动的作用。因此，可持续发展的环境伦理观在理论上和实践上都具有很大的优势。

但是，由于可持续发展的思想非常富有弹性，不同的人可以依据“被持续”的内容作伸展性的解释，从而使得可持续发展环境伦理观在理论上有很大的空间去相互磨合；同时由于世界各国政府经济发展的不平衡，难以用某种单一的伦理模式覆盖所有情况。所以，可持续发展的环境伦理观的建立是一个逐渐完善的过程。它不仅需要在理论上逐渐成熟，而且需要在长期的环境保护实践中接受检验和获得提高。

[案例 9-1] 中国传统文化中的环境伦理智慧

在中国传统文化中，人与自然环境的关系被称为“天人关系”，中国古代的一些思想家提出了一系列有关尊重生命和保护环境的思想，这些思想尽管带有某种朴素的直观或顿悟的性质，但都是人类环境伦理智慧的一部分，具有“奇迹般深刻”，值得我们今天在深入探讨人与自然关系的伦理价值时认真分析和汲取。其中道、儒、佛三家是主要代表，它们的环境保护思想有着重要的现代环境伦理价值。

一、道家的生态智慧

道家是中国古代哲学的主要流派之一。以老庄为代表，道家哲学比较系统地论述了天人关系，提出“天”与“人”合二为一，肯定人是自然界的一部分，高扬了宇宙生命统一论，对中国古代环境伦理思想的发展，产生了极其深远的影响。

1．人与天地万物相统一的宇宙论

老子哲学把思考的范围扩展到了整个宇宙。老子的宇宙论首先看到：天地万物是一个整体，人是天地万物的一部分。老子认为，从包括人类在内的天地万物都含有“阴阳”，都是由“阴阳”二气妙合而成的。正所谓：“万物负阴而抱阳，冲气以为和。”从天地万物发生的本源来看，它们都是来自同一个“道”。所谓：“道生一，一生二，二生三，三生万物。”道是独一无偶的，由独一无偶的“道”分化出“阴阳”二气，二气相互激荡而生出第三者即“和”，由它们再产生出千差万别的天地万物。这是老子建立的人与天地万物相统一的整体宇宙观。

2．自然规律与道德法则的一致性

老子把天地万物的运动变化规律称之为“天道”或“天之道”，既然天与人是合一的，人是自然的一部分，因而，“天道”与“人道”也就是一致的，“道”既是自然万物所遵循的规律，也是人类行为应该遵守的法则。老子认为人应当顺应自然，而为此则必须遵从“道”。“人法地，地法天，天法道，道法自然。”即：人以地为法则，地以天为法则，天以道为法则，道以自然为其法则。老子提出的师法自然的思想，内在地包含了人类的道德行为、道德法则也应遵循自然法则的思想。

3．处理人与万物关系的道德法则

老子哲学从自然规律和人道规律的一致性中，引申出处理人与万物关系的道德准则。“知止不殆”，“知足不辱”是道家道德准则的集中体现。“名与身孰亲？身与货孰多？得与亡孰病？甚爱必大费，多藏必厚亡。知足不辱，知止不殆，可以长久。”即：名誉与生命相比，哪一个更亲近？生命与财产相比，哪一个更重要？获得与丧失相比，哪一个更有害？所以，贪得无厌必然招致更大的破费，过多的储藏必然招致更多的损失。知道满足就不会受到屈辱，知道适可而止就不会带来危险，这样就可以保持长久。

二、儒家的环境伦理意识

儒家是中国传统文化的主流，儒家文化在对待自然的态度上，从根本上讲与道家是一致的。它也认为人是自然界的一部分，人与自然万物同类，因此人对自然应采取顺从、友善的态度，以求人与自然的和谐为最终目标。但儒家也与道家有所不同，儒学主要关心的是人，在肯定人道本于天道，“赞天地之华育”的同时，又肯定人为万物之灵，可以“知天命而用之”，主张尽人事以与天地参。在此基础上，儒家提出了丰富的合理开发利用和保护自然环境的思想，在这些思想中蕴涵着中国传统的环境道德观念。

1. 兼爱万物，尊重自然

儒家认为“仁者以天地万物为一体”，一荣俱荣，一损俱损，因此，尊重自然就是尊重人自己，爱惜其他事物的生命，也是爱惜人自身的生命。荀子认为“万物各得其和而生，各得其养而成”，主张对自然万物施以“仁”。董仲舒则更明确地主张把儒家的“仁”从“爱人”向爱物扩展。“质于爱民，以下至鸟兽昆虫莫不爱。不爱，奚足以谓仁？”儒家这种“生生”、“利物”、“爱万物”的思想，是基于自身需要的，爱物是要人们爱惜自己周围的一切事物，而“爱物”的终极原因是使人生活得更幸福，爱物就是爱人类自己。

2. 以时禁发，以时养发

儒家依据对生物与环境之间关系的认识，从利国富民，保证人类生产和生活资源的持续性出发，要求人们在利用自然资源时，要顺应生物的繁育生长规律，“以时禁发”，去开发利用自然资源。春秋时期的管仲提出了“以时禁发”的原则。“山林虽近，草木虽美，宫室必有度，禁发必有时。”要求人们在开发利用自然资源时，要有恰当的固定的时限，要按照规定的时节进行。孟子也提出“不违农时，谷不可胜食也；数罟不入跨池，鱼鳖不可胜用也。斧斤以时入林，林木不可胜用也”。

3. 取用有节，物尽其用

儒家注重经世治国，他们所倡导的“礼义”政治是一种有节制的政治，要求统治者要节制自己的行为，克制自己贪得无厌的欲望，把节约人、财、物上升到国策的高度。儒家提出“政在节财”的主张，主要是从政治和经济的角度来考虑问题的，但它客观上具有自然保护的意义，因为，节财就包括要节制利用自然资源，节制利用自然资源就会避免对自然的掠夺和浪费。

三、佛学的环境伦理意识

现代环境伦理的一个显著特征是强调对地球上的生命和生态系统的保护，而这一思想在中国佛教的思想中可以寻找到理论支持。在中国传统文化中，有关尊重生命的思想表述得最完整的是佛教禅学，如果剔除其中附加的宗教的神秘内容，可以看到，佛学理论中所阐发的生命观，包含了丰富和深刻的环境伦理思想。

1．万物平等的生命意识

在佛学中，人与自然之间是没有明显界限的，生命与环境是不可分割的一个整体。所谓“依正不二”，“依”是指“依报”（环境），“正”是指“正报”（生命主体），在佛的面前，人与其他所有生物都是平等的，“一切众生悉有佛性，如来常住无有变易”。佛教中的众生一是指人，二是指生物。这样一来，所有生命都潜藏着“佛”性，都有可能达到“佛”这一生命的最高境界。人和其他生物的区别只是由在生灭轮回中的不同境遇所造成的。

2．普度众生的慈悲情怀

佛教从非人类中心和万物平等的立场出发，主张善待万物和尊重生命。佛教对生命的关怀，最为集中地体现在普度众生的慈悲情怀上。在佛法上，“与乐”叫做慈，“拔苦”叫做悲。佛教教导人们要对所有生命大慈大悲。“大慈与一切众生乐，大悲拔一切众生苦。”（《大智度论》）

3．不杀生的道德戒律

在佛教中首恶是杀生。这里的杀生不仅意味着对人的生命的伤害，而且也包含对所有生物的伤害。不杀和不伤害的戒律规定着人对动物的关系。佛教的“不杀生”是建立在以现实中所有的生命现象都遵循因果报应和转世再生的信仰基础之上的，因果报应和再生使得所有生命都具有“血缘关系”。某个动物前世曾经是并可能再次成为人类，因此，所有生物都互有关系。

资料来源：http://www.spvec.com.cn/jpkc/hjbh/jxnr.htm.

第二节　可持续发展教育

一、从环境教育到可持续发展教育

20 世纪以来，随着人口的急剧膨胀和科学技术的迅猛发展，人类的活动极大地影响着它赖以生存的环境：自然资源过度开发，污染物大量排放，全球资源短缺，生态恶化，环境严重污染等，这些都是大自然给人类敲响的警钟。人类在审视过去和展望未来的同时，已经深刻认识到环境保护对于人类的重要意义。解决环境问题，科学手段是必需的，但是要“标本兼治”必须通过人类自身环保意识的提高和自觉的环境保护行动。1949 年，国际自然和自然资源保护联合会的教育委员会宣告成立，意味着人类已经开始注意到教育对环境保护的巨大作用。

（一）国际环境与可持续发展教育的发展历程

国际环境与可持续发展教育的发展大致经历了以下三个阶段：

1. 20 世纪五六十年代，环境教育的始发阶段与可持续发展概念的萌芽阶段

20 世纪 50 年代以来，环境公害事件不断显现与加剧，基于环境对人类生存重要性的认识，西方许多中小学教师对此表现出关心，凭着自发的热情，开展起环境教育方面的工作，主要讲授一些有关环境保护的知识，旨在唤起学生们甚至下一代对环境和环境问题的关心。

而可持续发展的概念此时已存在于生态学领域中，最初被应用于林业和渔业。指对资源的一种管理战略，即在资源不受破坏的前提下，如何将全部资源中适当的一部分加以收获，同时新成长的资源数量足以弥补所收获的数量。经济学家据此提出了可持续发展（由可再生资源的最优存量所得）的概念，这是对可持续性进行正式分析的开始。很快，这一词汇被用于农业开发和生物圈，而且不限于考虑一种资源的情形。

2. 20 世纪 70～80 年代，环境教育的蓬勃发展阶段与可持续发展思想的逐步形成时期

在 20 世纪 70～80 年代这 20 年间，人类社会、经济、文化各方面均取得了巨大成就与发展。同时，环境方面也产生了更多、更大的问题，出现了全球性的环境危机，如：臭氧层破坏、温室效应、酸雨、生物多样性消失等，因而环境保护开始成为人们越来越关注的世界性课题。人的素质对环境问题的作用也被越来越深刻地认识到，人的素质的提高很大程度上又在于教育。联合国教科文组织在认识到教育对于促进世界环保事业重大作用后，与联合国环境规划署一起，召开了一系列环境会议：

1972 年在斯德哥尔摩召开了第一次联合国人类环境会议，这次会议标志着国际上对当时存在的环境问题的认同与关心，认为应该设立国际环境教育项目，通过跨学科的途径在校内和校外及各级教育层次上进行环境教育。世界上许多国家的环境教育就是从此逐渐开展起来的。

1975 年，联合国教科文组织和联合国环境规划署确立国际环境教育项目（IEEP），其主要目的是帮助政府和国家、地区的、国际的机构将环境教育纳入正规与非正规的教育系统中，使受教育者在有关环境的知识、技能、态度及价值观等方面，形成有助于环境保护的观念。从此，环境教育在世界上许多国家蓬勃

开展起来。

1977 年，在苏联第比利斯召开了政府间教育会议，并发表了《第比利斯宣言》，指出环境教育应当为各级各类人士在一切水准上、在正规与非正规教育中提供。

1987 年，又在苏联莫斯科召开国际环境教育和培训会议，制定更长的环境教育规划与培训策略，同时从各种不同的角度全面阐述了人与环境之间的相互关系。

联合国教科文组织与联合国环境规划署进行的所有这一切工作，对推动各国加强环境教育起了积极的作用，使环境教育在世界越来越广的范围内为人所接受，促使环境教育从自发状态进入自觉状态，也使环境教育的内容从单一地传授有关环境的知识发展到培养人们对环境知识、技能、态度、价值观等多方面内容。环境教育就是这样在不长的历史时期中为各国人士所普遍接受，这在教育史上是罕见的。

与此同时，人们在反思中发现，那种把经济、社会与环境割裂开来，只顾谋求自身的、局部的、暂时的经济性的发展模式，只能造成他人的、全面的、后代的不经济性甚至灾难。伴随着人们将公平（代际公平及代内公平）作为社会发展目标这一认识的加深，以及范围更广、影响更深、更难解决的一些全面性环境问题开始被认识，可持续发展的思想在 20 世纪 80 年代逐步形成。

20 世纪 70 年代以后，随着环境问题及能源危机的冲击，人们开始从以往对经济增长的津津乐道转变为几乎在全球范围内开始的关于“增长的极限”的讨论。

1972 年罗马俱乐部的学者们提出了关于世界趋势的研究报告《增长的极限》，引起了极大反响。该报告过分夸大的人口爆炸、粮食和能源短缺、环境污染等问题的严重性，所提出的解决问题的“零增长”方案在现实世界中也难以推行，招致了许多反对和批评的意见。但是该报告所指出的地球潜伏着危机和面临着发展困难的警告，却无疑是给人类开出了一副“清醒剂”。

为寻求一种真正建立在环境和自然资源可承受基础上的人类长期发展的模式，人们经过了不懈的探索，先后提出各种构想，如“有机增长”、“全面发展”、“同步发展”、“协调发展”。

1980 年 3 月 5 日，联合国向全世界发出呼吁：“必须研究自然的、社会的、生态的、经济的以及利用自然资源过程中的基本关系，确保全球持续发展。”1983 年 11 月，联合国成立了世界环境与发展委员会（WECD），要求该组织以“持续发展”为基本纲领，制定“全球的变革日程”。1987 年，该委员会向联合国大会提交了经过长达 4 年研究并进行了充分论证的报告《我们共同的未来》（*Our Common Future*），其中正式提出了可持续发展的模式。该报告对当前人类在经济发展和保护环境方面存在的问题进行了全面和系统的评价，一针见血地指出，过去我们关心的是发展对环境带来的影响，而现在我们则迫切地感到生态的压力，如土壤、水、大气、森林的退化对发展所带来的影响。在不久以前我们感到国家之间的经济方面相互联系的重要性，而现在，我们则感到在国家之间的生态学方面的相互依赖的情景，生态与经济从来没有像现在这样相互紧密地联系在一个互为因果的网络之中。

与以往提出的其他几项发展模式的构想比较，可持续发展具有更确切的内涵和更完整的结构。粗略地说，它包括两大方面的内容：一是对传统发展方式的反思和否定，二是对规范的可持续发展模式的理性设计。就理性设计而言，可持续发展具体体现在：工业应当高产低耗，能源应被清洁利用，粮食需要保障长期供应，人口与资源应当保持相对平衡等许多方面。

“可持续发展”一词在走出学科领域的狭窄范围后，一经提出就在世界范围内逐步得到认同，并成为大众媒介使用频率最高的词汇之一，说明人们正逐步认识到过去走的是不可持续的发展道路，或至少是持续不够的，从而不可取。如今唯一可选择的是走可持续发展之路。人类的这一反思是深刻的，其结论具有划时代的意义。

3．20 世纪 90 年代环境教育被纳入可持续发展教育的大潮中，进入了可持续发展教育时代

进入 90 年代以后，人类已经对自身以前走过的发展道路产生了怀疑，并对今后的发展道路和发展目标有了美好的憧憬和向往。

1992 年 6 月，在巴西里约热内卢召开了联合国环境与发展大会，第一次将环境与发展联系起来。会议通过了《里约热内卢环境与发展宣言》、《21 世纪议程》、《关于森林问题的原则声明》等重要文件，并签署了联合国从《气候变化框架公约》与《生物多样性公约》。这些文件充分体现了当今社会可持续发展的新思想，反映了环境与发展领域的全球共识。从此可持续发展的思想在全世界不同经济水平和文化背景的国家得以共识和普遍认同，教育对于促进可持续发展和公众有效参与决策的重要性被一再肯定，于是可持续发展的教育（EFS）成为当今教育发展的必然趋势。环境教育也不可避免地融入了面向可持续发展的教育事业中，开始在可持续发展思想之指导下重新定向，由此开始了“可持续发展教育时代”。

2002 年 8 月可持续发展世界首脑会议在南非约翰内斯堡举行，这是继 1992 年《21 世纪议程》发布 10 年后又一次重要的会议，这次会议重申了与会各国共同推进可持续发展的承诺，发表了《关于可持续发展的约翰内斯堡宣言》，希望世界各国在更加广泛的领域推进可持续发展战略。于是 2005 年 3 月联合国在纽约总部正式启动了“联合国教育促进可持续发展十年计划”（2005—2014 年），该计划的主要目标是，鼓励联合国成员国政府将可持续发展方面的内容，融入各国的教育政策中，从早期教育到成人教育、职业教育、教师培训乃至高等教育，从正规教育到非正规教育，重新整合和定位教育（包括课程、教学和考试）的各个方面，突破过去仅以环境保护为目标的环境教育概念，积极发展和落实“可持续发展教育”的理念，促进人们价值观与行为的改变；充分发挥教育的力量，创造性地建设一个以尊重自然、普及人权、经济公正以及和平文化为基础的更加可持续发展与公正的社会。

（二）我国环境与可持续发展教育的发展

我国可持续发展教育的发展，标志着我国的环境保护进入了一个新的阶段，与国际环境教育的发展类似，我国的可持续发展教育大致也可以分为以下三个阶段：

1973—1983 年：1973 年 8 月召开了第一次全国环境保护会议，在会议中通过了一项规定：有关大专院校要设置环境保护的专业和课程，培养技术人才，自此，中国开始培养环境保护专业人才。1979 年通过了《中华人民共和国环境保护法》，1980 年制定了《环境教育发展规划》，使环境教育工作纳入了国家教育计划之中。接着开始在全国不同地方开展了幼儿、小学、中学的环境教育实验试点。同时在这一时期，环保工作的在职干部培训也有了新的进展。

1983—1992 年：1983 年年底，我国召开了第二次环境保护会议，确定了环境保护为我国的一项基本国策，明确了公众教育在环保事业中的重要作用，这标志着我国的环境教育工作进入了一个新的发展阶段。接着“全国中小学环境教育经验交流及学术会”召开，国家教委要求普通中学将环境教育逐渐纳入教学计划之中，由第二课堂向第一课堂过渡，并明文规定将环境教育安排在高中生的选修课中进行。1990 年召开的第一次环境社会教育工作会议，明确提出了提高全民环境意识的历史任务。1992 年以来，一大批高等院校开设了环境保护学科和院系，环境类专业日益齐全，同时为本科生开设的环境教育类公选课、面向社会的环境教育人员培训也正在紧锣密鼓地开展。

1992 年至今：在联合国教科文组织和环境与发展委员会的积极倡导与努力推进下，我国也从 20 世纪 90 年代起进入了由环境教育向可持续发展教育推进的阶段。1992 年我国政府召开了第一次全国环境教育工作会议，会议提出了“环境保护，教育为本”的指导方针。1994 年召开的环境保护会议，制定了《中国 21 世纪议程》，明确要求“加强对受教育者的可持续发展思想的灌输，在中小学普及环境教育，提高公众的环境意识，培养学生对环境的情感和对社会的责任感，从而改变对环境的不可持续行为和生活方式”。

1997年国家教育部、世界自然基金会和英国PP公司联合启动了“中国中小学绿色教育行动”，1998年“中国环境人口与可持续发展教育”（以下简称EPD）项目作为“联合国教科文组织环境人口与可持续发展”项目的组成部分开始启动，这两项大型可持续发展教育项目的启动，推动了我国环境与可持续发展教育的进程。2002年在世界可持续发展首脑会议的推动下，我国政府制定了《中华人民共和国可持续发展国家报告》，可持续发展教育已开始纳入国家教育计划的轨道，成为我国教育发展的一个重要组成部分。

二、可持续发展教育的基本思想

（一）可持续发展教育的概念内涵

1988年联合国教科文组织提出了“为了可持续发展的教育”一词，1991年国际自然保护联盟等组织发表的报告《保护地球——迈向可持续生存战略》扩展了环境教育的视角，认为环境教育的新方向是“可持续发展的教育”。1992年联合国环境与发展大会发表的《21世纪议程》第36章，重点讨论了教育改革问题，认为“教育是促进可持续发展和提高人们解决环境与发展问题的能力的关键，基础教育是环境与发展教育的支柱……对培养符合可持续发展和社会大众有效参与决策的价值观和态度、技能和行为也是必不可少”。因此应该“面向可持续发展而重建教育”，把“环境与发展教育纳入正规和非正规教育的各个环节”。由此，环境教育的概念开始向可持续发展教育的概念转变，环境教育已不再是仅仅对应环境问题的教育，它与公正、和平与发展等内容相融合，形成了一个新的发展方向——可持续发展教育。

1994年美国在《可持续发展教育：行动议程》中提出了可持续发展教育的定义：“可持续发展教育是一个终身的学习过程，其目的是培养知情的、参与的公民，这种公民具有创造性解决问题技能、具有科学和社会意识，承诺进行有责任心的个人和合作行为。这种行动能有助于实现有益于环境的经济繁荣的未来。”

我国学者在研究可持续发展教育概念时，提出了广义和狭义的说法。广义的可持续发展教育是指为了可持续发展而进行的教育。这种教育立足于建设生态文明和实现可持续发展战略的需要，以教育创新、素质教育、学校均衡发展以及人的身心健康发展、人际和谐、人与自然平衡、代际公平等体现可持续发展要求的现代教育理念为指导，全面进行教育改革，全面提高学生素质，以实现环境、经济和社会的可持续发展。狭义的可持续发展教育是指用可持续发展的思想与知识，对学生进行教育和训练，使他们形成可持续发展的思想、观念以及相关的知识、技能和行为。这种教育的基础在学校，包括中小学、职业技术学校和高等学校，也就是说，通过学校教育使全体学生都能够掌握可持续发展的思想和战略，提高他们的生态环境意识和健康和谐发展意识，把学生培养成能够促进可持续发展的人；这种教育的重要对象还有广大干部、职工和公民，通过广泛的社会教育，使广大干部、职工和公民改变传统的发展观，唤起他们可持续发展的意识，形成符合时代要求的思维方式、生活方式和行为方式，动员全社会的力量共同促进社会的可持续发展。因此狭义的可持续发展教育又可称之为专门性的可持续发展教育。

从环境教育到可持续发展教育，不仅是概念的简单变化，其中包含着重大的思想飞跃。环境教育毕竟单纯而面窄，可持续发展教育包含了更丰富的内容。正像 2002 年南非约翰内斯堡可持续发展世界首脑会议所形成的共识一样，环境保护、经济发展和社会发展是可持续发展的三个重要支柱，可持续发展教育也不应该仅仅局限于环境教育，而应该是涉及环境、经济与社会文化全方位、跨学科的一个综合教育。

（二）可持续发展教育的原则

1. 面向可持续发展的原则

环境教育必须面向可持续发展，以自然资源的合理开发利用为基础，将环境道德观与可持续发展观结合起来以实现人类永久、持续发展的根本目标。

2. 综合性原则

指在进行可持续发展教育的活动中，坚持全面、发展和联系的立场，使学习者从整体的角度获得较为全面的环境意识、知识和技能，适应不断变化的环境问题，形成综合的社会发展观，进而能从更高的层次和更宽广的角度理解并思考解决环境问题。

3. 伦理性原则

可持续发展教育要培养学习者保护环境和改善环境的道德责任感，形成正确的可持续发展观与对待环境的态度，将良好的环境道德作为学生或受教育者良好思想品质的组成部分。要把环境道德教育作为终身教育的过程。通过环境教育，端正人们的行为动机，使环境道德成为人们行为的思想指导，使爱护环境、美化环境成为社会公德的重要组成部分。

4. 科学性原则

指在可持续发展教育过程中，以科学的态度对学习者施教环境与可持续发展方面的知识和概念，并且这些知识和概念都应经过严格的科学验证。同时，通过环境与可持续发展原理的传授，逐步引发学习者对环境与可持续发展问题的科学探究能力。

5. 理论与实践相结合的原则

可持续发展教育目标之一，是使人们树立起保护环境的意识和责任感，真正参与到环境保护的行动中。但单纯的理论讲授，一方面可能使学习者因为理论的抽象而难以深刻理解；另一方面，也难以实现促使人类尊重自然、热爱环境，采取主动、自觉保护和改善环境的目标。因此，进行可持续发展教育，必须提供实践的机会，通过受教育者的亲身体验，通过解决具体环境问题，培养它们保护环境、解决环境问题的意识和能力。

（三）可持续发展教育对可持续发展战略的意义

联合国教科文组织认为“可持续发展教育是解除环境威胁的根本途径”，由此可知环境教育的意义重大。这主要是因为可持续发展教育体现着可持续发展的思想精髓。

1. 可持续发展教育为可持续发展战略的实施提供支持和保证

由于环境保护运动的兴起，人类开始重新审视人、社会与自然的关系，提出社会可持续发展的新理念。在价值观上可持续发展教育使人们突破了人与社会协调发展的双边思维定式，从而转向追求人、社会、环境三者协调发展的崭新的价值目标。人类活动给环境带来的影响只有通过人类提高理性认识才能根本解决。

2. 开展可持续发展教育，是可持续发展战略进行的有效途径

首先，环境与可持续发展教育是使公众树立正确生态伦理观的有效手段。正确的生态伦理观的确立，是形成可持续发展观的重要方面，而环境与可持续发展教育正是以此为主要目地的。通过环境与可持续发展教育，可以培养公众的与可持续发展一致的环境意识，正确协调人与社会、自然的关系。并建立一种保护环境的生态价值观和伦理规范体系，为今世更为后世创设一个公平、协调且生机盎然的生存环境与发展环境。其次，环境与可持续发展教育是使公众掌握现代环境知识、形成可持续发展意识的有效措施。可持续发展意识包含对环境的忧患与保护、对生态平衡的关注、对环境与发展问题的敏感及对子孙后代发展的责任心等方面。可持续发展意识的培养和强化，只能在掌握生态学基础知识、环境卫生知识及关于人类社会与自然界相互作用方面的知识等环境科学知识的基础上达成。只有通过环境与可持续发展教育，才能更有效地增强公众对环境和发展问题的敏感性并参与解决这些问题。

总之，可持续发展教育是社会可持续发展的要求，是可持续发展战略的切入口和必不可少的根本手段，是解决环境问题的根本途径。

三、可持续发展教育的对象和内容

（一）中小学的环境与可持续发展教育

在参考世界各国环境与可持续发展教育的发展情况基础上，结合我国具体的环境实际，根据中小学生的身心发展特点，2003 年 11 月我国教育部制定颁布了《中小学环境教育实施指南》。该指南规定了中小学环境教育的目标与内容。

1. 目标

《中小学环境教育实施指南》将环境教育的目标分为总目标和具体目标。总目标从宏观上概括了中小学环境教育的宗旨，体现了环境教育的基本理念。具体目标则从三个基本角度（情感，态度，价值观；过程与方法；知识与能力）进行了详细说明。

总目标：环境教育旨在引导学生关注家庭，社区，国家和全球面临的环境问题，正确认识个人，社会和自然之间相互依存的关系；帮助学生获得人与环境和谐相处所需要的知识和技能，养成有益于环境的情感，态度和价值观；鼓励学生积极参与面向可持续发展的决策与行动，成为有社会实践能力和责任感的公民。

具体目标：

（1）情感，态度，价值观方面：

① 关爱自然，尊重生命。

② 关爱和善待他人，能积极，平等，公平，公正地与他人合作，尊重不同的观点与意见，尊重文化的多样性。

③ 意识到公民在环境方面的权利和义务，有建设可持续未来的愿望。

④ 关注环境，积极参与有关环境的决策和行动，作有责任感的公民。

（2）过程与方法方面：

① 观察并分析周围环境的状况极其变化。

② 识别家庭，学校和社区的环境问题，并设计，实施和评价解决方案。

③ 通过多种方式和途径，主动而有效地收集与环境有关的信息。

④ 围绕环境问题表达自己的观点，并与他人有效沟通。

⑤ 批判性的思考区域或全球主要环境问题的成因，并对比各种解决途径。

（3）知识与能力

① 知道人对环境的依赖，反思个人生活对环境的影响。

② 理解环境问题及其对个人、家庭、学校和社区的影响。

③ 知道自然环境和生态系统的结构、功能和演化过程。

④ 分析和理解经济技术、社会生活、政策法律与环境之间的相互作用。

⑤ 知道公民参与保护环境的主要途径和方式、并对比其效果。

从具体目标的内容可以看出：环境教育有利于增强学生的参与意识，激发学生的创造性，培养学生积极主动的收集整理信息的能力和实践能力，所以说环境教育完全可以成为素质教育的一个良好的切入点，为素质教育的深入开展提供了一个有利的途径。

2．内容

《中小学环境教育实施指南》站在培养全面发展的人的高度，紧紧围绕新课程改革的精神和素质教育的理念，把环境教育的内容确定为：以培养环境和可持续发展意识为主导，以环境知识为主线、涉及环境、人口、资源、发展等方方面面的内容。具体学习内容是：

（1）为了实现情感、态度、价值观的培养，学习内容重在创设情境和机会，使学生在特定的氛围和实践活动中感受、体验与内化环境问题，重在环境伦理的熏陶，正确的环境价值观和环境意识、环境责任感的培养，树立绿色消费，节约资源，清洁生产的观念。使学生形成尊重自然、尊重他人、尊重不同文化的优良品质，树立平等、公正、和平与可持续发展的观念与意识。

（2）为了实现知识与能力的培养 ，学习内容注重理解环境的基本结构和特征，掌握环境问题的基础知识，认识环境污染，生态破坏等主要环境问题的发生、危害及防治；认识人口与环境，资源与环境，经济发展与环境保护的关系。总之，认识人类与环境的关系；理解可持续发展的含义，了解可持续发展的理论模式，了解世界和中国可持续发展的战略和行动，提高解决环境与发展问题的能力。

（3）为了实现过程与方法方面的目标，环境教育帮助学生全面地理解环境系统，获得识别、解决和预防环境问题的方法与技能，包括观察周围的环境现象、发现问题、提出假设、制订调查方案、收集和整理信息、采取行动、反思和评价、表达和交流，了解我国环境保护的政策、法规和重大环境保护措施。

3．实施途径

环境教育的内容不仅存在于各学科的教育教学领域中，具有明显的跨学科特性，而且存在于学科之外的学校管理领域中，因此学校环境教育的实施可以通过渗透的方式，在相关学科课程、综合实践活动课程和非课程领域中进行。

（1）在学校管理中实施环境教育。环境教育应当贯穿于学校生活的各个方面，无论是现行的规章制度，还是长远的发展规划，都应倡导有利于环境的工作与生活方式，形成有利于环境的学校文化氛围，为此，学校各个部门应当携手合作，建立全校性的环境教育实施和管理机制。动员和鼓励全校师生员工参与与环境有关的学校决策、管理以及保护和建设环境的活动。在学校管理中实施环境教育可通过五个方面的内容进行：设计一个工作程序；进行一次需求评估；提出一套教育概念；设计一个健康的校园环境；制订或修定课程项目，这五个步骤在具体应用时，学校可结合自身的特点，有选择地进行发挥创新。

（2）在学科课程中渗透环境教育。在学科课程中渗透环境教育是指将环境教育的相关内容渗透到各门学科课程中，通过各门学科的课程实施，化整为零的实现环境教育的目的与目标。我们将渗透环境教育的学科课程分为两个领域：渗透环境教育的主要课程领域和以环境教育内容为素材的课程领域。从前者来看，小学渗透环境教育的主要课程领域包括：科学、社会、思品、劳技；中学渗透环境教育的主要课程领域包括：地理、生物、劳技、历史、物理、化学、政治。在以上提到的课程领域内，学生在学习本学科内容的同时，也会大量吸收渗透其中的环境内容。教师在这些主要课程领域渗透环境教育时应注意把握以下三点：首先要找出进行环境教育的渗透点，其次确定这些渗透点在本课程教学中的分量，最后设计与此教学任务相符合的环境教育教学模式。从后者来看，以环境教育内容为素材进行渗透教育的课程领域，主要指在渗透环境教育方面机会少、力度小的学科课程，如语文、外语、音乐、体育、美术、数学、健康教育等。在这些领域进行环境教育渗透时，除了必须确定渗透点以外，更重要的是注意渗透的适度性。

（3）在综合实践活动中开展环境教育。综合实践活动课程的开设为满足环境教育的跨学科性质提供了机会。 在综合实践活动课中实施环境教育，要注意围绕热点问题，让学生通过行动研究解决身边的现实环境问题，提高综合分析和解决环境问题的能力。学校的班、团、队活动也可以结合社会发展的形势和现实需求，在了解学生的兴趣与需要的基础上，组织和安排与社区现实生活紧密联系的环境教育活动。在班、团、队活动中进行环境教育比在其他课程领域内进行环境教育要灵活得多，因为这些活动的时间地点内容没有统一的规定，这样班、团、队活动就有了一个非常自主的机会，在这段时间教师可以结合每年的地球日、环境日、土地日等与环境有关的纪念日，配合当时当地社区的环境主题，开展相应的活动，进行环境教育。使学生在参与解决现实环境问题的过程中受到教育。

（4）开设专门的环境与可持续发展教育课程。环境与可持续发展教育是一个新话题，而且是当前迫切需要解决的问题，因此可以采取集中授课的方式，进行专门的环境教育。比如利用地方课程或者校本课程，进行专题环境教育，从自然生态、社会生活、经济技术、决策与参与等方面，对环境问题进行全面分析，以使学生更好地理解环境问题产生的根源以及可以采取的对策。

（二）高等院校的环境与可持续发展教育

在 1972 年瑞典首都斯德哥尔摩召开了第一次联合国环境会议以后，我国在 1973 年 8 月国家计划委员会召开了第一次全国环境保护会议。之后，国务院批转了国家计划委员会的“关于全国环境情况的报告”及《关于保护和改善环境的若干规定》，该文件明确规定了“有关大专院校要设置环境保护的专业和课程，培养技术人才”。从此，我国开始了环境保护专业人才的培养工作。

1993 年，北京师范大学首次招收了环境教育专业硕士研究生。到目前为止，我国一大批高等院校设置了环境保护本科专业，环境类专业门类日趋齐全，形成了覆盖环境工程、环境科学、环境规划与管理、生态学等既有交叉又有综合的研究领域。国务院学位委员会批准了多个环境类硕士学位授予单位、博士学位授予单位及若干个博士后流动站，已为国家输送了数万名高级专业人才。同时，许多高校为本科生开设了环境教育类的公共必修课，并积极面向社会开展环境教育培训班和成人教育等。

随着环境保护形势的发展，尤其是进入 20 世纪 90 年代以来，大学环境教育发展十分迅速；形式包括开设环境教育公共课程、学生的环保社团活动、社会环境教育服务、倡导绿色科研等一系列的绿色教育内容。随着“绿色文明”建设，特别是“绿色大学”创建活动的开展，“绿色教育”一词被提了出来。当前，我国“绿色大学”建设是与绿色教育的发展结合在一起的，是我国可持续发展战略的要求。经历了如下的进展历程：

（1）1998 年，清华大学率先提出创建“绿色大学”的构想，并于 1999 年 5 月，召开了“大学绿色教育国际学术研讨会”，会议的主题为“绿色大学教育的挑战、经验和建设”。其目的是提高大学开展绿色教育的重要性认识，掌握“绿色大学”教育的整体思路和方法，并在中国实施“绿色大学”教育。

（2）2000 年 5 月，由世界自然基金会资助，在黑龙江省哈尔滨工业大学召开了“第一届全国大学绿色教育研讨会”，会议就在高校开展绿色教育、创建“绿色大学”等方面广泛关心的问题进行了讨论，并形成了观念上的共识。

（3）进入 21 世纪以来，大学绿色教育的研究与实践向着纵深发展，许多高校成立了专门的环境教育研究机构，参与研究与实际工作的高校教师涉及各个领域和学科，目前的研究工作主要集中在环境教育理论研究、基础教育的环境教育研究、“绿色大学”研究等方面。

随着环境教育内涵的增长和外延的扩张，环境教育已向纵深发展成为“可持续发展教育”，或者是从浅层生态学到深层生态学思想的教育。由此，“绿色学校”的创建意味着重新审视和构建现代教育理念，意味着对现有的学校教育教学体系进行系统的变革。创建“绿色学校”绝不仅是建设“绿化学校”这么简单，应当是学校在教育和教学的整个系统中贯穿可持续发展的教育理论，整个学校应该节能降耗，环境优美；开放民主，兼容并蓄，文化多元，和谐共生，等等。从而使绿色教育有“绿色学校”的内涵从技术层面上升拓展到人文的视野。

（三）领导干部环境与可持续发展教育

从环境教育到可持续发展教育的演变过程中，党政干部在其中所起的重要作用越来越显著。第一，是因为党政干部是国家环境与可持续发展政策的制定者与执行者，他们怎样制定政策并落实有关政策，将影响着一个国家、一个地区的环境与可持续发展状况，如果他们能站在可持续发展的高度来制定相关政策，那将有助于一个国家、一个地区的和谐发展与可持续发展；第二，广大领导干部树立起科学的自然观、生态观以及正确的政绩观，增强环境意识，强化法制观念，才会真正把人口、资源、环境与可持续发展的思想渗入到日常工作和生产当中；第三，领导干部又往往是一般民众学习效仿的榜样，他们的思想、观念、行为如何，将直接影响着一般群众的思想、观念与行为，所以党政干部理应成为环境与可持续发展的模范带头人和忠实执行者，由此可见对党政干部进行环境与可持续发展教育至关重要。

具体内容包括：

（1）环境与可持续发展战略及相关政策法规教育。

（2）环境与可持续发展意识与道德教育。

（3）环境与可持续发展建设能力的培训。

（四）公众的环境与可持续发展教育

无论是环境教育的经验还是教训，都表明了公众参与的重要性。国际上对公众环境教育的重视应追溯到 1977 年 10 月，联合国教科文组织环境规划署召开的政府间环境教育会议。在此次会议上将“通过正式和非正式的教育，普及公众的环境教育”作为一项重要内容加以讨论。1992 年 6 月联合国环境与发展大会在巴西的里约热内卢召开，在会议形成的重要文件《21 世纪议程》中明确提出贯彻可持续发展教育的方针，要增进公众认识，促进培训。而我国在 1996 年颁布的《全国环境宣传教育行动纲要》中指出的“逐步形成公众参与机制”也正式将公众环境教育体系提上了日程。

公众参与，从社会学角度讲，是指社会群众、社会组织、单位或个人作为主体在其权利和义务范围内有目的的社会行动。每一个公民除了享有环境权、环境知情权、参与环境立法和综合决策权等权利外，也具有不可推卸的义务，如：学习和遵守各项环境保护法律、法规的义务；积极参加环境保护和生态建设活动的义务；遵守环境伦理道德规范，采取有利于环境和资源保护的行为和习惯的义务；等等。要加强对公众的环境教育，使其认识到自身的权利和义务。

[案例 9-2] 明天的寓言

从前，在美国中部有一个城镇，这里的一切生物看来与其周围环境生活得很和谐。这个城镇坐落在像棋盘般排列整齐的繁荣的农场中央，其周围是庄稼地，小山下果园成林。春天，繁花像白色的云朵点缀在绿色的原野上；秋天，透过松林的屏风，橡树、枫树和白桦闪射出火焰般的彩色光辉，狐狸在小山上叫着，小鹿静悄悄地穿过了笼罩着秋天晨雾的原野。

沿着小路生长的月桂树、荚蓬和赤杨树以及巨大的羊齿植物和野花在一年的大部分时间里都使旅行者感到目悦神怡。即使在冬天，道路两旁也是美丽的地方，那儿有无数小鸟飞来，在出露于雪层之上的浆果和干草的穗头上啄食。郊外事实上正以其鸟类的丰富多彩而驰名，当迁徙的候鸟在整个春天和秋天蜂拥而至的时候，人们都长途跋涉地来到这里观看它们。另有些人来小溪边捕鱼，这些洁净又清凉的小溪从山中流出，形成了绿荫掩映的生活着鳟鱼的池塘。野外一直是这个样子，直到许多年前的一天，第一批居民来到这儿建房舍、挖井筑仓，情况才发生了变化。

从那时起，一个奇怪的阴影遮盖了这个地区，一切都开始变化。一些不祥的预兆降临到村落里：神秘莫测的疾病袭击了成群的小鸡，牛羊病倒和死亡；到处是死神的幽灵，农夫们述说着他们家庭的多病，城里的医生也越来越为他们病人中出现的新病感到困惑莫解；不仅在成人中，而且在孩子中出现了一些突然的、不可解释的死亡现象，这些孩子在玩耍时突然倒下了，并在几小时内死去。

一种奇怪的寂静笼罩了这个地方。比如说，鸟儿都到哪儿去了呢？许多人谈论着它们，感到迷惑和不安。园后鸟儿寻食的地方冷落了。在一些地方仅能见到的几只鸟儿也气息奄奄，它们战栗得很厉害，飞不起来。这是一个没有声息的春天。这儿的清晨曾经荡漾着鸟鸦、鸫鸟、鸽子、樫鸟、鹪鹩的合唱以及其他鸟鸣的音浪；而现在一切声音都没有了，只有一片寂静覆盖着田野、树林和沼泽。

农场里的母鸡在孵窝，但却没有小鸡破壳而出。农夫们抱怨他们无法再养猪了——新生的猪仔很小，小猪出生后也只能活几天。苹果树花要开了，但在花丛中没有蜜蜂嗡嗡飞来，所以苹果花没有得到授粉，也不会有果实。

曾经一度是多么引人的小路两旁，现在排列着仿佛火灾浩劫后的、焦黄的、枯萎的植物。被生命抛弃了的地方只有寂静一片，甚至小溪也失去了生命，钓鱼的人不再来访问它，因为所有的鱼已经死亡。

在屋檐下的雨水管中，在房顶的瓦片之间，一种白色的粉粒还在露出稍许斑痕。在几星期之前，这些白色粉粒像雪花一样降落到屋顶、草坪、田地和小河上。

不是魔法，也不是敌人的活动使这个受损害的世界的生命无法复生，而是人们自己使自己受害。

上述的这个城镇是虚设的，但在美国和世界其他地方都可以容易地找到上千个这种城镇的翻版。我知道并没有一个村庄经受过如我所描述的全部灾祸，但其中每一种灾难实际上已在某些地方发生，并且确实有许多村庄已经蒙受了大量的不幸。在人们的忽视中，一个狰狞的幽灵已向我们袭来，这个想象中的悲剧可能会很容易地变成一个我们大家都将知道的活生生的现实。

是什么东西使得美国无以数计的城镇的春天之音沉寂下来了呢？这本书试探着给予解答。

资料来源：莱切尔·卡尔逊. 寂静的春天. 吕瑞兰，李长生译. 吉林人民出版社.

第三节　公众参与

所谓的公众，是相对于政府而言的，在我国习惯称为群众或民众，包括人民团体、社团、行业组织、社会中介组织等民间组织，以及专家、学者、企业家、新闻媒体工作者、宗教界人士、少数民族成员、海外侨胞和归侨侨眷、工人、农民等各方面群众。所谓公众参与，指的是群众参与政府公共政策的权利。

公众参与是全球 21 世纪议程的基本原则，这一原则既是对公众参与可持续发展这一权利的保障，也是对公众巨大力量的肯定。公众作为可持续发展中重要的行为主体之一，有着不可替代的作用。没有广泛的公众参与，可持续发展就不可能真正实现。

“公众参与”出现在环境保护运动中，源于 20 世纪 60 年代兴起的环境保护高潮。从 20 世纪 90 年代起，国际社会越来越重视公众参与环境保护和可持续发展。1992 年 6 月联合国环境与发展大会在巴西里约热内卢召开，在会议形成的重要文件《21 世纪议程》中明确提出贯彻可持续发展教育的方针，要增进公众认识，促进培训。这次大会后，我国政府率先组织制定了《中国 21 世纪议程》。《议程》中明确指出，实现可持续发展目标，必须依靠公众及社会团体的支持和参与。公众、团体和组织的参与方式和参与程度，将决定可持续发展目标实现的进程。《议程》第二十章中，对妇女参与可持续发展、青少年参与可持续发展、少数民族和民族地区参与可持续发展、工人和工会参与可持续发展以及科技界参与可持续发展从行动依据、目标、行动三方面制定了方案领域，全面、系统地制定了公众参与可持续发展的目标、政策和行动方案，为公众参与可持续发展做出了战略安排。

当前，我国资源短缺、生态环境恶化的局面尚未根本转变。由于人口多、发展速度快以及过去一些政策上的问题，致使环境与资源问题十分突出，环境形势十分严峻。面对我国越来越严峻的环境污染态势，政府已开始下大决心采取措施遏制环境污染。但治理环境污染，仅仅通过政府和执法部门动用行政资源自上而下的手段是远远不够的。广泛而有效的公众参与才是推动环保可持续发展的根本力量所在。这是一种“自下而上”的力量，也是一种可持续的力量。

令人欣慰的是，当前公众环境意识已显著提高，公众主动参与和监督的愿望十分迫切，只要引导得当，就会成为推动环保工作的重要力量，公众参与正在成为推动环保事业的一个核心着力点。

一、公众参与环境与可持续发展的意义

公众参与环境保护和可持续发展有着重大意义。

首先，环境保护和可持续发展是公众自身的事业。环境保护和可持续发展必须以人为本。把公众的利益作为环境保护和可持续发展的出发点和落脚点，目的是为了使公众在和谐的社会环境中生活、工作、学习，不断提高生活水平和生活质量，促进人的全面发展。这就从根本上决定了环境保护和可持续发展是与公众的利益、愿望相融的，深深扎根于公众之中。公众积极参与是实现环境保护和可持续发展的不竭动力。

其次，环境保护和可持续发展是一项系统工程，需要公众广泛的参与。环境保护和可持续发展涉及自然、经济、社会、环保、生态建设等各个领域，与各地区、部门、企业、事业单位相关，而且情况复杂，不确定性因素多，需要各方面的相互配合，靠少数地区、部门是做不到的。因此，必须依靠群众，立足于广大群众的参与，充分发挥群众的积极性、主动性和创造性，团结一切可以团结的力

量，调动一切可以调动的积极因素，把各方面的力量拧成一股绳，使促进环境和可持续发展成为公众的自主意识并化为自觉行动，才能实现真正意义上的环境和可持续发展。

最后，公众参与环境保护和可持续发展，是发展社会主义民主的重要内容，也是构建和谐社会关于“民主法治”要求的具体体现。人民当家做主是社会主义民主政治的本质要求，发展社会主义民主政治，保证人民依法行使民主权利是构建和谐社会的重要保证。可持续发展是关系国家发展、民族振兴的大事，与当代亿万民众和子孙后代的生存、发展息息相关，属于功在当代，利在千秋的伟业。对这样关系重大的事情，公众有权参与，也需要在公众参与下切实发扬民主，充分反映民意，广泛集中民智，举全国人民之力才能实现的。

二、公众参与可持续发展的途径

与西方国家不同，中国的环境保护是由政府首先推动。20 世纪 70 年代初，周恩来总理就注意到了日本环境公害的惨痛教训，要求我们重视环境问题。30 多年来，从“基本国策”到“科学发展观”，充分显示了历代领导人对中华民族高度负责的历史责任感。好的政治理念必须依靠公众来响应，必须依靠公众参与来落实，必须依靠一套完善的监督机制来贯彻。以人为本，全面、协调、可持续的发展观不仅把环境保护摆上了更加突出的位置，而且为公众参与提供了政治保障。

第一，要转变思想观念。要明确认识到公众参与环保是群众的权利，而这样的权利和权益是国家法律赋予的，政府和部门有义务来回应和保护。公众参与不是施舍，也不是过去那种以政府为主体动员组织群众运动的老观念。在战争时期，我们是革命党，需要动员组织群众通过斗争去争取权利，而现在我们是执政党，要依法治国，而任何法治国家的政府，都要承认和保护群众的权利。这种在环保方面保护群众参与公共事务权利的新观念，是我们立党为公、执政为民、以人为本的新政绩观，是我们社会主义民主建设的有益尝试，是我们社会主义制度优越性的重要体现。

第二，要环境信息公开化。环境信息公开又称环境信息披露，是一种全新的环境管理手段。它承认公众的环境知情权和批评权，通过公布相关信息，借用公众舆论和公众监督，对环境污染和生态破坏的制造者施加压力。从另一方面来看，公众是最广大、最根本的利益主体，理应对环保问题享有最直接、最广泛的知情权和参与权。各国的实践表明，以知情权为基础的公众参与，不仅可以构成对环境违法以及环保执法中“权力寻租”行为的遏制性力量，也是促进环保决策合理化、科学化的建设性力量。我国政府为推进环境信息公开已做了诸多努力，如每年公布环境公报，每月公布大江大河水质状况，每天公布城市空气质量，各传媒都在广泛地报道环境事件。国家环保总局将对公开环境保护方面的信息做出具体规定。国家还将出台全国所有部委环境信息公开的条例。但存在的问题是，公众个人要求政府和企业提供环境方面的相关资料，相当困难。公众向谁要？谁会给？谁应该给？目前公众与政府部门间缺少信息互动。公众的知情权关键在于要实行信息法治，我国应抓紧着手研究保障环境信息透明化的相关法规。

第三，是环境决策民主化。1979 年的《环境保护法》规定：“一切单位和个人，都有保护环境的义务，并有权对污染和破坏环境的单位和个人进行检举和控告。”2003 年 9 月 1 日开始实施的《环境影响评价法》意义十分深远，它规定政府机关要对可能造成不良环境影响并直接涉及公众环境权益的专项规划，应当在该规划审批前，通过举行论证会、听证会等形式，征求有关单位、专家和公众对环境影响报告书的意见。中国公民的“环境权益”首次写入国家法律，它意味着群众有权知道、了解、监督那些关系自身环境的公共决策；它意味着谁不让群众参与公共决策就是违法。存在的问题是，虽然公众参与环境监督的权利在法律上得到肯定，但在“参与”的具体条件、具体方式、具体程序上还缺少明确细致的法律规定。就是说，公众一旦遇到具体的环境问题，不知道如何参与。例如，一些计划启动的水坝项目受到公众关注，但这种关注更多只表现在网上发发文章，专家们开几个会。热心的公众找不到参与决策的渠道，最后满肚子的疑惑便会选择激烈的诉求方式。因此，政府有关部门应为公众参与影响环境的重大项目决策制定明晰的程序与权利。

第四，是环境公益诉讼。所谓环境公益诉讼，是指任何公民、社会团体、国家机关为了社会公共利益，都可以以自己的名义，向国家司法机关提起诉讼。而我国现行的环境诉讼法律规定中，唯有直接受害人才有权提起民事诉讼，最后被归于民事法律管辖范畴。由于环境权益不仅仅属于私人权益，更属于社会公益，所以在欧美各国的环境法中，都普遍采用了环境公益诉讼制度。由于环境诉讼涉及许多十分专业的技术问题，为减轻公众在环境诉讼中的成本，弥补其专业知识，各国都为公众环境诉讼创造了便利的司法条件。在我国，为加大对环境污染和生态破坏的惩治力度，司法应当逐步扩大环境诉讼的主体范围，从环境问题的直接受害者扩大到政府环境保护部门，扩大到具有专业资质的其他环保组织，再扩大到更广阔的公众主体，将公众日趋增长的环境权益要求，纳入规范有序的管理。

第五，是加强与民间环保组织的关系。各类民间环保组织，除极少数不顾中国国情、生搬西方模式的极端环保主义者外，大多数都是积极健康的主体。特别是那些广大青少年的环保志愿者组织，他们热爱祖国、激情奉献、关注环境、倡导节俭。作为政府机关，要对大部分民间环保组织予以支持引导。如对各类环保组织进行专业培训；如多层次地搭建政府与公众座谈、对话的平台；如联合民间环保组织和各界人士共同合作社会公益行动；如就重要的公共政策进行专门的解释与沟通等。

我国公众，特别是广大青少年的环境权益意识日趋增强，反映了我国社会主义民主与政治文明的进步，反映了可持续的科学发展观深入人心，反映了中华民族未来的希望。这就要求我们在环保方面承认和支持人民群众的环境信息知情权、环境信息传播权、环境决策参与权和环境政策监督权，一切有责任心的中国人，都有义务来积极推动和参与环保事业。环保事业是最无私的人所从事的最无私的事业，需要更多无私的人作出更多无私的奉献。

[案例 9-3] 我国公众参与环境保护的局限性

环境要素作为一种典型的公共产品，其质量的维护除了政府进行积极、主动、有效地管理外，需要全社会的共同参与。发达国家的经验也表明，公众参与不仅是环境质量得以长久维持的内在因素，而且是监督政府、企业等履行环境管理和保护义务的有效的生力军和庞大社会力量。

正是认识到公众参与的积极意义，我国从 20 世纪 70 年代环境保护工作刚刚起步的时候，就强调环境保护要“依靠群众，大家动手”。经过 20 多年发展，无论是在环境立法、环境执法方面，还是在环境宣传教育方面，公众都发挥了积极的参与作用。同时，一些国际上比较认同的“草根”性的环境保护团体出现并活跃在环境保护领域。可以认为，我国公众参与环境保护事业已取得长足的进步。

但是，毋庸讳言，与发达国家相比，我国公众参与环境保护仍然存在不少的问题：

（1）社会团体特别是非政府环境保护组织的数量、规模、资金、影响仍然非常有限。我国是一个拥有 13 亿人口的泱泱大国，但环境保护社团组织不过 2 000 个左右，这些组织中大部分还是自上而下的、由政府扶持的官办型民间组织，真正由民间人士发起成立的自下而上的草根形民间组织寥寥无几，而且每个组织的会员人数最多也不过几千人，环境保护民间组织的资金数量更是有限。这与发达国家环境保护非政府组织数量之多、规模之大和资金之雄厚都有很大的差距。受非政府组织数量、规模、资金的影响，环境保护非政府组织在环境保护中的作用就显得十分有限，表现在公众中知名度、认同度不够，对政府的决策影响不大，对企业等对环境有较大影响的主体没有太多的制约，在维护公众环境权益上没有起到应起的作用，在国际环境保护事务中几近没有什么影响。

（2）从参与的内容来看，主要是参与宣传教育，对决策的参与重视不够。目前公众参与主要集中在参与宣传教育方面，利用各种节日（如“3・12”植树节、“4・22”地球日、“5・22”世界生物多样日、“6・5”世界环境日、“6・25”土地日、“9・16”世界臭氧日等）开展宣传教育，并举办和参加各种环境保护专题讲座、研讨会、培训班、文艺演出、展览，编写环境保护科普读物、杂志，利用新闻媒体进行宣传，组织环境保护先进人物的评选等，公众参与的领域尚未触及和延伸至对政府环境决策的参与。我们认为，公众在环境保护的宣传教育等微观层次的参与是十分必要的，但是将公众参与仅仅局限在这些领域，不将公众参与环境保护的范围拓展至政府决策等宏观领域，将极大地限制公众参与的层次和作用的发挥。

（3）从参与的过程来看，主要侧重于事后的监督，事前的参与不够。《中华人民共和国环境保护法》第 6 条规定："一切单位和个人都有保护环境的义务，并有权对污染和破坏环境的单位和个人进行检举和控告。"1996 年《国务院关于环境保护若干问题的决定》也强调："建立公众参与机制，发挥社会团体的作用，鼓励公众参与环境保护工作，检举和揭发各种违反环境保护法律法规的行为。"从这些规定可以看出，我们从立法上就将公众参与的重点集中锁定在对环境违法行为的事后监督，而缺乏对事前参与的重视。在实践中，公众也主要是针对污染、破坏环境行为，特别是当这些行为危害到自身利益的时候才会向有关部门讨个说法。事后的监督固然重要，但鉴于环境危害后果的严重性，事前的预防更加重要，如果在事前能够充分发挥公众的聪明才智和公众对环境事务关心的热情，将会取得更好的效果。

（4）从参与的效果来看，流于口头的多，见付诸行动的参与不够。由于人们越来越认识到环境对人类生存质量的重要性，以及环境与人类其他财产价值的密切关联性，并且人们在一定程度上也意识到保护环境是每一个人应尽的责任，所以在口头上绝大多数人都认为应当保护环境，但是一旦落实到行动上，则不尽然。我国禁止一次性白色发泡餐盒的使用就是一个典型例证。虽然商家、消费者都认为应当禁止使用一次性发泡餐盒，并对国家已经禁止使用一次性发泡餐盒心知肚明，但在国家明确禁用一次性发泡餐盒很长时间之后，白色发泡餐盒依然大行其道的现象表明，人们往往并不将慷慨激昂的语言与见付诸行动二者进行等同。

（5）从参与的保障来看，政府组织的较多，制度性建设不够。我国的环境保护群众活动，大多是由政府支持、组织和发动，并没有真正形成制度。20 世纪 90 年代中后期，国家虽然在新颁和修改的法律、法规如《水污染防治法》和《环境噪声污染防治法》均规定，"环境影响报告书中应当有建设项目所在地有关单位和居民的意见"，《环境影响评价法》也对公众参与专项规划和建设项目的环境影响评价作了明确规定。但是这些规定，都太过原则，缺乏可操作性，如什么是"公众"、公众在环境影响评价的哪个阶段进行参与、参与的方式是什么、如何保障公众参与等一系列具体问题没有规定，再加上中国缺少公众参与的基础性条件——信息公开制度，使得中国的公众参与制度基本上还停留在"纸面上"。另外政府官员对公众的参与在观念上存在的障碍，也使得公众参与没有得到认真地贯彻执行。

资料来源：李艳芳．中国环境报，2004-2-3，第三版．

思考与练习

1．基本概念：环境伦理、可持续发展教育、公众参与。

2．根据你对疯牛病、SARS 等疾病的了解，谈谈人类与其他生命的关系。

3．简述世界和我国环境与可持续发展教育的发展历程。

4．可持续发展教育应该遵循哪些原则？

5．中小学环境教育的总目标是什么？目前中小学环境教育的主要实施途径有哪些？

6．对领导干部实施可持续发展教育有什么重要意义？

参考文献

[1] 杨冠政. 人类环境伦理信念的演进. 环境教育季刊，1995（28）：7-20.

[2] 吴言生. 深层生态学与佛教生态观的内涵及其现实意义. 中国宗教，2006（6）.

[3] 王南林. 可持续发展环境伦理观.光明日报，2002-1-22.

[4] 朔天运河/大西线南水北调工程信息总汇网站.

[5] 黄朝恩. 心灵环保与绿色运动，环境教育季刊，1992（14）：3-7.

[6] 潘岳. 环境保护与公众参与. 中国环境在线，2004-6-1.

[7] 魏智勇. 生态文明新理念. 长沙：湖南教育出版社，2006.

第十章

和谐社会的构建

总体教学目标：

通过对本章内容的学习，主要了解和掌握和谐社会的基本内涵、基本特征及构建和谐社会的基本途径。

要求重点掌握以下内容：

1. 和谐社会的基本内涵、意义；
2. 和谐社会的基本特征；
3. 构建和谐社会的基本途径。

第一节　和谐社会的基本内容

一、什么是和谐社会

和谐社会就是一个全面发展的社会，物质文明和精神文明高度协调，真善美和谐统一的理想社会。和谐社会是指整个社会的各成员、群体、阶层、集团、族群之间关系融洽、协调，没有根本利害冲突，人与人之间相互尊重、相互信任和相互关爱，建立帮助的、气氛良好的社会。

社会主义和谐社会是在社会主义条件下使全体人民各尽所能、各得其所而又和谐相处的社会，是能够激发社会活力、促进社会公平和正义的社会，是增强全社会的法律意识和诚信意识、维护社会安定团结的社会。包括经济和谐、阶层和谐、政务和谐、区域和谐、民族和谐、文化和谐、代际和谐等。

二、和谐社会的基本特征

和谐社会，一方面是人和自然的和谐发展；另一方面是社会不同利益群体之间的和谐发展。胡锦涛同志指出，我们所要建设的社会主义和谐社会，应该是民主法治、公平正义、诚信友爱、充满活力、安定有序、人与自然和谐相处的社会。

也就是说，社会主义和谐社会应该具备民主法治、公平正义、诚信友爱、充满活力、安定有序、人与自然和谐相处六个方面的特征。

（一）民主法治

民主法治就是社会主义民主得到充分发扬，各方面积极因素得到广泛调动，依法治国基本方略得到切实落实，人民群众的主人翁地位得到保证。

这是社会主义民主政治发展的必然体现。我国是人民民主专政的社会主义国家，人民群众当家做主、行使民主权利，这是社会主义政治制度的本质所在。我们党必须不断提高发展社会主义民主政治的能力。既要改善和加强党的领导，又要为人民群众当家做主创造条件。这两方面的统一，实质上也就是民主与法治的统一。我们党在总结国内外经验教训，尤其是十一届三中全会以来的成功经验的基础上，把发展社会主义民主和依法治国结合起来，并从治国基本方略的高度强调民主与法治的辩证统一，明确地把坚持党的领导、发扬人民民主和严格依法办事统一起来，作为党领导人民治理国家的基本方略。这就为推进民主法治提供了政治基础。

（二）公平正义

公平正义就是社会各方面的利益关系得到妥善协调，人民内部矛盾和其他社会矛盾得到正确处理，社会公平和正义得到切实维护和实现。

这是社会主义市场经济发展的客观要求。我国经济体制改革的取向是建立社会主义市场经济体制，这种改革的基本思路是把个人利益与其对社会所作的贡献结合起来，通过一定的利益差异激发人们追求利益的积极性，并以此来促进社会生产力的发展，最终实现共同富裕。但由于市场经济的局限性，以及我国改革的速度、力度等复杂原因，利益主体怎样在利益分化的市场经济中规范、合理地谋求自身的利益，还存在着许多困难和障碍，从而影响了社会公平和正义的实现。这就要求我们党不断提高执政能力，努力构建社会主义和谐社会，以便更好地维护和实现社会公平和正义。首先，要进一步强化制度在利益协调中的基础性功能。合理的制度安排和规定，是实现主体利益相互协调的基础，只有在制度对利益安排和规定具有协调性的基础上，鼓励、支持各种主体独立自主地合法追求自身利益，才不至于对社会的稳定和团结构成威胁。其次，建立和完善畅通的利益表达机制。建立和完善能够充分反映不同主体利益要求的表达机制，使主体能够通过正常渠道表达各自的要求和意见，从而在相互沟通中相互理解、减少冲突、达成共识。再次，建立健全合理的利益补偿机制，保护社会弱势群体的基本利益。

（三）诚信友爱

诚信友爱就是全社会互帮互助、诚实守信，全体人民平等友爱、融洽相处。这是社会主义精神文明建设的必然体现。

中国特色社会主义现代化建设是一项宏大的系统工程，物质文明建设和精神文明建设是密不可分的两个基本方面。如果忽视精神文明建设，缺乏高度的精神文明，现代化不仅会迷失方向，同时也是残缺畸形的，只有经济、政治、文化协调发展，只有两个文明都搞好，才是真正的中国特色社会主义。精神文明建设的内容很多，道德建设是其中的重要组成部分，倡导并形成诚信友爱的社会氛围和人际关系属于道德建设范畴。在建设中国特色社会主义社会过程中，必须积极实施公民道德建设工程，广泛开展社会公德、职业道德、家庭美德教育。提倡尊重人、理解人、关心人、热爱集体、热心公益、扶贫帮困，从而在全社会形成诚实守信、团结互助、平等友爱的社会氛围和人际关系。

（四）充满活力

充满活力就是能够使一切有利于社会进步的创造愿望得到尊重，创造活动得到支持，创造才能得到发挥，创造成果得到肯定。

这是社会主义社会不断发展的必然要求。在我们这样一个经济文化比较落后的大国，如何实现又快又好地发展，是我们党所要努力解决的重大问题，也是建设中国特色社会主义的主题。邓小平同志在总结我国社会主义现代化建设历史经验的基础上明确指出，发展才是硬道理。江泽民同志则指出，发展是党执政兴国的第一要务。这些都是对发展的高度重视和对我国社会主义现代化建设规律的深刻总结。进入新世纪新阶段后，以胡锦涛为总书记的党中央继承和丰富了关于发展的重要思想，从党和国家事业发展的战略全局高度，提出了科学的发展观。科学发展观就是要坚持以人为本，实现全面、协调、可持续的发展。只有做到使一切有利于社会进步的创造愿望得到尊重、创造的活动得到支持、创造的才能得到发挥、创造的成果得到肯定，才能更快更好地推动经济社会发展，不断地满足人民日益增长的物质文化需要。

（五）安定有序

安定有序就是社会组织机制健全，社会管理完善，社会秩序良好，人民群众安居乐业，社会保持安定团结。

这是社会主义社会现代化的必然要求。随着我国现代化的推进，社会生活发生了重大而深刻的变化。经济成分、组织形式、就业方式、利益关系和分配方式日益多样化，计划经济时期形成的管理体制已不能完全适应新形势下社会管理的要求。社会管理的法规亟待完善，社会组织机制和管理体系亟待健全，社会管理中的“缺位”现象亟待解决，因此，必须加强社会建设和管理，推进社会管理体制创新。十六届四中全会明确要“建立健全党委领导、政府负责、社会协同、公众参与的社会管理格局”。这是对我国长期以来社会建设和管理实践的科学总结和完善，符合我国社会主义现代化建设的实际状况和客观要求。在这一社会管理格局中，党委领导是根本，政府负责是前提，社会协同是依托，公众参与是基础。只有这几方面的有机结合，才能坚持正确的社会主义政治方向，才能健康有序、科学有效地进行社会建设和管理，实现广大人民群众的安居乐业。

（六）人与自然和谐相处

人与自然和谐相处，就是要坚定不移地走生产发展、生活富裕、生态良好的文明发展道路，实现这三方面的有机统一。

这是由社会主义性质和发展状况所决定的。社会要发展，生活水平要提高，就必须要改造自然，但如果改造不得当就会出现负面效应，出现生态环境问题。在我国现代化建设的进程中，由于种种原因，在取得生产发展和生活富裕同时，出现了一些比较严峻、突出的生态问题。比如，土地沙漠化、水土流失、自然资源短缺且开发利用不尽合理等。任由这些问题存在和扩大，将不仅影响生产发展，同时也影响人与社会的和谐。因此，我们要在科学认识和正确运用自然规律的基础上，大力发展循环经济，加快建设节约型社会，促进自然资源系统的良性循环，加强环境污染治理和生态建设，增强全民族的环境保护意识，在全社会形成爱护环境、保护环境的良好风尚，从而促进人与自然和谐相处的实现。

这些基本特征是相互联系、相互作用的，需要在全面建设小康社会的进程中全面把握和体现。

三、建立和谐社会的意义

我国正处在一个转型时期，又处在社会主义建设的初级阶段。因而，在我们的社会中不可避免地存在着许多不和谐的因素，犹如城镇化过程中没有使广大农民得到实惠，经济结构的调整还没有达到预期的效果，地区之间的发展水平不均衡，贫富悬殊加剧，民族矛盾，“台独”问题等，都有待解决。所以，努力构建和谐社会显得尤为重要。

（一）和谐是中华文化的精华

古往今来，无论东方还是西方，人们一直把实现社会的平等、安定、和谐作为美好追求。

在中国传统文化中，“和”字最早见之于金文，有关“和谐”的思想源远流长。《左传》写道：“八年之中，九合诸侯，如乐之和，无所不谐。”诸子百家争论不休，但对“和谐”却都心向往之。从孔子的“和为贵”、“和而不同”，到墨子的“兼相爱”、“爱无差”等，再到孟子的“老吾老以及人之老，幼吾幼以及人之幼”，都表达了社会和谐的主张。热爱和平、祈盼和顺、崇尚和美、追求和谐，是中华民族的优良传统和高尚品德。

（二）和谐是人类社会发展的必然要求

人类社会是一个不断从低级向高级发展的历史过程。建立平等、互助、协调的和谐社会，一直是人类的美好追求。马克思在《共产党宣言》中明确指出：“代替那存在着阶级和阶级对立的资产阶级旧社会的，将是这样一个联合体，在那里，每个人的自由发展是一切人的自由发展的条件。”马克思关于自由人联合体和人的全面自由发展的表述，都是指未来高级的和谐社会的目标模式。党的十六届四中全会提出“构建社会主义和谐社会”就是要把马克思的科学论述逐步变成现实，它完全符合人类历史发展规律的要求，是我们党在新时期推进伟大事业的又一个重大理论创新。

构建社会主义和谐社会是我们党顺应历史发展变化，为推进中国特色社会主义伟大事业做出的重大战略举措，是我国处于体制转轨、社会转型这一特殊历史时期经济社会发展的必然要求，是满足人民群众不断增长的物质文化需要的必然要求，是巩固党执政的社会基础、实现党执政的历史任务的必然要求，是全面落实科学发展观、实现全面建设小康社会奋斗目标的必然要求。

（三）和谐是我国法治现代化的内在需求

我们所要建设的社会主义和谐社会，应该是民主法治、公平正义、诚信友爱、充满活力、安定有序、人与自然和谐相处的社会。把民主法治作为构建和谐社会的基本特征和重要要求，意义十分重大。

依法治国是我国的基本方略。依照宪法和法律规定，通过各种途径和形式管理国家事务，管理经济文化事务，管理社会事务，保证国家各项工作依法进行，逐步实现社会主义民主的制度化、法制化，这是构建和谐社会的必然要求。构建社会主义和谐社会，必须健全社会主义法制，充分发挥法治在促进、实现、保障社会和谐方面的重要作用。没有健全的法律制度，没有公民法治素质的提高，没有依法办事的落实，就不可能保证社会主义市场经济的顺利发展，就不可能维护正常的社会秩序，人民群众就不可能安居乐业，和谐社会建设就无从谈起。

在现代文明建设中，法治追求的价值准则和目标是社会和谐。在社会生活中，有各种各样的规则。社会规则是根据社会生活需要制定的，体现在法律和各种规章制度中，是为了使我们的生活环境更加有秩序。只有人人遵纪守法，才能形成良好的社会秩序和社会环境，才能实现社会和谐。从这个意义上说，法治不仅是一种遵循、一种追求，也应该是一种生活方式、一种行为准则。依法办事，遵纪守法，就应在思想观念上确立法律的权威性、至上性。人人都接受法律的约束，人人都从遵守法律中获得自由；人人都享有法律的保护，人人也都负有维护法律的责任。自由和责任，权利和义务就是这样有机地统一。这是法制建设不断推进，法律意识不断增强的一个重要标志。

应当看到，在深化改革、扩大开放的过程中，我们所处的国际国内环境相当复杂，不可避免地会遇到各种各样的矛盾和问题。面对这些矛盾和问题，只有在民主法制的轨道上，依靠完备的法律体系，维护良好的法治环境，才能妥善加以处理解决。实践证明，依照法律规则来治理社会，我们的社会才能有章可循，有法可依，才能减少矛盾，也才能使已经产生的矛盾和问题得到及时有效地解决。这就要求，我们要在广大群众中，加强法制宣传教育，传播法律知识，弘扬法治精神，增强全社会的法律意识，形成法律面前人人平等、人人自觉守法用法的社会氛围。

[案例 10-1]　华西村构建和谐发展的社会主义新农村

车行华西，工厂林立，别墅成群，花香鸟语，宛若一座“乡村里的都市”。华西村“老当家”吴仁宝告诉记者：华西村“一分五统”后已是总面积达 30 km²，人口突破 3 万人，人均收入近 1 万美元的“大华西”。抓住农村建设和谐社会的“关节点”，培育新型农民家庭、加强生态环境建设、打造人才开发系统工程，今日的大华西形成了人与人和睦团结，人与自然和谐发展的新局面。

1988 年，时任华西村党委书记的吴仁宝创造性地建立了“华西精神文明开发公司”，形成了思想教育的“产供销”一条龙。对传统文化和道德加以改造、加工，赋以新的含义，华西村先后建造了二十四孝亭、三国故事彩绘雕塑、建业窑、长寿亭等景点，成为其文化典范村的标志。1999 年年底成立的“华西特色艺术团”，围绕宣传改革开放、社会主义思想，以及华西人走共同富裕道路、艰苦创业的经验，共创作节目 300 多个，演出近 3 000 场。如今，华西基本“三无”（无上访、无告状、无暗斗），尊老爱幼、敬业爱岗蔚然成风。

近年来，华西村先后投入环保资金近亿元，全面加强生态环境建设。2004 年 5 月，华西村专门成立了环保公司，确立了专人、专线、专管的环保机制；引进雪松、香樟、云杉等 1 000 多个花木品种，全村 100%林网化，绿化覆盖面达 50%以上，村内四季常青，植物园内数万只候鸟翩翩起舞。与此同时，华西关掉了利润达 1 000 多万元的三个化工厂，投资 1 000 多万元建立了万吨级污水处理厂。“排污大户”华西钢铁厂通过废料、废渣循环再利用，既能生产水泥，又能发电，而且降本增效。2001 年，华西成为全国唯一通过 ISO 14001 国际环保质量认证体系的村级单位。青山绿水和独特的华西文化，红火了华西的旅游产业。

华西的孩子从小学到中学实行全免费教育，考上大学、出国留学有“重奖”；花 800 万元建成的双语特色幼儿园，是江阴市一类幼儿园，39 名教师从全国各地择优招聘。华西更注重引进人才，并让人才在“沃土”上成长。“教授村民”程先敏 18 年前抛弃铁饭碗来到华西，充分发挥其专业特长，先后主持成功研发了 08AL、H08 等优质品种钢，达到国际先进水平。华西旅行社引进了 40 多名导游专业毕业的大专生，管理水平大幅度提升，连续三年获得全国“百强旅行社”。如今，华西集团有各类中高级工程技术人员 2 000 人，全村中层干部 60%达到了大专以上学历，还掌握了英、德、俄等 10 多种语言。强有力的人才支撑，使华西走上了“科技创新”的工业化道路，增强了企业的核心竞争力。

现任华西村党委书记、集团公司董事长兼总经理吴协恩告诉记者，华西上年的销售收入将超过 300 亿，3 年通过“拆老建新”可增加土地 2 500 亩，华西村已基本实现经济、资源、环境、人口协调发展。

资料来源：节选自《光明日报》，2005 年 11 月 6 日.

第二节　构建和谐社会的主要途径

构建社会主义和谐社会是一个系统工程，要做好方方面面的工作。但针对我国社会经济发展的现状来看，却必须突出重点，抓住主要矛盾。当前和今后一段时期，在工作中要把握好以下几点：

一、切实保持经济持续快速协调健康发展

改革开放 20 多年来，中国的经济一直保持着增长的高速度，创造了经济发展的世界奇迹。但是中国底子薄，要在 21 世纪中叶实现二次现代化，还必须坚持以经济建设为中心，把发展作为党执政兴国的第一要务，用“硬道理”解答构建社会主义和谐社会的所有难题，以高度的历史责任感和紧迫感，抓住机遇，保持经济持续快速协调健康发展。

（一）加快经济结构调整的步伐

要加快调整产业经济结构，形成更为科学合理的产业布局。我们讲的经济快

速发展，是建立在优化结构、提高质量和效益的基础上的发展，是实现速度、结构、质量、效益相统一的发展。必须坚持走科技含量高、经济效益好、资源消耗低、环境污染少、人力资源优势得到充分发挥的新型工业化道路。必须加快转变经济增长方式，坚持以改革开放为动力，充分发挥科学技术作为第一生产力的重要作用，注重依靠科技进步和提高劳动者素质，加快推进经济结构战略性调整，显著提高经济增长的质量和效益。要加快调整城乡经济，更加注重加快农村发展。要加快统筹区域经济结构，坚持区域协调发展。

（二）统筹经济社会的协调发展，加快社会发展

为了加快社会发展，必须增加投入，深化改革，完善政策。各级政府都要较大幅度地增加对发展社会事业的投入。同时，要加快社会领域改革和体制创新，增强社会发展的活力。还要实行鼓励、引导的政策，调动企业和社会各方面参与社会发展等事业。建设现代化国民教育体系，优化教育结构和教育资源配置，特别是发展义务教育、农村教育、职业教育与培训。加强基础研究和高技术研究，推进科学技术事业发展。普及科学知识，弘扬科学精神。加快公共卫生体系建设，尽快建成覆盖城乡、功能完善的疾病预防控制和医疗救治体系。注重改善农村医疗卫生条件。大力发展社会主义先进文化，积极发展文化事业，加强精神文明建设。加快社会发展，就要保障人民群众安居乐业，继续做好就业和社会保障工作，逐步理顺收入分配关系，化解社会矛盾，维护社会秩序，保持社会稳定，促进社会和谐。加快社会发展，还要发展社会主义民主，健全社会主义法制，建设社会主义法治国家，促进物质文明、政治文明、精神文明协调发展。同时，要坚持国防建设与经济建设协调发展的方针，在经济发展的基础上推进国防和军队现代化。

二、营造良好的立法环境与体制

立法要体现民主，以人为本，广泛吸纳和体现民意，注重立法的公开性和民主性。在立法工作方面，注重关系到广大人民群众切身利益的问题和建立市场经济体制以及促进政府转变职能的要求来确定立法项目的起草、审议和修改工作，坚持立法为民，增强法规的针对性、前瞻性和可操作性。在监督方面，加强法律监督为重，围绕整顿和规范市场经济秩序，营造良好的经济发展环境、调整农业结构和增加农民收入、推进行政审批制度改革和有关司法工作等方面，保证依法行政和公正司法。

加快行政管理体制改革，构建适应市场规则要求的行政管理模式，推进公共信息公开和公共决策的民主参与。通过加快地方立法力度，完善市场经济法制和

行政管理法制是营造良好的立法环境与体制的一个重要环节。市场经济是法制经济，司法机关要深化体制、机制的改革，为经济发展提供优质高效的法律服务和法律保障，为市场主体的公平竞争提供平等的保护，维护社会稳定。法制环境是一项系统工程，涵盖了立法、行政执法、司法等各方面，涉及政府、市场主体和全体公民，良好的法制环境需要党政机关、司法机关、执法机关和全社会共同营造。

要改善投资环境，必须在营造规范严明的法制环境、诚实守信的信用环境和良好的服务环境上下工夫。要抓好硬环境建设的同时，突出抓好软环境建设，用硬措施改善软环境。一方面要继续围绕打击假冒伪劣、整顿和规范建筑市场、文化市场和财税秩序、打破地区封锁和行业垄断等重点，大力整顿和规范市场经济秩序；另一方面，要坚持依法行政，用法规规范政府、企业和公民的行为，全面推行行政执法责任制，严格实行执法违法责任追究，做到有法可依，有法必依，执法必严，违法必究。

三、建立合理的利益协调机制

处理好地区之间、行业之间的利益倾斜问题，处理好民族地区、欠发达地区与发达地区的利益平衡，处理好国家集体和个人之间的利益平衡，高度重视收入分配问题。按照初次分配注重效率，再分配注重公平的原则，进一步理顺分配制度，着力解决城乡之间、行业之间、部门之间分配不公和收入过于悬殊的问题，从制度上、政策上着力消除产生分配不公的不合理、不合法因素，防止出现因分配不公而导致的稳定问题。在处理效率与公平的关系时，要把效率放在优先的地位。但讲求效率一定要兼顾分配的公平，绝不能把收入差距拉得太大。既要坚持鼓励一部分人通过诚实劳动和合法经营先富起来，同时也要重视运用价格、税收、转移支付等经济政策和社会保障政策，对部分社会成员收入差距过大的问题进行调整，使全体人民都能够享受到改革开放和现代化建设的成果。

四、构筑有效的社会控制机制

控制具有支配、调节、抑制、管理等含义，社会控制是指人类对客观事物的运动过程及运动结果进行调节、引导和管理的行为过程。社会控制是一项充分体现人类的主观能动性和创造性的行为，是一门对人或国家管理的艺术。所以，研究社会管理规律，加强社会管理体制的建设和创新，建立健全党委领导、政府负责、社会协同、公众参与的社会管理格局，加强对社会的管理和控制，是保证社会有序运行的根本。为此要充分发挥好社区组织、行业组织、社团组织、社会中介组织以及各类群众组织的管理和自律作用，努力形成政府管理与社会调节互动互补的机制。正确处理好德治和法治的关系，既要充分发挥法治在促进、实现、保障社会和谐方面的重要作用，推进依法行政，维护司法公正，又要切实加强思想道德建设，发挥德治在教育群众、凝聚民心、整合社会方面的重要作用。推进行政体制改革，改进政府管理方式，强化服务意识，推进电子政务，整合行政资源，降低行政成本，提高工作效率，努力形成行为规范、运转协调、公正透明、廉洁高效的行政管理新体制。构筑有效的社会控制机制需要注意以下几点：① 注重道德和法律的作用；② 注重本土或者传统法律资源的利用和转化；③ 注重内生自发秩序的生成与培育。

社会控制一般为运用政权、法律、纪律等对社会成员的价值观、行为方式实行控制的强制性控制和运用舆论、风俗、习惯、伦理道德等的非强制性控制。具体运作要二者并用，合理协调，科学规范，人性化。

五、形成有效的矛盾疏导机制

任何社会都会产生社会矛盾，社会矛盾的存在是客观必然的。我们说一个社会是和谐的，并不是说它没有矛盾，而是说它的矛盾总体上不属于对抗性的矛盾，而且这些矛盾一旦产生便能够得到及时化解，使社会矛盾处于可控制、可调和的范围之内，不会影响社会的稳定与和谐。为此，在全社会建立和完善有效的社会矛盾疏导机制，对于构建和维持和谐的社会关系，具有重要意义。

马克思主义的社会冲突理论认为，社会前进的动力来源于社会的矛盾冲突，只要正确处理、及时化解，就能够不断促进社会系统的自我完善。如果对社会矛盾麻木不仁、处理不当或久拖不决，就会导致社会矛盾不断累积，从而损害社会的稳定与和谐，甚至引发社会冲突。

当前的中国社会已进入了社会矛盾多发阶段。现代化理论认为，现代化会伴随着风险和社会不稳定，一个国家在现代化起飞时期即从农业化社会向工业化社会过渡，是进入社会结构错动、社会问题增多、社会秩序失范、社会风险易发的时期。现代化理论已被许多国家尤其是拉美国家的发展进程所验证。

因此，必须重视在完善利益协调机制等社会制度体系的同时，加快建立全社会的社会矛盾预警机制和有效疏导机制，在民主法制的体系之内，运用经济、行政、司法、思想政治工作等综合手段有效解决社会矛盾，使不利于社会稳定和谐的情绪和能量有顺畅的渠道释放和化解。

（一）推行法律援助

法律援助是指在国家设立的法律援助机构的组织、指导和统一协调下，律师、公证员、基层法律工作者等法律服务人员，为经济困难或特殊案件的当事人给予减、免收费，提供法律帮助，以保障实现其合法权益。它是完善国家司法公正机制，健全人权及社会保障机制的一项法律制度。《法律援助条例》已于 2003 年 7 月 16 日国务院第 15 次常务会议通过，自 2003 年 9 月 1 日起施行。法律援助的范围包括：① 刑事案件的代理和辩护；② 请求给付赡养费、抚育费的事项；③ 除责任事故外，因公受伤害请求赔偿的法律事项；④ 盲、聋、哑和其他残疾人、未成年人、老年人追索侵权赔偿的法律事项；⑤ 请求国家赔偿的诉讼案件；⑥ 请求发给抚恤金、救济金的法律事项；⑦ 需要予以公证的与公民个人人身、财产密切相关的法律事实与法律关系；⑧ 其他确需法律援助的法律事项。“法律援助”作为一种制度，在西方某些国家已有近百年的历史。而在我国，仅短短几年，它就完成了从一个抽象的名词到切实形成一种保障公民权益的重要制度的嬗变。我国从 1994 年开始创建有中国特色的法律援助制度。作为我国第一部全国性的法律援助专门法规，《法律援助条例》确定了我国法律援助制度的基本框架，为开展法律援助工作提供了基本法律依据，也为贯彻十六大和中央指示精神，加快发展我国法律援助事业奠定了重要的法律基础。

法律援助事业是一项新兴的、社会公益事业。它能使人人都能平等的站在法律面前，充分贯彻宪法关于“法律面前，人人平等”的原则。

（二）强化人民调解制度

在构建社会主义和谐社会进程中，人民调解肩负着义不容辞的责任。人民调解工作为构建社会主义和谐社会服务，必须牢固树立和全面落实科学发展观，坚持以人为本，进一步加强和改进人民调解工作，更好地发挥人民调解在化解矛盾纠纷、维护和促进社会稳定、构建社会主义和谐社会中的重要作用。具体为：

（1）强化人民调解工作预防调处民间纠纷、防止矛盾激化的功能。正确处理人民内部矛盾，是改革发展关键时期的重大任务，是关系当前社会稳定的突出问题。人民调解是化解社会矛盾，维护社会稳定的重要手段。要充分发挥人民调解工作的职能优势，切实增强人民调解工作的主动性和针对性，不断适应矛盾纠纷构成复杂化、领域扩大化、表现形式多样化的新情况，有针对性地调整工作措施，建立健全民间矛盾纠纷排查和调处机制，积极预防和化解涉及各种主体、不同地域、多种性质的矛盾纠纷，做到矛盾纠纷早发现、早调解、早解决，把矛盾纠纷化解在基层。解决在萌芽状态，减少“民转刑”和群体性上访事件发生。要在调解矛盾纠纷中大力宣传党和政府的方针政策。宣传法律法规，从源头上预防矛盾纠纷，引导群众依法办事，切实维护群众的合法权益。要在继续做好传统矛盾纠纷调解工作的同时，以积极的姿态，加强与有关部门的协调配合，推广人民调解与治安调解、信访调解、司法调解相结合的联动机制，主动介入公民与法人及社会组织之间矛盾纠纷的调解。积极探索法人与法人之间的纠纷调解，鼓励有条件的地方在法院指导下探索一定标的额以下的纠纷先行调解的做法，努力拓展人民调解工作领域，更加有力地发挥好第一道防线的作用。

（2）适应化解矛盾纠纷需要，发展多种形式的人民调解组织。在巩固、健全村（居）、乡镇（街道）调解组织的同时，进一步整顿好企事业单位调解组织，积极发展经济纠纷调解委员会、消费纠纷调解委员会、房地产、建筑纠纷调解委员会、劳动争议调解委员会、环境纠纷调解委员会、电子商务调解委员会等行业性、区域性人民调解组织，充分发挥民间调解的作用，以更好地适应当前解决社会难点热点矛盾纠纷的需要。

（3）加强人民调解工作的规范化建设。建立健全人民调解委员会的学习、例会、排查、重大纠纷讨论、回访、公开公示等工作制度，在落实人民调解上作“五统一”的基础上，进一步按规定规范使用人民调解的标志和工作徽章，树立起人民调解工作的良好形象，不断提高人民调解工作的社会影响力和社会公信力。

（4）提高人民调解员队伍的素质。人民调解员是基层民主政治建设的一支重要队伍，是构建社会主义和谐社会的重要力量。随着形势的发展，人民调解员队伍建设面临着新的更高的要求。为此。要加大教育培训力度，努力提高调解员队伍素质。组织广大人民调解员认真学习邓小平理论和“三个代表”重要思想，认真学习党的路线方针政策和国家法律法规，认真学习文化知识，不断提高广大调解员全心全意为人民服务的精神境界和依法、依道德调解的能力和技巧；要结合各地各单位的实际，指导村居委会、企事业单位选举高素质的人员专门从事人民调解工作，鼓励大中专毕业生到司法所工作；要根据调解工作的实际需要，大力发展专业化、职业化的人民调解员，努力提高调解工作的专业化水准，使调解工作更加合法、规范，更好地维护人民群众的利益。

（5）加强领导，从实现国家长治久安和构建社会主义和谐社会的高度出发，着眼于司法行政事业的长远发展，把人民调解工作摆上重要议程。认真履行管理和指导的职责，对调解工作和相关的建设科学部署，认真安排，严格督促，保证落实。要加强对重大矛盾纠纷调处的指导和督促检查。有关领导要亲自抓，确保矛盾纠纷的及时有效地化解，维护一方平安。

（三）完善信访制度

为进一步加强和改进新形势下的信访工作。国务院于 2005 年 1 月 10 日公布了新修订的《信访条例》，从 2005 年 5 月 1 日起正式施行。《信访条例》的施行，充分体现了构建社会主义和谐社会的要求。因此，探讨信访制度对于和谐社会建构的意义遂成为一个重要的理论和实践课题。在《信访条例》的第 1 条明确规定了立法目的："为了保持各级人民政府同人民群众的密切联系，保护信访人的合法权益，维护信访秩序。"信访制度的功能主要有三：保持人民政府同人民群众的密切联系；保护信访人的合法权益：维护信访秩序，分别体现了参与、保权、秩序三重价值和功能。从常识上理解，三者之间并不存在一种绝对的高低等级之别，而是有着某种循环往复的特征，互动互补，分别具有实质的内涵，共同围绕着和谐社会的建构形成极富魅力的中国特色的法律制度。

人们生动形象地把信访比做"加强党和人民群众血肉联系的桥梁"，因为它既是人民群众依法行使民主权利、管理国家事务和维护自身合法权益的重要形式，也是党和国家发扬社会主义民主、接受人民群众监督的重要渠道。可这座"桥"应该搭成什么样，怎样搭才规范呢？

（1）树立信访接待工作新理念。就是树立信访既是法律问题，又是社会问题和政治问题的理念。在坚持依法办事的同时，从讲政治的高度看待法院信访工作，认识到信访工作对社会政治稳定的紧密关系，强化信访工作责任制。

（2）加强信访司法解释工作和信访接待制度建设。应明确信访工作性质、范围、职能、信访工作操作程序、管理监督制度、考核奖惩办法，规范申诉上访范围、次数，制约或限制滥用权利的当事人，处罚妨碍信访正常秩序，且造成一定影响的当事人。应制定和完善具体的信访工作制度。

（3）建立合理、科学、有效的信访接待机制。一是明确责任、分级负责。二是合理配备信访人员。三是实行信访工作流程管理。信访工作流程管理包括来信来访登记、分流、审查、处理、统计等各个环节，通过动态管理，在内部形成相互监督、相互制约、相互促进的工作机制。四是实行信访案件讨论制。对重大信访、老上访户信访，信访组、立案庭要定期讨论研究，制订解决方案。五是建立完善与信访工作配套的各项制度，如建立信访工作考核通报制度、信访信息月报和跟踪督办制度、与地方政府和有关部门合办、协办制度、完善领导接待制度等。

（4）疏通引导，把思想政治工作统一在法制教育中。信访工作人员必须全面扎实地掌握党的方针、政策和信访工作专业知识，这样才能依法做好思想政治工作，灵活地处理和解决来信来访问题。通过依法做思想政治工作，既为信访者指明了一条依法讨取公道的路子，又有利于减少社会治安案件。

（5）处理好群众来信是信访工作的另一个工作重点。信访人员应摆正信与访的关系，切实抓好初信的处理，使来信人真正感到写信能解决问题，无须四处奔走上访。同时对重点信访案件跟踪督办，紧密与相关业务部门配合，明确人员、强化责任，帮助群众从根本上解决问题，保证矛盾化解到位，既可以避免信访者无休止的上访，又有利于维护社会稳定。

（四）完善行政复议制度

随着行政权的膨胀和行政纠纷日益增多，公民的基本权利受到诸多威胁；然而，行政权的这种发展趋势又为社会发展所必需，日益复杂的社会关系需要行政权的介入。因此，现代世界各国普遍面临这样的两难选择：不扩大行政权，繁杂的现代社会秩序就无法管理；扩大行政权，公民的基本权利就可能受到威胁。面对这种两难选择，各国的普遍做法是：一方面不断扩大行政权，以维护社会的良性发展；另一方面建立各种监督制度，以防止行政权的滥用。行政复议制度在世界各国的普遍发展，正是这种现象的典型例证之一：它既反映了行政权的扩大，又体现了对行政权的监督。 行政复议作为一项与行政诉讼相衔接的用以解决行政争议的法律制度，普遍存在于世界各国的法律体系之中。行政复议制度是近代资产阶级民主政治发展的产物。它的出现和发展体现了对公民基本权利保护的加强，有利于实现社会公平。在自由资本主义时期，由于奉行“管得最少的政府是最好政府”的原则，政府很少干预经济，充当“守夜人”的角色；因此，行政机关很少与行政相对人发生争议，行政复议制度没有存在的现实基础。但进入资本主义垄断时期，尤其是20世纪30年代以后，政府为了控制和调整本国经济，以便有更大的实力参与国际竞争和垄断，由原来的不干预主义转向广泛地干预社会经济生活。政府干预活动的大幅度增加，使得行政机关与行政相对人之间的争议急剧增多。为了使广泛扩充的行政权不至于威胁公民的基本权利，西方主要国家纷纷在行政系统之外建立和加强司法审查制度。大量的行政争议案件涌向法院，司法资源的有限和司法程序的特殊，又使法院无力承担这么多的案件，导致许多行政案件久拖不决，严重影响行政效率。行政复议“由于其提供的行政裁决的办法比法院提供的更为廉价、更为方便、更为迅速”，而日益受到社会实践的青睐。这样，行政复议制度便以其特有的功能，在这种历史背景下应运而生。各国纷纷在行政系统内部建立和加强行政复议制度。

旧中国行政复议制度始于辛亥革命之后，而新中国行政复议制度初创于20世纪50年代。党的十一届三中全会以来，特别是80年代后期，行政复议制度作为社会主义法制建设的一项重要内容得到迅速发展，规定行政复议制度的法律、法规越来越多。据统计，到1990年12月为止，我国已有100多个法律、法规规定了行政复议。这些规定不仅立法技术日趋成熟，而且还注意了有关法规之间的衔接和协调，对有效解决行政争议，加强行政系统内部的自我约束，发挥了积极作用。但由于没有对行政复议制度进行统一规范的法律，关于行政复议的范围、管辖、审理、程序、时限等，都缺乏统一的法律依据。此时的行政复议案件还不多，行政复议制度尚不健全。1989年4月4日我国《行政诉讼法》的颁布，使行政复议立法排上日程。为了适应和配合行政诉讼制度的实行，在制定行政复议法时机尚不成熟的情况下，国务院于1990年颁布了《行政复议条例》，并于1994年又对该条例进行了修改。《行政复议条例》的颁布和实施，为我国行政复议工作提供了最直接的行政法规依据，极大地促进了我国行政复议制度的发展和完善，标志着我国行政复议制度进入了一个全新的发展时期。

《行政复议条例》颁布实施后，行政复议案件随之大量上升。据统计，从1991年1月至1997年年底，全国共有行政复议案件约22万件，平均每年约3万件。《行政复议条例》实施8年多来，对监督行政机关依法行政，保护公民、法人和其他组织的合法权益，起到了积极的作用。但是，在8年的行政复议实践中，也暴露了《行政复议条例》的诸多不完善之处。因此，认真总结《行政复议条例》实施8年的经验教训，制定《行政复议法》，进一步完善行政复议制度就显得十分迫切。经过多年不懈的努力，第九届全国人大常委会第九次会议终于在1999年4月29日全票通过了《中华人民共和国行政复议法》。该法的颁布和实施，标志着我国独立的行政复议制度正式诞生，它必将推动我国行政复议制度在21世纪迅速发展和完善。

（五）完善国家赔偿制度

国家赔偿，又称国家侵权损害赔偿，是由国家对于行使权力中的侵权行为造成的损害后果承担赔偿责任的活动。我国于1994年5月12日第八届全国人民代表大会通过《中华人民共和国国家赔偿法》，该法第2条规定：“国家机关和国家机关工作人员违法行使职权侵犯公民，法人和其他组织的合法权益造成损害的，受害人有依照本法取得国家赔偿的权利。”

我国的《国家赔偿法》规定了行政赔偿和刑事赔偿两种国家赔偿。行政赔偿是指行政机关及其工作人员违法行使行政职权，侵犯公民，法人和其他组织的合法权益造成损害的，由国家承担赔偿责任的赔偿。行政赔偿是国家赔偿的主要组成部分。刑事赔偿是指司法机关错拘、错捕、错判而引起的国家赔偿。

为规范刑事赔偿案件的办理，及时执行生效的刑事赔偿决定，切实保障赔偿请求人的合法权益，最高人民法院和最高人民检察院曾联合发出通知，就刑事赔偿义务机关的确定问题做出明确规定。这对解决刑事赔偿中的“法律白条”现象、克服“国家赔偿决定难、执行更难”的问题，无疑具有现实的意义。但是，近年来人民代表们迫切呼吁对国家赔偿制度进行改革。从2005年3月4日到3月10日，短短一周之内，就有13份这方面的联名议案送达全国人大议案委员会。而联名提交这13份提案的代表，分别来自北京、江苏、浙江、安徽、福建、吉林、辽宁、河南、陕西、重庆、海南11个省、市代表团。参与修改国家赔偿法联名议案的全国人大代表共有 500 名之多，占了本届全国人大代表总人数的近 1/5，这应当是一个真实的民意信号。

而且也有学者认为对国家赔偿法的修改应该根据宪法关于“国家尊重和保障人权”的规定以及“以人为本”的精神，更新理念，尽快将国家赔偿制度沿着下面的方向向前推进：

首先，扩大赔偿范围。目前国家赔偿的范围太窄，如对于财产损失，现有规定原则上只赔偿直接损失，对于可得利益损失一概不赔，这有失公正。此外，违法行为侵犯公民人身自由和生命健康权，只赔偿物质损失，而不赔偿精神损害，也不合情理。再有，刑事赔偿中有的免责条款规定得不科学，如“因公民自己故意作虚假陈述被羁押或判刑的”不赔，这里实际上没有考虑公民因刑讯逼供并被迫作虚似陈述的情况，致使有的办案机关和人员有空子可钻。

其次，健全赔偿程序。国家赔偿程序的健全与否，直接决定着赔偿请求人的权利能否实现。现行国家赔偿的程序设计较为粗糙，成为了国家赔偿法的“瓶颈”。目前的赔偿程序中，对损害的范围、损失的大小缺乏听证，对证据也缺乏必要的质证。因此，应将国家赔偿改造成为司法程序，实行两审终审，采取听证、合议、上诉等形式。另外，现在的赔偿委员会设在法院，虽然在目前情况下有其合理性，但从长远来看在很多情况下法院就是赔偿义务机关，这样让法院自己来审自己，显然违背了“任何人都不能做自己的法官”的法理原则。为解决这一问题，可规定由高一级的法院赔偿委员会来审理低一级法院的赔偿问题。

再次，确保赔偿的兑现与执行。国家赔偿费用的充足是前提，直接从赔偿费用中支付赔偿金是核心，而明确规定相应的赔偿法律文书的强制执行力和执行方式则是保障。建议设立专门的国家赔偿费用管理部门，专门负责国家赔偿费用的管理和支付，保证赔偿费用专款专用。如果赔偿费用管理部门逾期不支付，受害人有权向法院申请强制执行。

最后，要结合国家司法改革，注意配套制度的建设。如推广保释制度，使审前羁押的人数降到最低，这样万一被告人不构成犯罪，也不至于使办案机关因要逃避承担错误羁押的赔偿责任而想方设法往有罪上靠；还有，应确立起刑事案件的定罪标准，将疑案与冤假错案区别对待，一般刑事案件应达到“排除合理怀疑”的标准，死刑案件应达到“百分之百”的铁案标准，对于那些没有达到这样的标准不能定罪，但又有“优势证据”能证明他很有可能是犯了罪的人，虽然按照“疑罪从无”的要求得无罪释放，但在国家赔偿方面则显然应区别于那些真正的冤假错案。我们应当看到，我国国家赔偿法的颁布实施，对于救济公民、法人或其他组织的合法权益，促进我国的民主法制进程，无疑具有十分重要的意义。但我国的国家赔偿法是在国家赔偿经验尚未成熟，许多条件尚不具备的情况下出台的，许多方面规定得比较原则，有的没有做出明确的规定。这就要求我们在新形势下，把司法为民指导思想贯彻落实到国家赔偿审判工作中，在不违反《立法法》和法律解释原则的前提下，以开拓创新的精神，与时俱进地对国家赔偿法进行价值补充和漏洞填补，在不违背法律的前提下，进行国家赔偿的制度创新。

六、加强生态环境建设，促进人与自然和谐发展

构建社会主义和谐社会，实际上是构建两大和谐，即人与人和谐和人与自然和谐。人与自然和谐是和谐社会的基础，没有人与自然的和谐，人与人之间不可能实现真正的、持久的和谐；没有人与自然的和谐，我们就将失去家园，中华民族将失去生存的空间，其他一切和谐——民主法治、公平正义、诚信友爱、充满活力、安定有序将无从谈起。由此可见，重视人与自然的和谐，重视资源和生态环境问题，增强可持续发展的能力，是关系中华民族生存与长远发展的根本大计。

我国是一个有着13亿人口的发展中国家，以7%的土地、8%的淡水养活22%的人口，这些数字本身就凸显了我国的生存压力。由于地理和气候的原因，我国的生态系统比较脆弱，一半以上的国土面积不适宜人类生活和生产。我国自然资源虽然比较丰富，但人均资源占有量远低于世界平均水平，维系人基本生存的淡水、耕地、草地、森林资源仅占世界平均水平的1/4、1/3、1/2和百分之十几，支撑经济增长的石油、天然气、煤炭、铁矿石、铜和铝等重要矿产资源，人均储量也只相当于世界平均水平的11%、4.5%、79%、42%、18%和7.3%。

在世界发展的进程中，我国又处于追赶发达国家的地位，总体科学技术水平还比较落后，长期沿用传统发展模式以拼资源换增长，不仅造成了资源迅速衰减、退化、枯竭，还造成了严重的生态环境破坏：水资源短缺和水体污染严重，耕地质量不断退化，草地过牧，森林超采，海洋渔业过度捕捞，自然灾害频繁加剧。生态系统呈现出由结构性破坏向功能性紊乱演变的发展态势。我国经济和社会的持续发展，越来越面临资源"瓶颈"和环境容量的严重制约。新中国成立50多年来，我国的GDP增长了10多倍，而矿产资源消耗增长了40多倍。如今我们已经没有足够的资源来支撑高消耗的生产方式。与此同时，生态环境恶化也严重影响着经济社会的发展。据中科院专家测算，2003年我国环境污染和生态破坏造成的损失占GDP的15%，人民群众健康也深受生态环境恶化之害。不少专家已经指出，当前中国经济存在的最大问题并不是电力、钢铁供求紧张，投资增长过快等，而是经济增长与生态环境之间的"新结构危机"。在中国几千年文明史中，人与自然的矛盾从未像今天这样严重，人与自然的不和谐已经成为构建和谐社会的严重障碍。

加强生态环境建设和治理，是一件十分紧迫的任务。越来越多的事实证明，

如果不重视生态环境建设和治理，最终我们人类将在地球上没有立足之地。改革开放以来，经济建设取得了显著的成绩，但也付出了沉重的生态环境上的代价。因此，加强生态环境建设和治理工作，既成了经济建设中的一件大事，也成了构建社会主义和谐社会的一件大事。

要把改善生态环境、保护环境作为经济发展和提高人民生活质量的重要内容，加强生态建设，遏制生态恶化，加大环境保护和治理力度，提高城乡环境质量。

加强生态建设，组织实施重点地区生态环境建设综合治理工程，如长江上游、黄河中游和东北、内蒙古等地区的天然林保护工程以及退耕还林还草工程。加强以京津风沙源和水源为重点的治理与保护，建设环京津生态圈。在过牧地区实行退牧，封地育草，实施“三化”草地治理工程。加快小流域治理，减少水土流失。推进黔桂滇岩熔地区石漠化综合治理。加快矿山生态恢复与治理。继续建设“三北”、沿海、珠江等防护林体系，加速营造速生丰产林和工业原料林。加快“绿色通道”建设，大力开展植树种草和城市绿化。加强自然保护区建设。保护珍稀、濒危生物资源和湿地资源，实施野生动物及其栖息地保护建设工程，恢复生态功能和生物多样性。

保护和治理环境，强化环境污染综合治理，使城乡特别是大中城市环境质量得到明显改善。要抓紧治理水污染，巩固“三河”、“三湖”水污染治理效果，启动长江上游、三峡水库黄河中游和松花江流域水污染综合治理工程。加快城市污水处理设施建设，所有城市都要建设污水处理设施。加强近岸海域水质保护，研究预防、控制和治理赤潮，抓好渤海环境综合整治和管理。加强大气污染防治，实施“两控区”和重点城市大气污染控制工程。推行垃圾无害化与危险废弃物集中处理。推行清洁生产，抓好重点行业的污染防治，控制和治理工业污染源，依法关闭污染严重、危害人民健康的企业。加强噪声污染治理。积极开展农村环境保护工作，防治不合理使用化肥、农药、农膜和超标污灌带来的化学污染及其他面源污染，保护农村饮用水水源。加强环境保护关键技术和工艺设备的研究开发，加快发展环保产业。完善环境标准和法规，修改不合理的污染物排放标准，健全环境检测体系，加强环境保护执法和监督。全面推行污水和垃圾处理收费制度。开展全民环保教育，提高全民环保意识，推行绿色消费方式。

加强防御各种灾害的安全网建设，建立灾害预防、灾情检测和紧急救援体系，提高防灾减灾能力。加强气象、地震、测绘等工作，提高服务能力和水平。积极参与全球环境与发展事务，履行义务，实行有利于减缓全球气候变化的政策措施。

实现人与自然和谐发展，既要解决制度、技术层面的问题，也要解决人自身的素质问题。一要树立正确的人生观和价值观，确立合理的生存态度和需要定位，选择健康、文明、绿色的生活方式。二要确立人与自然协调发展的观念，发展与自然和谐相处的能力。三要培养人们的环境伦理和道德，形成尊重自然、热爱自然、善待自然、保护自然的社会风尚。在人与自然这一对矛盾的目前发展阶段，人是矛盾的主要方面，只有提高人的素质，义无反顾地走可持续发展的道路，抛弃不可持续的消费行为，才能从根本上解决资源生态环境问题，保证人与自然和谐相处。

[案例 10-2]　关于围封转移战略的研究报告

一、关于围封转移战略

锡盟实施围封转移战略，是草原畜牧业发展到一定阶段的必然产物，有其对草原畜牧业发展历史的深刻反思、传统观念与创新思维的激烈碰撞、国家和自治区有力的支持等多方面背景和时代条件。

锡林郭勒盟位于内蒙古北部，草场面积 1 960 万 hm^2，2004 年 6 月末牲畜 1 669.8 万头。锡盟的草场面积和牲畜头数在全区各盟市乃至全国同类地区中最多。1999—2001 年，锡林郭勒盟遭受了历史罕见的严重旱灾。连续 3 年的严重旱灾，给锡盟草原生态和草原畜牧业造成了近乎毁灭性打击。草场严重退化，牲畜数量减少，牧民收入下降，生活遇到困难，生产几乎不能维持，传统草原畜牧业陷入了空前的困境之中。

连续 3 年的严重灾害，彻底暴露了传统畜牧业的深层次问题。长期以来，单纯追求牲畜头数的指导思想、单一放养的粗放型生产方式和单户散居的生活方式没有变化；超载过牧；投入不足，建设滞后。这些因素导致了草场载畜能力严重下降，自我修复能力严重下降，抗御自然灾害能力严重下降。由于锡盟地处北京的正北方，海拔又高于北京千余米，到北京的直线距离仅 180 km，每遇沙尘暴，沙尘就长驱直入北京、天津，影响东南沿海地区。

锡盟生态环境不断恶化的形势，引起社会的关注，引起国家的高度重视。2000 年，国家启动京津风沙源治理工程，加大了对草原生态建设的投入，为实施围封转移战略带来了难得的机遇。

连续 3 年的严重灾害，也把从根本上解决传统草原畜牧业深层次矛盾和问题的时代要求提到了锡盟盟委、行署的议事日程上。盟委、行署一边带领各族干部群众全力以赴抗灾救灾，一边深入研究，逐步形成了一套系统化思路，将其概括为“围封禁牧，收缩转移，集约经营”，简称围封转移战略，其基本立足点是正确认识和处理人、畜、草之间的关系，促进人与自然和谐发展。

实施围封转移战略，就是以邓小平理论和“三个代表”重要思想为指导，全面落实科学发展观，坚持生产、生活、生态“三生”统筹，经济效益、社会效益、生态效益“三效”

统一，以实现传统草原畜牧业向现代草原畜牧业转变为目标，以经济结构的战略性调整为主线，以生产力布局调整为关键，以转变生产经营方式为核心，加快推进科技进步和创新，走出一条生产发展、生活富裕、生态良好的文明发展道路。

二、关于改善草原生态

锡盟实施围封转移战略，总结以往的经验教训，提出“保护优先，加快建设，科学利用，依法管理”的草原工作方针，“三管齐下”改善了草原生态。

1．实行禁牧、休牧、轮牧制度

禁牧，就是对生态极度恶化、植被再生能力极其脆弱的地区，根据其植被恢复所需时间，实行彻底禁牧封育，给草场以休养生息的机会。休牧，就是在每年春季牧草发芽生长时期，实行舍饲圈养 40～60 天，避免啃食返青的牧草幼芽。轮牧，也叫划区轮牧，就是在生态状况和植被条件较好的地区，实行休牧的基础上，适应一定时段内牧草生长和合理采食需要，根据水源条件将草场划分若干小区，轮流放牧，从而控制连续采食。上述“三牧”制度的共性特征是在一定时段内不利用草场。推行“三牧”措施，是保护草原生态和科学利用草场的最主要、最有效的措施。

2．建设高产饲草料基地

高产饲草料基地，是指选择水资源相对富集地区，合理开发利用地下水，开辟规模适度的，防风措施配套的，用来种植青储玉米等高产优质牧草的水浇地。建设高产饲草料基地，是牧区解决枯草期补饲和舍饲，圈养之需的重要措施。锡盟在牧区种植高产饲草料有较长的历史，积累了一定的经验。实施围封转移战略以来，这项建设得到进一步加强。

3．实行草畜平衡制度

草畜平衡，就是根据草原类型和单位面积产草量确定草场载畜量的制度。实行草畜平衡制度，是防止超载过牧，有效保护草原，促进可持续利用的措施。根据《内蒙古自治区草畜平衡暂行规定》，锡盟制定了《锡林郭勒盟草畜平衡实施细则》，全面推行了以草定畜的草畜平衡制度。

三、关于畜牧业结构调整

调整畜牧业结构，就是调整畜牧业内部结构和外部关系，促进畜牧业市场化，提高畜牧业经济效益的过程。内部结构和外部关系这两方面的调整是相辅相成的。产业化经营是畜牧业结构调整的方向，结构调整是产业化经营的基础和前提。

1．抓好基地建设

基地建设是产业化经营的基础。基地建设必须从结构调整起步，基地建设的过程就是畜牧业结构调整的过程。锡盟根据本盟畜牧业资源特点和龙头企业对畜产品原料的需求，围绕发展特色经济，以畜产品基地建设为切入点，对畜牧业结构进行了五个方面的调整：一是调整品种结构，二是调整畜种结构，三是调整畜群结构，四是调整饲养方式，五是调整繁育方式。改善母畜营养状况，运用人工催情和同期发情技术，缩短繁殖周期，增加繁殖次数，逐步实现常年育肥，四季出栏，均衡上市。

2．扶持龙头企业

龙头企业带动结构调整，是产业化经营的关键。锡盟围绕培育主导产业，着眼于增强龙头企业的带动力，着力扶持有竞争优势的加工龙头企业，引导龙头企业采用国内外先进技术和装备，增强市场竞争力。

3．引导牧民组织化

锡盟着眼于产业化基地与龙头企业之间的利益联结，立足于建立“风险共担、利益均占”的机制，坚持自愿、互利、自主经营的原则，发展了股份合作、专业协会等多种形式的牧民专业合作组织。

四、关于生产力布局调整

生产力布局的实质是人口布局。调整生产力布局，要坚持以人为本，关注生产生活的环境和条件，使生产力在区域和城乡之间有一个合理的布局。锡盟乃至整个牧区的特点，是居住分散、交通不便、信息闭塞，工业化程度低，城镇缺少产业支撑，生产生活成本高，社会事业发展滞后。调整生产力布局，将人口向优势地区转移，将各类生产要素向城镇集中，有利于草原生态的保护和建设。调整生产力布局；减少牧区人口，要抓好三个环节。

1．加快示范园区建设

围封转移示范园区，是指建立在水资源较好、通电、通路、通电话、通广电地区的生态移民、扶贫移民的生产生活集聚区。将生态极度恶化、已经失去生产生活条件的地区的牧民往这样的优势地区转移。搞好示范园区建设的关键是两条：一是选准适合舍饲圈养、有较高经济效益的优良品种；二是搞好包括产品销售、推广适用技术在内的产前、产中、产后服务，从而确保移民能够移得进、稳得住、能致富。

2．加快城镇化进程

加快牧区城镇化进程，需要加快发展城镇经济，创造更多的就业岗位，吸纳牧区劳动力；需要提高牧民的劳动技能，增强就业和创业能力；需要加强城镇基础设施建设，发挥城镇功能等。

3．加快工业化进程

工业化进程滞后，是锡盟经济社会落后、多数人从事农牧业生产、对草原掠夺式利用的主要原因。加快牧区工业化进程，是解决牧区经济社会生活中深层次矛盾的关键措施，也是实施围封转移战略的必然要求。加快牧区工业化进程的制约因素，主要是交通等基础设施条件差，远离市场中心等。牧区推进工业化，要从加强基础设施建设、建立工业园区起步，从畜牧业产业化经营，发展畜产品加工业切入，把资源优势转化为经济优势，为转移牧区富余劳动力创造更多的就业岗位，增强反哺畜牧业的实力。

五、围封转移战略任重道远

锡盟实施围封转移战略以来，草原生态逐步恢复，畜牧业结构得以调整，经济结构不断优化，生产经营方式正在转变，生产力布局初步调整，经济社会协调发展，城乡居民生活得到明显改善。2003 年，城镇居民人均可支配收入达到 5 623 元，牧民人均纯收入达到 3 061 元。更为可贵的是，锡盟在实施围封转移战略，推动传统草原畜牧业向现代草原畜牧业转变的过程中，积累了许多有益的经验。

实施围封转移战略能在短短 3 年内取得初步成效，首先，国家投入发挥了关键作用。2000 年以来的 5 年间，对草原畜牧业特别是草原生态保护和建设的投入达到 14.1 亿元，是有史以来最多的。其次，制定《实施围封转移战略若干政策规定》等制度，完善了政策法规。最后，实施全民素质工程。

实施围封转移战略是草原畜牧业发展史上前所未有的事情。围封转移战略的发展思路和发展模式，是对草原畜牧业发展趋势的理性认识和制度创新。3 年来的实践，仅仅是一个有益的开端，距离走出一条生产发展、生活富裕、生态良好的文明发展道路，实现传统草原畜牧业向现代草原畜牧业转变的目标，还有很长的路要走，还有许多问题要解决。

现代草原畜牧业是草原畜牧业发展的新阶段。现代草原畜牧业的核心是科学化，特征是商品化，方向是集约化，目标是产业化。建设现代草原畜牧业，要以科学技术为强大支柱，以现代工业装备为物质条件，以产业化为基本途径。实施围封转移战略，是实现传统草原畜牧业向现代草原畜牧业转变的现实途径。要在实践中不断总结经验，坚定不移地实施下去。

资料来源：《经济日报》，2004 年 12 月 17 日 加紧实施“围封转移”战略 布和朝鲁.

思考与练习

1. 什么是和谐社会？
2. 和谐社会的基本特征是什么？
3. 为什么说公平和正义是社会文明进步的重要标志？
4. 和谐社会的首要标志是什么？
5. 构建和谐社会有哪些基本途径？

参考文献

[1] 魏智勇. 生态文明新理念. 长沙：湖南教育出版社，2006.
[2] 吴江. 构建社会主义和谐社会学习读本. 北京：中共党史出版社，2005.
[3] 周海林. 可持续发展原理. 北京：商务印书馆，2004.
[4] 刘仁文. 完善国家赔偿制度多管齐下. 北京：法制日报，2005-7-13.
[5] 肖玉明. 社会公平与和谐社会. 北京：光明日报，2005-5-1.
[6] 童星. 现代社会学理论新编. 南京：南京大学出版社，2003.

教师反馈卡

尊敬的老师：您好！

谢谢您购买本书。为了进一步加强我们与老师之间的联系与沟通，请您协助填妥下表，以便定期向您寄送最新的出版信息，您还有机会获得我们免费寄送的样书及相关的教辅材料；同时我们还会为您的教学工作以及论著或译著的出版提供尽可能的帮助。欢迎您对我们的产品和服务提出宝贵意见，非常感谢您的大力支持与帮助。

姓名：______________年龄：____________职务：__________________职称：______________________

系别：______________学院：____________学校：____

通信地址：____邮编：______________________

电话：（办）__________________（家）________________________E-mail：______________________

学历：________________________　　　毕业学校：____

国外进修或讲学经历：____

	教授课程	学生水平	学生人数/年	开课时间
1.				
2.				
3.				

您的研究领域：____

您现在授课使用的教材名称：____

您使用的教材的出版社：____

您是否已经采用本书作为教材：□是；□没有。

采用人数：__________________

您使用的教材的购买渠道：□教材科；□出版社；□书店；□其他。

您需要以下教辅：□教师手册；□学生手册；□PPT；□习题集；□其他______________________________

（我们将为选择本教材的老师提供现有教辅产品）

您对本书的意见：____

您是否有翻译意向：□有；□没有。

您的翻译方向：____

您是否计划或正在编著专著：□是；□没有。

您编著专著的方向：____

您还希望获得的服务：____

填妥后请选择以下任何一种方式将此表返回（如方便请赐名片）：

地址：北京市崇文区广渠门内大街16号　中国环境科学出版社第七图书出版中心

邮编：100062　　　　　　　　电话（传真）：（010）67113412

E-mail：shenjian1960@126.com　　网址：http://www.cesp.cn